掃描QRcode
一次就能複製貼上！

最實用的**英文E-mail範本大全**，

只要複製貼上，

一分鐘就能完成

一封漂亮的英文E-mail！

本書使用方式

point 1

7C原則╳8大組成元素，掌握英文E-mail書寫眉角

在寫英文E-mail時，重點不是詞藻華麗與否，也不是使用了什麼高深的文法，而是要掌握簡潔、具體、清晰、禮貌等7C原則，以及正確寫出收件人的稱呼、開頭語、主要段落、祝福語、署名等8大元素。掌握7C原則與8大組成元素，才能讓書信的寫作邏輯更完整！

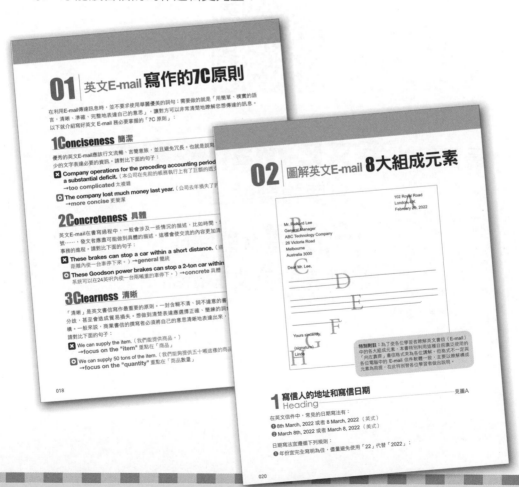

point 2
205篇完整範本一次抄，各種情境都不怕

本單元收錄205篇的E-mail實例集，讓讀者可以迅速將模板複製貼上，應對不一樣的情境。只要替換掉收件人、寄件人、日期、商品名稱等關鍵字，就能超高速完成一封完整的信件！歡迎各位讀者掃描封面QRcode，迅速取得205篇E-mail實例集。

Unit1 交際篇　英文E-mail這樣寫！

01 歡迎來訪

Dear Whitney,

I am glad to learn that you will be *visiting* [1] Toronto next month. I'll be in Montreal between February 21 and 25, so if it's *convenient* [2] for you, shall we *arrange* [3] to meet on the 28th? Please let me know *whether* [4] I can arrange hotel accommodations and *transportation* [5] from the *airport* [6] for you.

Expecting your *arrival* [7] soon!

Truly yours,
Mike Smith

032

譯文

親愛的惠特尼先生：
很高興您下個月要來到多倫多。2月21日到25日期間我將會待在蒙特婁，如果⋯的話，我們安排28見面如何？請告訴我是否需要為您安排飯店住宿及機場的接送服務。

期待您盡快到來！

邁克·史密斯 謹上

交際篇

新任總經理上任通知

Dear Mr. Keller,

　　announce the *appointment* of IDEA Corporation's general manager of *advertising* . Ms. Ho has worked in the advertising area for 10 years. She has an *insightful* view of the advertising *industry* . All in all, we are eager to work with her and 　　 *objectives* . This new appointment brings *additional* strength to IDEA Corporation. You could contact with her for your advertising needs.

Sincerely yours,
IDEA Corporation

譯文

034

point 3

複製貼上後再學文法，寫信也能舉一反三

在信件模板處，會有以變色粗體標出的地方，標出容易犯錯或是混淆的文法，也會補充其他可用的單字或片語，讓讀者除了將信件模板複製貼上外，也能舉一反三！

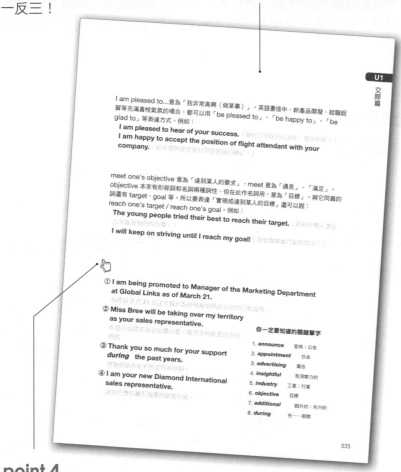

point 4

常用例句一次看，必背單字一起學

除了文法解析之外，本書也特別收錄針對該情境收錄常用例句，讓讀者可以針對不同的狀況臨機應變，使用不同的說法。同時，在信件模板及文法、例句中也有標出數個單字，即為情境中常常使用且一定要會的關鍵單字。

point 5

超值加碼也要會：相關字彙╳必抄慣用句╳常用縮寫

為了因應各種E-mail需求，本書特別收錄使用頻率最高的相關字彙，讓之後寫信替換單字更方便；也整理了8大常用情境慣用句200句，適時使用才能畫龍點睛！另外，特別補充辦公室常用縮寫，從此以後不再分不清PR、HR等縮寫！

Preface 前言

在這個全球化的時代，英文是打開世界大門的鑰匙，學好英文便能與各國交流、談各種商務合作。尤其是後疫情時代，各國交流更以網路為主，國與國的界線越來越模糊，正是你透過英文登上國際舞台的機會！

要與外國聯絡，電子郵件是最迅捷的方式，但若是不懂得在商務貿易上表達自己，問題可就大了。有時候即使是學了英文多年、已經能流利聊天的人，一想到要寫一封正式的E-mail，還是會感到害怕。

在與朋友聊到這件事時，對方便提到她會直接以過去寫過的信作為範本，只要更改日期、姓名等資訊，就能迅速寄出一封信。因此，我也希望能提供一本能直接在各個情境中套用的E-mail範本大全，讓讀者只要代換入適當的名字、日期等資訊，就能輕鬆傳達訊息。

本書希望能讓所有害怕寫英文E-mail的學習者能夠隨抄隨用，省時省力。本書整理出的英文範本共有16個篇章，涵蓋交際、申請、求職、通知、投訴等不同面向，也因應新冠肺炎疫情的發展，提供5篇信件範本讓讀者使用。除此之外，也收錄了「英文E-mail寫作指南」，讓大家瞭解寫E-mail的基本規則與格式，還有「英文E-mail相關字彙」，讓各位能夠在關鍵處輕鬆套用專業單字，更加入了「辦公室常用縮寫」，不再搞不清楚PR、HR，以及超值加贈「商用書信必抄200慣用句」，提供禮貌的慣用句，讓大家能清楚表達自己的意思。

有了本書之後，希望各位讀者都能丟開對英文E-mail的恐懼，自信地打開信箱，寄出一封英文信件，走入世界，再創職場高峰！

張慈庭英語研發團隊

張慈庭

Contents 目錄

Part 1. 英文E-mail 寫作指南

Part 2. 英文E-mail 實例集

Unit 01 交際篇 | Socializing

Unit 02 申請篇 | Application

Unit 03 求職篇 | Applying for a Job

Unit 04 感謝篇 | Gratitude

Unit 05 邀請篇｜Invitation

Unit 06 通知篇｜Notice

Unit 07 開發維護篇 |
Business Establishing & Maintaining

Unit 08 詢問篇 | Inquiry

Unit 09 請求篇 | Request

Unit 10 催促篇 | Urging

Unit 11 投訴篇 | Complaint

Unit 12 拒絕篇 | Refusal

Unit 13 道歉篇 | Apology

Unit 14 恭賀篇 | Congratulations

Unit 15 慰問弔唁篇 | Consolations and Condolences

Unit 16 疫情應對篇 | Epidemic

Part 3. 實用字彙篇

Part 4. 超值加碼

Part 1.

英文**E-mail**
寫作指南

01 | 英文E-mail 寫作的7C原則

在利用E-mail傳達訊息時,並不要求使用華麗優美的詞句;需要做的就是「用簡單、樸實的語言,清晰、準確、完整地表達自己的意思」,讓對方可以非常清楚地瞭解您想傳達的訊息。以下就介紹寫好英文 E-mail 務必要掌握的「7C 原則」:

1 Conciseness 簡潔

優秀的英文E-mail應該行文流暢、言簡意賅,並且避免冗長。也就是說寫信者必須使用簡短量少的文字表達必要的資訊。請對比下面的句子:

❌ **Company operations for the preceding accounting period terminated with a substantial deficit.**(本公司在先前的帳務執行上有了巨額的透支。)
　　➔**too complicated** 太複雜

⭕ **The company lost much money last year.**(公司去年損失了許多錢。)
　　➔**more concise** 更簡潔

2 Concreteness 具體

英文E-mail在書寫過程中,一般會涉及一些情況的描述,比如時間、地點、價格、貨品編號……,發文者應盡可能做到具體的描述,這樣會使交流的內容更加清楚,並且有助於加快事務的進程。請對比下面的句子:

❌ **These brakes can stop a car within a short distance.**(這項煞車系統可以在短距離內使一台車停下來。)➔**general** 籠統

⭕ **These Goodson power brakes can stop a 2-ton car within 24 feet.**(古森煞車系統可以在24英呎內使一台兩噸重的車停下。)➔**concrete** 具體

3 Clearness 清晰

「清晰」是英文書信寫作最重要的原則。一封含糊不清、詞不達意的書信會引起誤會與意見分歧,甚至會造成貿易損失。想做到清楚表達應選擇正確、簡練的詞彙以及正確的句子結構。一般來說,商業書信的撰寫者必須將自己的意思清晰地表達出來,以便對方準確理解。請對比下面的句子:

❌ We can supply the item.(我們能提供商品。)
　　➔**focus on the "item"** 重點在「商品」

⭕ We can supply 50 tons of the item.(我們能夠提供五十噸這樣的商品。)
　　➔**focus on the "quantity"** 重點在「商品數量」

4Courtesy 禮貌

即便是以 E-mail 聯繫，同樣需要注意禮儀，因而在寫信過程中，要避免傷害對方感情的表達。措辭上多選用些禮貌、委婉的詞語，像 would, could, may, please, thank you 等。當然這並不意味著一味地低三下四。請對比下面的句子：

❌ **We are sorry that you misunderstood me.**（我們很遺憾您對我們的誤解。）
→**put the blame on "you"** 責備對方

⭕ **We are sorry that we didn't make ourselves clear.**（我們很抱歉沒把我們的論述表達清楚。）→**put the blame on "ourselves"** 攬下責任

5Consideration 體貼

在英文E-mail寫作過程中，發文者應設身處地地想到對方，尊重對方的風俗習慣，即採取所謂的「You-Attitude」（「對方態度」），盡可能地避免使用「I-Attitude」 或 「We-Attitude」（我方態度）。另外，還應該考慮到收信者的文化程度、性別等方面的因素。請對比下面的句子：

❌ **I received your letter of June 23, this morning.**（我於6月23日早上收到了您的信件。）→**I-Attitude** 我方態度

⭕ **Your letter of June 23, arrived this morning.**（您的信件已於6月23日早上送達。）→**You-Attitude** 對方態度

6Correctness 正確

在英文E-mail中，除了避免語法、拼寫及標點錯誤外，其所引用的史料、資料等也應準確無誤。尤其在商務英語中提到具體日期、資料等內容時更要準確表達以免發生歧義。請對比下面的句子：

❌ **This contract will come into effect from Oct.1.**（這份合約將於10月1日起生效。）
→**ambiguous** 不精確

⭕ **This contract will come into effect from and including October 1, 2022.**
（這份合約將於2022年10月1日當日開始生效。）→**accurate** 精確

7Completeness 完整

在英文 E-mail 寫作中，資訊的完整性很關鍵，所以商務信函中應包括所有必需的資訊。例如下述通知，短短的幾句話就包含了應有的全部資訊：

> **Notice**
>
> All the staffs of Accounts Department are requested to be ready to attend the meeting in the conference room on Tuesday, at 3:00 p.m., Jan. 4, 2022, to discuss the financial statement of last year.
>
> Accounts Department

02 | 圖解英文E-mail **8大組成元素**

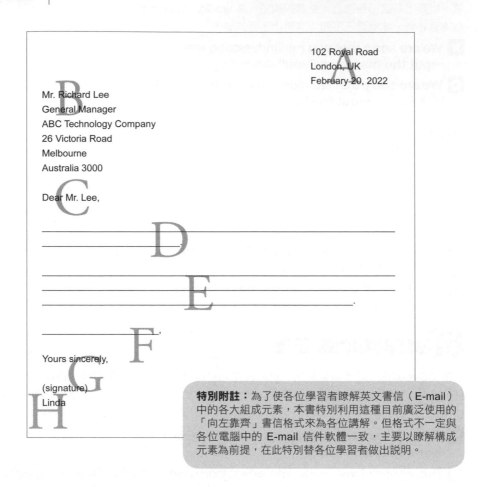

Mr. Richard Lee
General Manager
ABC Technology Company
26 Victoria Road
Melbourne
Australia 3000

Dear Mr. Lee,

Yours sincerely,

(signature)
Linda

102 Royal Road
London, UK
February 20, 2022

特別附註：為了使各位學習者瞭解英文書信（E-mail）中的各大組成元素，本書特別利用這種目前廣泛使用的「向左靠齊」書信格式來為各位講解。但格式不一定與各位電腦中的 E-mail 信件軟體一致，主要以瞭解構成元素為前提，在此特別替各位學習者做出說明。

1 寫信人的地址和寫信日期
Heading ──────────────── 見圖A

在英文信件中，常見的日期寫法有：

❶ 8th March, 2022 或者 8 March, 2022 （英式）
❷ March 8th, 2022 或者 March 8, 2022 （美式）

日期寫法宜遵循下列規則：

❶ 年份宜完全寫明為佳，儘量避免使用「22」代替「2022」；

❷ 月份須採用公認的簡寫，見以下表格：

January（Jan.）	February（Feb.）	March（Mar.）	April（Apr.）
May	June	July	August（Aug.）
September（Sep.）	October（Oct.）	November（Nov.）	December（Dec.）

❸ 日期可用序數詞（Ordinal Numbers），例如：1st, 2nd, 3rd, 4th,……，也可用基數詞（Cardinal Numbers），例如：1，2，3，4，……，但美式書信大多採用後者。

❹ 在年份與月日之間必須用逗號隔開。

❺ 日期不可全部採用如 7.12.2022 或7／12／2022的阿拉伯數字書寫，否則會引起誤解。因為英美在這方面的習慣寫法不同。按照英國人習慣，上述日期為2022年12月7日，而按照美國習慣則是2022年7月12日。

2 收信人的全名和地址
Inside Address ....見圖B

這部分應置放在郵件的左上方。

3 稱呼
Salutation ....見圖C

❶ 對一般不熟的人，常用如下稱呼，但要注意的是，這些稱呼不能單獨使用，後面一定要接具體的姓氏或人名。需要說明的是，這裡的Dear只是一個客氣的稱謂，並非完全表示「親愛的」的意思。

Dear Sir	親愛的先生
Dear Madam	親愛的女士
Mr.	先生
Mrs.	夫人（已婚），後接夫姓
Miss	小姐（未婚），後接原姓
Ms. = Miss	夫人、小姐（統稱），後接原姓
Mr. and Mrs.	夫婦

❷ 對熟人則應寫明姓名，並冠以先生或女士的稱謂，如 Dear Mr. Bill Smith（親愛的比爾‧史密斯先生），Dear Mrs. Sally Smith（親愛的莎莉‧史密斯女士）。

❸ 對關係親密者，則不用先生或女士等稱謂，也不用姓，只用其名，如：Dear Bill（親愛的比爾），Dear Sally（親愛的莎莉）。

❹ 對親人，除只用其名以外，還要加上 Darling 或 Dearest（最親愛的）等詞語，如：My Darling Mary 或 My Dearest Mary（我最親愛的瑪麗）。

❺ 稱呼之後的標點符號可用冒號或逗號。

4 開頭語
Opening Sentence ....見圖D

郵件的開頭語在書寫時可參考「2-1 常見開頭語」的寫法。

5 主要段落
Body of the Letter ....見圖E

可根據內容來決定寫一段或數段。

6 祝福（結束）語
Concluding Sentence ....見圖F

如果想在信件結束後表達對收件人的祝福或是提醒，可參考「2-2 常見結束語」。

7 表示敬意的稱呼
Complimentary Close ....見圖G

• 對一般人，可用 Sincerely yours,（你誠摯的）或 Faithfully yours,（你誠實的）。
• 對友好者，可用 Truly yours,（你忠實的）。
• 對親近者，可用 Affectionately yours,（摯愛你的）或 Lovingly yours,（深愛你的）。
• 對上級、長輩，可用 Respectfully yours,（敬重您的）。

注意：以上結束語以及表示敬意的結束稱呼中，第一個字母要大寫，結尾要有逗號。另外，結束稱呼中的兩個單字也可以倒過來用，如：也可以寫成 Yours sincerely、Yours lovingly、Yours respectfully 等等。

8 簽名、署名
Signature ....見圖H

如在較正式的信件中，請務必標示全名。

102 Royal Road
London, UK
February 20, 2022

Mr. Richard Lee
General Manager
ABC Technology Company
26 Victoria Road
Melbourne
Australia 3000

Dear Mr. Lee,

Yours sincerely,

(signature)
Linda

附註：傳統的書信形式都採取這種「每段段首縮進五、六個字母」的書寫形式，這種形式至今仍然被採用。

❶ Thank you for your letter dated June 20, 2022.
謝謝您2022年6月20日的來信。

❷ I am writing to ask about the conference to be held in New York next week.
這封信是想請問下個禮拜在紐約舉行的會議相關事宜。

❸ We learn from your e-mail that you are interested in our products and would like to establish business relationship with us.
我們從您的信中得知，您對我們的產品有興趣，而且想與我們建立商業合作關係。

❹ In reply to your letter of May 16th, I want to say...
回覆您於3月16日的信件，我想說……

❺ We are pleased (glad) to inform you that...
我們很高興通知您……

❻ We are pleased to send you our catalog.
我們很高興能寄給您我們的產品目錄。

❼ I must apologize for being so late to reply to you.
我必須為太晚回覆您而道歉。

❽ May I take the liberty of mailing you and confirm some points?
我可以冒昧地寫信給您並確認一些要點嗎？

❾ I regret being unable to attend your banquet on Friday.
我很抱歉沒辦法參加您在星期五舉辦的宴會。

❿ I am very excited and delighted at your good news.
對於您的好消息，我非常興奮、高興。

⓫ Many thanks for your letter of September 4, 2022.
非常感謝您2022年9月4日的信件。

⓬ A thousand thanks for your kind letter of November 24, 2022.
非常感謝您2022年11月24日親切的信件。

⓭ Your letter that arrived today gave me great comfort.
您的今天寄達的信件給我很大的安慰。

⓮ Thank you very much for your letter of August 1st and the gift you sent me on Christmas Eve.
非常感謝您8月1日寄來的信及平安夜寄來的禮物。

⓯ What a treat to receive your kind letter of May 5th!
收到您5月5日寄來的親切信函真是太好了！

⑯ **It is always a thrill to receive your e-mail.**
收到您的電子郵件總是相當興奮。

⑰ **First of all, I must thank you for your kind assistance and attention to me.**
首先，我要謝謝您對我親切的幫助與關注。

⑱ **With great delight, I learned from your letter of this Sunday that...**
我很高興從您這個星期日的信件得知⋯⋯

⑲ **I was so glad to receive your letter of March 23rd.**
我很高興收到您3月23日寄來的信。

⑳ **I am very much pleased to inform you that my visit to your country has been approved.**
我很高興通知您，我被允許拜訪您的國家了。

㉑ **I wish to apply for the teaching position you are offering.**
我想申請您所提供的教職。

㉒ **I am very obliged to you for your warm congratulations.**
我很感謝您溫暖的祝賀。

㉓ **My wife joins me in thanking you for the dinner party you gave in our honor last Monday.**
我的妻子和我一起感謝您上星期一為我們舉辦的晚宴。

㉔ **This is to acknowledge receipt of your e-mail dated Feb 5.**
確認已收到您2月5日寄來的電子郵件。

㉕ **I regret being unable to reply to your letter earlier due to pressure of work.**
我很抱歉因為工作壓力而沒有更早回覆您。

㉖ **I hope that you will excuse me for this late reply to your kind letter.**
我希望您會原諒我這麼晚才回覆您親切的信件。

㉗ **I must apologize for not being able to reply to your kind letter until today.**
我必須為了直到今日才回覆您親切的信件道歉。

㉘ **May I take the liberty of writing to you and appeal for your kind attention to...**
容我冒昧寫信給您，希望能您能夠關注⋯⋯

㉙ **Owing to busy work, I have not been able to reply to your letter earlier, for which I must apologize.**
由於工作繁忙，我沒辦法及早回覆您的信件，非常抱歉。

㉚ **With great delight, I learned that...**
我很高興得知⋯⋯

❶ We look forward to your reply at your earliest convenience.
我們期待您盡快回覆。

❷ Your early reply will be highly appreciated.
我們期待您盡快回覆。

❸ Please let me know if you want more information.
如果您需要更多資訊，請讓我知道。

❹ Any other particulars wanted, we shall be pleased to send you.
如果您需要知道其他細節，我們會很樂意提供您。

❺ I wish you every success in the coming year.
祝你在來年一切順利。

❻ I look forward to our next meeting in Los Angeles.
我很期待我們之後在拉斯維加斯的會議。

❼ Hoping to receive your early reply.
期待您盡快回覆。

❽ Thanks very much for the assistance you provide my business. It is sincerely appreciated.
非常感謝您在商業上的協助。我們真心感謝您。

❾ With best regards to your family.
向您的家人致以最誠摯的問候。

❿ I hope everything will be well with you.
我希望你一切都會好起來。

⓫ Awaiting your good news.
期待您的好消息。

⓬ Looking forward to your early reply.
期待您盡快回覆。

⓭ Hoping to hear from you very soon.
期待您盡快回覆。

⓮ We await your good news.
期待您的好消息。

⓯ I hope to hear from you very soon.
期待您盡快回覆。

⓰ Expecting your immediate response.
期待您盡快回覆。

圖解英文E-mail 8大組成元素

⑰ **Please remember me to your family.**
請替我向您的家人問好。

⑱ **Thank you very much for your consideration.**
非常感謝您的關住。

⑲ **With love and good wishes.**
帶著愛與祝福。

⑳ **Best wishes for all of you.**
祝福你們每個人。

㉑ **I expect your early reply soon.**
我期待您盡快回覆。

㉒ **I wish you all the best.**
祝你一切順利。

㉓ **I appreciate your immediate reply. Thanks once more!**
我很感謝您即時的回覆。再一次感謝您！

㉔ **If you need any assistance, I am available any time.**
如果您需要任何幫助，我隨時都能協助。

㉕ **Thank you once again for your kind letter.**
再一次感謝您親切的來信。

㉖ **Please let me know if you require further information.**
如果您需要更多資訊，請讓我知道。

㉗ **I am always glad to be of serving to you.**
我非常高興能夠服務您。

㉘ **Please accept my sincere thanks for your kind attention to this matter.**
我誠摯地感謝您關注這件事。

㉙ **With thanks and regards.**
致上感謝與問候。

㉚ **Please do not hesitate to contact me if you...**
如果您……，請隨時連絡我。

英文E-mail
實例集

 **Unit1 交際篇** # Socializing

01 | 歡迎來訪

Dear Whitney,

I am glad to **learn** that you will be ***visiting*** [1] Toronto next month. I'll be in Montreal between February 21 and 25, so if it's ***convenient*** [2] for you, shall we ***arrange*** [3] to meet on the 28th? Please let me know ***whether*** [4] I can arrange hotel accommodations and ***transportation*** [5] from the ***airport*** [6] for you.

Expecting your *arrival* [7] soon!

Truly yours,
Mike Smith

○ ☆ ⋃ Ａ ■ | ∨

譯文

親愛的惠特尼先生：

很高興您下個月要來到多倫多。2 月 21 日到 25 日期間我將會待在蒙特婁，如果您方便的話，我們安排 28 見面如何？請告訴我是否需要為您安排飯店住宿及機場的接送服務。

期待您盡快到來！

邁克‧史密斯 謹上

你一定要知道的文法重點

重點1 learn

learn 意思是「學習」、「學會」、「得知」、「獲悉」。一般作為「學習」、「學會」的情況比較多，但是表達知道某事的時候，不光可以用 know，不要忘記還可以用 learn 來增加句子的多樣性。請對照以下例句：

- **I don't know if he will make it.**（我不知道他是否來得及。）
- **I learned this news from the newspaper.**（我從報紙上得知這個消息。）

重點2 Expecting your arrival soon!

實際上這是個省略句，完整的句子應該是 I am expecting your arrival soon! expecting 是 expect 的現在分詞形式，是「期望」的意思。要注意的是 expecting 還有「懷孕的」的意思。請對照以下例句：

- **We are expecting you in London on Tuesday.**（我們星期二在倫敦等你來。）
- **She is expecting another baby.**（她又懷孕了。）

英文E-mail 高頻率使用例句

① **I am delighted to learn that you will be visiting Taipei next month.**
知道您將於下個月抵達台北的消息，我很高興。

② **We will be glad to arrange a tour of our factory for July 3.**
我們將把參觀工廠的相關事宜安排在 7 月 3 日。

③ **Please let me know once you have confirmed the exact date of your arrival.**
一旦您確定了抵達的具體日期，請通知我。

④ **I look forward to meeting with you soon.**
期待能盡快與您會面。

⑤ **Please inform us if we can arrange hotel[8] accommodations[9] for you.**
如果需要我們為您安排飯店食宿，請通知我們。

⑥ **We are looking forward to meeting with you soon.**
我們期待能很快與您見面。

你一定要知道的關鍵單字

1. *visit* **n.** & **v.** 訪問
2. *convenient* **adj.** 方便的
3. *arrange* **v.** 安排
4. *whether* **conj.** 是否
5. *transportation* **n.** 運輸
6. *airport* **n.** 機場
7. *arrival* **n.** 到達
8. *hotel* **n.** 旅館
9. *accommodation* **n.** 住宿

02 | 新任總經理上任通知

Dear Mr. Keller,

I am pleased to *announce* [1] the ***appointment*** [2] of IDEA Corporation's general manager of ***advertising*** [3].
Ms. Ho has worked in the advertising area for 10 years. She has an ***insightful*** [4] view of the advertising ***industry*** [5]. All in all, we are eager to work with her and **meet her *objectives*** [6]. This new appointment brings ***additional*** [7] strength to IDEA Corporation. You could contact with her for your advertising needs.

Sincerely yours,
IDEA Corporation

譯文

親愛的凱勒先生：

此次概念公司任命何女士為廣告部總經理，在此特別通知。
何女士在廣告業已經打拼了十年，她對廣告業有著獨到的見解。總之，我們期望與她共同合作，並且努力達到她的要求。
這項新的人事任命給概念公司帶來新的力量。倘若貴公司有任何廣告需求，請聯絡何女士。

概念公司 謹上

你一定要知道的文法重點 ⊖ ▢ ✕

重點1 **I am pleased to...**

I am pleased to...意為「我非常高興（做某事）」。英語書信中，新產品開發、就職祝賀等充滿喜悅氣氛的場合，都可以用「be pleased to」、「be happy to」、「be glad to」等表達方式。例如：

● **I am pleased to hear of your success.**（聽到了你成功的消息，我很高興。）

● **I am happy to accept the position of flight attendant with your company.**（我很高興接受貴公司空服員的職位。）

重點2 **meet your objective**

meet one's objective 意為「達到某人的要求」，meet 意為「遇見」、「滿足」。objective 本來有形容詞和名詞兩種詞性，但在此作名詞用，意為「目標」。與它同義的詞還有 target、goal 等。所以要表達「實現或達到某人的目標」還可以說：

reach one's target / reach one's goal。例如：

● **The young people tried their best to reach their target.**（那些年輕人盡全力去達成他們的目標。）

● **I will keep on striving until I reach my goal!**（我會繼續奮鬥直到成功！）

✋ **英文E-mail 高頻率使用例句**

① **I am being promoted to Manager of the Marketing Department at Global Links as of March 21.**
我將自 3 月 21 日正式晉升為全球聯結網路公司的行銷經理。

② **Miss Bree will be taking over my territory as your sales representative.**
布里小姐將成為我的繼任者，擔任你們銷售代表的職務。

③ **Thank you so much for your support during [8] the past years.**
感謝您這些年來的支持和照顧。

④ **I am your new Diamond International sales representative.**
我現在擔任鑽石國際的銷售代表。

你一定要知道的關鍵單字

1. *announce* **v.** 宣佈；公告

2. *appointment* **n.** 任命

3. *advertising* **n.** 廣告

4. *insightful* **adj.** 有洞察力的

5. *industry* **n.** 工業；行業

6. *objective* **n.** 目標

7. *additional* **adj.** 額外的；另外的

8. *during* **prep.** 在……期間

03 | 新職員到職通知

Dear members,

All attention, please!
I hereby make an ***announcement***[1] that there will be three new ***colleagues***[2] coming into our ***company***[3]. They are Cindy Wang, Nancy Li and May Chou, who ***graduated***[4] from NTU, NCU and NCCU respectively. **They will serve in the *Marketing*[5] Department from tomorrow on, namely, December 2.**
Please get ***along***[6] well with new colleagues and ***pursue***[7] better ***development***[8] of our company.
Thanks **in advance** for your cooperation!

Sincerely yours,
Personnel Department

譯文

親愛的同事們：

大家注意了！

我在此宣佈一個消息：將有三位新同事加入我們公司，她們分別是畢業於國立台灣大學、國立中央大學以及國立政治大學的王辛蒂、李南西和周玫。她們將從明天起，即 12 月 2 日開始在行銷部任職。

請各位與新同事好好相處，一同為公司謀求更好的發展。

謝謝各位的合作！

人事部 謹上

你一定要知道的文法重點

重點1 **They will serve in Marketing Department from tomorrow on, namely, December 2.**

此句的意思是「他們將從明天起，即 12 月 2 日開始在行銷部任職。」可能有人會認為此句到 from tomorrow on 就已經表達完整了。但是依據英文書信寫作的 7C 原則之 Correctness（正確原則），涉及到具體日期、時間等一定要描述清楚。所以，此句後才會有 namely, December 2，所以絕對不是多餘的。

重點2 **in advance**

這個片語是「提前」、「預先」的意思。advance 這裡作為形容詞「預先的」、「在前的」使用。表達「提前」、「事先」還可以說 ahead of time；ahead of schedule；beforehand。例如：

- **A punctual person always finishes everything ahead of time.**（一個守時的人總是把事情提前做好。）
- **You should tell me in advance.**（你應該事先告訴我。）
- **We have completed our work ahead of schedule.**（我們提前完成了工作。）
- **He arrived at the meeting place beforehand.**（他提前到達會面地點。）

英文E-mail 高頻率使用例句

① **May I have your attention, please!**
請大家注意聽我講話！

② **I would like to introduce you a new colleague.**
我要為大家介紹一位新同事。

③ **Thank you so much for your support and encouragement.**
感謝各位的大力支持和鼓勵。

④ **Hope all members⁹ could get along well with each other.**
我希望大家都能和睦相處。

⑤ **The new colleague will serve as assistant to the general manager.**
這位新同事將擔任總經理助理一職。

⑥ **He is a top student of MIT.**
他是麻省理工學院的頂尖學生。

你一定要知道的關鍵單字

1. **announcement** n. 宣佈
2. **colleague** n. 同事
3. **company** n. 公司
4. **graduate** v. 畢業
5. **marketing** n. 市場行銷
6. **along** adv. 一道、一起
7. **pursue** v. 追求
8. **development** n. 發展
9. **member** n. 成員

04 | 辭職的交際

Dear Ms. Steele,

I am writing to let you know a **_decision_** [1] of mine.
I want to **_resign_** [2] from the NCB Company for some **_personal_** [3] reason.
Moreover [4], I will be starting a new **_position_** [5] with the Government
Bookstore as an office manager. **I think perhaps that job would be
more _suitable_** [6] **for me.** Anyway, I am still going to **_express_** [7] many
thanks for your support while I was here.

I hope everything goes well!

Faithfully yours,
Bill

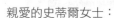

譯文

親愛的史蒂爾女士：

我寫信是要告訴您關於我的決定。
由於私人原因，我想從 NCB 公司辭職。另外，我將要開始轉換
跑道去做政府刊物書店的經理。我想那份工作或許更適合我。
無論如何，我都要感謝您過去對我的支持與照顧。

祝您一切順利！

比爾 謹上

你一定要知道的文法重點

重點1 resign

表達「辭職」、「離職」一般用 resign。要注意的是 retire 雖然也有「退職」的意思，但是通常適用於因年老或其他原因「退休」或「退職」的場合。請對照以下例句：

- **Do you want me to resign?**（你要我辭職嗎？）
- **Some of the older workers were retired early.**（有些老工人提前退休了。）

重點2 I think perhaps that job would be more suitable for me.

此句的意思是「我想可能那份工作更適合我」。其中的片語 be suitable for 是「適合的」、「恰當的」的意思，例如合適的房間、書、建議、日期等。fit 指大小、形狀的合適，引申為吻合、協調。match 多指大小、色調、形狀、性質等的搭配。請對比下面的例句：

- **What time is suitable for us to meet?**（我們什麼時候會面合適呢？）
- **This new jacket fits her well.**（這件夾克很合她的身。）
- **The tie does not match my suit.**（這條領帶和我的西裝不搭。）

英文E-mail 高頻率使用例句

① **I'd like to say that I've really enjoyed working with you. However, I think it's time for me to leave.**

我真的很高興能與你共事。但是，我覺得該是我離開的時候了。

② **I want to expand my *horizons* [8].** 我想拓展我的視野。

③ **I've made a tough decision; here is my resignation.**

我做了一個很困難的決定，這是我的辭呈。

④ **I've been trying, but I don't think I'm up to this job.**

我一直很努力，但我覺得無法勝任這個工作。

⑤ **I've been here for too long. I want to change my environment.**

我在這裡待太久了；我想轉換一下環境。

⑥ **I'm sorry to bring up my resignation at this moment, but I've decided to study abroad.**

我很抱歉在這個時候提出辭呈，但我已經決定要出國念書了。

你一定要知道的關鍵單字

1. *decision* **n.** 決定
2. *resign* **v.** 辭職
3. *personal* **adj.** 私人的
4. *moreover* **adv.** 此外；而且
5. *position* **n.** 方位；身份；職位
6. *suitable* **adj.** 合適的；適當的
7. *express* **v.** 表達
8. *horizon* **n.** 視野；地平線

05 | 調職的交際

Dear Mr. Green,

This is to let you know that I will be **transferred** to the Beijing **office** [1] of our company as of May 11.
I would like to thank you for all your support during the **past** [2] years and hope that you will **continue to extend** [3] the same to my **replacement** [4], Miss Gao.

With thanks and **regards** [5],

Sincerely yours,
Alex

譯文

親愛的格林先生：

5 月 11 號我將調職到敝公司的北京分公司，特此告知。
感謝您一直以來的支持與照顧，同時，也拜託您對我的繼任
者高小姐繼續予以支持關照。

獻上誠摯的感謝和祝福，

艾力克斯 謹上

你一定要知道的文法重點 ⊖ ▢ ✕

重點1 ► transfer

「調職」一般使用的是 transfer。也有 will be transferred to, will be posted at 等被動語態的表達。但是，如果使用 will be moved to 時，則是有非情願「被強行調動」的意思。請對照以下例句：

- **He put in for a transfer to another position.**（他申請調職。）
- **Unfortunately, I will be moved to the suburb.**
  （很不幸地，我要被調到郊區工作了。）

重點2 ► continue to

要表達「繼續做某事」可以用這個片語。表達同樣的意思還可以說 keep on。但是請注意，continue to 後面要接動詞原形，而 keep on 後面要接 v-ing 形式。請對照以下例句：

- **Please continue to support me!**（請繼續支持我吧！）
- **She kept on working although she was tired.**
  （她雖疲勞但仍繼續工作。）

👆 英文E-mail 高頻率使用例句

① **I am writing to tell you something about my transfer.**
我寫這封信是想告訴您關於我調職的事。

② **I've really enjoyed working with you.** 我真的很高興與你共事。

③ **I would like to thank you for all your assistance.** 感謝您所有的協助。

④ **Mr. Wang will be my replacement.** 王先生將要接替我原來的工作。

⑤ **I hope you will get along well with each other.** 我希望你們能相處愉快。

⑥ **Please continue to *support*[6] our work.**
請繼續支援我們的工作。

⑦ **I would like to *express*[7] my great thanks during the past years.**
非常感謝您一直以來的支持和關照。

⑧ **Expecting all of you will *succeed*[8].**
期待你們都能成功。

⑨ **Please give Ms. Lee kind support and assistance.**
請給李女士友好的支持和協助。

你一定要知道的關鍵單字

1. *office* n. 辦公室；辦公處；事務所
2. *past* adj. 過去的
3. *extend* v. 延伸；給予
4. *replacement* n. 代替；更換
5. *regard* n. 關心；問候
6. *support* v. 支持；支援
7. *express* v. 表達
8. *succeed* v. 成功

06 卸任的交際

Dear all,

All good things must come to an end. I am leaving this company. When I look back on the past years, all the memories I have of working with you are **invaluable** to me. I would like to **deliver**[1] my **heartfelt**[2] thanks to all who have **shown**[3] me your **guidance**[4], support and assistance. **Attached**[5] is my personal contact information.
Keep in touch and I wish all of you a **promising**[6] **future**[7]!

Warmly regards,
Mike Pan

譯文

親愛的同事們：

天下無不散之筵席！我要離開公司了。
當我回首過去這些年，與大家共事的回憶對我來說是無價的。我在這裡衷心地感謝大家曾給我的指導、支持與協助。
隨信附上我的個人聯絡資料。
保持聯絡，並祝福大家都擁有美好的未來！

獻上最誠摯的祝福，
麥克・潘

 **你一定要知道的文法重點**

重點1 **All good things must come to an end.**

這句話可直譯為「總會有個時候說再見」，但是我們可以靈活地翻譯成中文一句古諺：「天下無不散之筵席」。又如英文中的 How time flies. 可以翻譯成中文的成語「光陰似箭，日月如梭」。這些與中文的一些成語、諺語或俗語等意思很相近的英文，我們可以直接套用這些成語、諺語或俗語來翻譯，使譯文在增加知識性的同時更顯道地。

重點2 **invaluable**

以下是「invaluable」（無價的）、「valuable」（貴重的）、「valued」（重要的、寶貴的）的用法：

• **Your support is invaluable to me.**
（你的支持對我來說是無價的。）
• **He bought me a valuable diamond.**
（他買了一只貴重的鑽石給我。）
• **She is one of our valued customers.**
（她是我們重要的客戶之一。）

英文E-mail 高頻率使用例句

① **All good things must come to an end.** 天下無不散之筵席！
② **I am leaving the company that I have *served*[8] for nearly 20 years.**
我將要離開這個我服務了近 20 年的公司了。
③ **It was wonderful working with you.** 跟大家一起工作非常美好。
④ **It was, in retrospect, the happiest day of my life.**
回想起來，那是我最幸福的日子。
⑤ **I hope you always have a wonderful time.**
希望你們一直擁有美好的時光。
⑥ **I would like to deliver my heartfelt thanks to your support.**
我要衷心地感謝大家對我的支持。
⑦ **Attached is my new contact method.**
隨信附上我新的聯繫方式。
⑧ **I will remember all of you forever.**
我會永遠記住大家的。

你一定要知道的關鍵單字

1. *deliver* v. 發出；提出
2. *heartfelt* adj. 衷心的；真誠的
3. *show* v. 表現；展示
4. *guidance* n. 指導
5. *attach* v. 附上
6. *promising* adj. 有希望的；有前途的
7. *future* n. 未來
8. *serve* v. 服務

07 | 轉職的交際

Dear Edward,

I have **recently**[1] **changed**[2] my job and become a **consultant**[3] in Milestone Consultation International Co., so I have also moved to a new place near our company.

My new **address**[4] and **contact**[5] number are **as follows**[6],

Address: 8F, 130, Sec 1, Fu Hsin Road, Taipei 106

Telephone number: 886-2-2730-8888

I hope to **keep in touch with** you.

With my best wishes,
Kate

譯文

親愛的愛德華先生：

我最近剛換了份新工作，進入了里石國際管理諮詢公司當諮詢顧問，所以我也把家搬到了公司附近。

下面是我的新地址和電話號碼：

地址：106台北市復興路一段130號8樓

電話：886-2-2730-8888

希望今後保持聯絡並多多關照。

獻上最美好的祝福，
凱特

你一定要知道的文法重點 ⊖ ▢ ✕

重點1 **8F, 130, Sec 1, Fu Hsin Road, Taipei 106**

住址的寫法是英文書信與中文書信中的一個重要區別。如 8F, 130, Sec 1, Fu Hsin Road, Taipei 106 翻譯成中文就是「106台北市復興路一段130號8樓」。中文描述位址是從大到小，而英文正好是相反，是從小到大。如下面的例子：

7F, 130 - Sec 3 - Wenhua Road - Banqiao District - New Taipei City 220
翻譯成中文就是：220新北市板橋區文化路三段130號7樓。

重點2 **keep in touch with**

keep in touch with 是「保持聯絡」的意思，跟它同義的片語還有 stay in touch with。這裡接在 I hope to... 的句型之後是「今後也請多多關照」之意，但是日常比較常用的是Please keep / stay in touch。contact 雖然也有「聯絡」的意思，在這裡使用會略顯死板。請對照以下例句：

- **They keep in touch with each other by mail.**（他們通過寫信保持聯繫。）
- **We agreed to contact each other again as soon as possible.**
  （我們同意盡快再次聯繫。）

英文E-mail 高頻率使用例句

① **I plan to change my job.**
　　我打算換份工作。

② **I am going to work for the _Business Daily_.**
　　我要去《商務日報》工作了。

③ **I _quitted_[7] my job and found another job that I like better.**
　　我辭職了，換了一個我更喜歡的工作。

④ **It's time to change my job!**
　　是換工作的時候了！

⑤ **I intend to job-hop to that famous computer company.**
　　我想跳槽去那家著名的電腦公司。

⑥ **I finally found my _niche_[8] after several job-hopping.**
　　在幾次跳槽之後，我終於找到了最適合我的職位。

⑦ **Please remember my new address and contact method.**
　　請記下我的新地址和聯繫方式。

你一定要知道的關鍵單字

1. _recently_ adv. 最近；近來
2. _change_ v. 變化；改變
3. _consultant_ n. 顧問
4. _address_ n. 地址
5. _contact_ v. 聯繫；聯絡
6. _as follows_ phr. 如下
7. _quit_ v. 放棄、辭職
8. _niche_ n. 合適的職位

08 | 返回工作崗位的交際

Dear John,

I hope this letter finds you well.
I just want to let you know that I have ***recovered***[1] from my ***recent***[2] ***appendicitis***[3]. Now I have **come back** to work ***again***[4].
I look ***forward***[5] to working with you again and hearing from you soon.
Thank you very much for your ***consolation***[6].

Yours ***truly***[7],
Ken

譯文

親愛的約翰：

收信愉快。
我只是想告訴你，我的盲腸炎已經痊癒，並且已經再次回到工作崗位上了。
期待再次與你共事，也期盼你盡快與我聯繫。

非常感謝你的慰問。

肯恩 謹上

你一定要知道的文法重點

重點1 **I hope this letter finds you well.**

「I hope this letter finds you well.」是在英文書信中常用到的開頭句型。與它類似的句子還有「I hope you are doing well.」等。這些句子有一些也可以應用於對話中或作為結尾句使用。

重點2 **come back**

「回歸」、「回來」可以說 come back，也可以用另一個單字 return。雖然它們都有「回歸」的意思，但是 return 還有「歸還」、「返還」的意思。請對照以下例句：

● **Will you wait here until I come back?**
（您能在這裡等到我回來嗎？）

● **Please return the book to me.**
（請把書還給我）

英文E-mail 高頻率使用例句

① **I hope this letter finds you well.** 收信愉快。

② **I have recovered from the *pneumonia* [8].** 我的肺炎已經痊癒了。

③ **I come back to work with vigor again.** 我又精神飽滿地回到工作崗位了。

④ **It's time for me to come back!** 我該回來了！

⑤ **I just want to tell you the good news.**
我只是想告訴你這個好消息。

⑥ **I have always looked forward to working with you again.**
我一直期待著再次與你共事。

⑦ **I expect to hear from you as soon as possible.**
期盼著你盡快回信。

⑧ **Thank you very much for your sincere consolation.**
非常感謝你真誠的慰問。

⑨ **I can *concentrate* [9] on my work again.**
我可以再次投入工作了。

你一定要知道的關鍵單字

1. *recover* **v.** 恢復
2. *recent* **adj.** 不久前的；近來的
3. *appendicitis* **n.** 盲腸炎
4. *again* **adv.** 再次
5. *forward* **adv.** 向前
6. *consolation* **n.** 安慰；慰問
7. *truly* **adv.** 真誠地
8. *pneumonia* **n.** 肺炎
9. *concentrate* **v.** 集中；專心於

09 讚揚同事的交際

Dear Kevin,

First of all, ***congratulations*** [1] on meeting and ***exceeding*** [2] our goals for school ***instrument*** [3] ***sales*** [4] in October!
You worked on ***arranging*** [5] for a ***trade-in*** [6] for a completely new set of instruments and helped make October a month to remember.
I hope you will **put the *bonus*** [7] **check to good use**, and continue to bring new ideas to the sales ***department*** [8].

Sincerely yours,
John Diamond

◯ ☆ 📎 🔺 ▣ | ⌄

譯文 ⊖ □ ✕

親愛的凱文：

首先，恭喜你達到並超過了十月份的學校樂器銷售目標！
你以舊換新的點子使得十月份成為了值得紀念的月份。
我希望您能好好利用這筆獎金，並且繼續為我們銷售部提供新的點子。

約翰‧戴爾蒙 謹上

你一定要知道的文法重點

重點1 congratulations on

稱讚別人的時候一定會用到這個句型：congratulations on...。注意介系詞 on 後面可以直接接名詞或者 v-ing。例如：

- **Congratulations on your engagement!**
  （恭喜訂婚！）
- **Congratulations on fulfilling your dream!**
  （恭喜你實現夢想！）

重點2 put the bonus check to good use

這句話的意思是「好好利用你的獎金」。put to use 是「利用」、「使用」的意思，make use of 也有「利用」、「使用」的意思，例如：

- **We must put everything to its best use.**
  （我們要把一切充分加以利用。）
- **We must make good use of our spare time.**
  （我們必須善用我們的空閒時間。）

英文E-mail 高頻率使用例句

① **Congratulations on reaching your target!** 恭喜你達到目標！
② **You have exceeded the sales goal this month.**
   你這個月已經超過銷售目標了。
③ **You are a creative staff member.** 你是個有創造力的員工。
④ **It is really a wonderful idea.**
   這真是一個不錯的點子。
⑤ **Your experience is being put to good use there.**
   你的經驗在那裡正被善加利用著。
⑥ **Please continue to bring new ideas to the sales department.**
   請繼續為我們銷售部提供好點子。
⑦ **Thank you for all your effort.**
   感謝您做出的所有的努力。
⑧ **We must make good use of the available resources.**
   我們必須充分利用現有資源。

你一定要知道的關鍵單字

1. *congratulation* n. 祝賀
2. *exceed* v. 超過
3. *instrument* n. 器具；樂器
4. *sale* n. 銷售
5. *arrange* v. 安排；準備
6. *trade-in* n. 折價物
7. *bonus* n. 獎金
8. *department* n. 部門

10 佳節問候的交際

Dear Mr. Smith,

Holiday[1] *greetings*[2] and best wishes for the New Year!
May[3] you and all your family members have a *joyous*[4] holiday *season*[5].
Thank you for your *patronage*[6] over the past few years and I hope we will enjoy more years of business cooperation together.

Best regards,

Yours faithfully,
Walt Lin

📍 ☆ 📎 A 🗑 | ⌄

譯文 ⊖ ▢ ✕

親愛的史密斯先生：

歲末年初送上我最誠摯的問候，祝您新年快樂！
祝福您和您的家人度過一個愉快的佳節。對於您過去的關照在此深表感謝，並且希望今後我們能夠一如既往地長期合作。

獻上最誠摯的祝福，

華特‧林 謹上

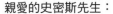

你一定要知道的文法重點

重點1 **May**

May 不但有名詞「五月」和助動詞「可以」的意思，還可以當作「祝；願」（亦為助動詞）。注意，此字當作「祝；願」時，一般要放於句首，且句中的動詞用原形表示。請對照以下例句：

- **I graduated from the college in May last year.**
  （我去年五月份從大學畢業的。）
- **May I make an appointment now?**（我現在可以預約門診嗎？）
- **May you have a happy journey.**（祝你旅途愉快。）

重點2 **holiday seasons**

在此 season（季節）限定於「聖誕時節」，而不能使用在聖誕和新年假期以外的時節。holiday 廣義上意為「假期」、「休假」，要注意的是當使用 holiday seasons 或者 holiday greetings 時，也僅僅指耶誕節和新年的休假。所以如果職場中有人問 What are you doing for the holiday? 其實是在問預定的年假狀況。

👆 **英文E-mail 高頻率使用例句**

① **I wish you a Merry Christmas and a Happy New Year!**
   祝你聖誕快樂、新年快樂！

② **I would like to wish you all the best for a wonderful holiday season.**
   祝你假期快樂，一切順利。

③ **I look forward to seeing you at the New Year's Eve party.**
   期盼著在除夕晚會上見到你。

④ **May your new year be filled with health and *happiness*[7].**
   祝您在新的一年裡身體健康、生活愉快。

⑤ **We send you our best *wishes*[8] for the holidays.**
   我們送出最誠摯的祝福，祝您假期愉快。

⑥ **May all the joys of Christmas be yours!**
   祝聖誕快樂！

你一定要知道的關鍵單字

1. *holiday* n. 假期
2. *greeting* n. 問候
3. *may* v. 祝；願
4. *joyous* adj. 快樂的
5. *season* n. 季節
6. *patronage* n. 支持；贊助；惠顧
7. *happiness* n. 幸福；快樂
8. *wish* n. 祝福

Unit2 申請篇 Application

01 | 申請留學

Dear Sir or Madam,

I would like to apply for **admission** to your ***university***[1] as a Master's student in Applied Economics next September.

I am in my fourth year of ***undergraduate***[2] studies at National Taiwan University at present, and I will receive a ***Bachelor***[3] of Arts in ***Economics***[4] in July. It has been my dream to ***pursue***[5] graduate studies at the University of Pennsylvania, an ***institution***[6] well-known for its excellent ***faculty***[7] and students as well as the strong leadership in the field of economics. I am ***confident***[8] that I would benefit a lot from the rich academic and cultural community of your university.

As requested , I have sent two letters of ***recommendation***[9], an original copy of my university transcript, and a copy of my TOEFL certificate. Please also find attached my completed application form.

Thank you very much for your consideration. I look forward to hearing from you soon.

Sincerely yours,
David Wang

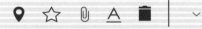

譯文

親愛的敬啟者：

我想申請貴校明年九月開學的應用經濟學碩士課程。

我現在是一名台灣大學的大四學生，將於今年七月份獲得經濟學學士學位。能去賓州大學讀研究所一直是我的夢想。貴校教員和學生都相當優秀，而且貴校在經濟學領域裡享有極高的聲譽。我相信我將在這個富有學術和文化氣息的校園裡受到薰陶，受益匪淺。

我已經按照貴校的要求，將兩份推薦信、一份大學成績單正本，以及一份托福成績單副本寄出。入學申請表請參見附件。

非常感謝您對我的申請予以考慮。期待能盡快收到您的回覆。

大衛・王 敬上

你一定要知道的文法重點

重點1▶ admission

admission 表示進入「許可；承認；錄用」之意。要注意的是，獲准進入大學要用 admission 而不能用 entry。雖然 entry 也有進入的意思，但是它是主要強調進入的動作或事實狀態。請對照以下例句：

● **Tom gained admission to that famous university.**
（湯姆獲准進入那所著名的大學。）

● **Entry to the museum is free.**（進入博物館不需要門票。）

重點2▶ Sincerely yours

Sincerely yours 屬於英文書信中的結尾禮詞（Complimentary Close），相當於中文書信中的「謹上」、「敬上」、「敬啟」等。結尾禮詞的第一個字母須大寫。這裡要注意的是，英國人習慣將 yours 放在前面，而美國人習慣將 yours 放在後面，此 E-mail 是要申請美國的大學，所以最好要把 yours 放後面。

英文E-mail 高頻率使用例句

① **I would like to apply for the two-year *intensive* [10] English course at your school.** 我想申請貴校兩年制的英語密集課程。

② **I am writing to apply for the English immersion program at the University of Birmingham.** 我想申請伯明罕大學的英語研修課程。

③ **I wish to apply for admission to your university as an undergraduate student next year.**
我想申請明年到貴校就讀大學本科的課程。

④ **I am in my final year of studies at NTU, where I am pursuing a B.A. in law.** 我是台灣大學的大四學生，主修法律。

⑤ **I am currently in my third year of master's studies at NTOU.**
我目前是海洋大學碩士班三年級學生。

⑥ **It has long been my dream to pursue English language studies at your college.**
能到貴校研讀英語語言課程一直是我的夢想。

你一定要知道的關鍵單字

1. *university* **n.** 大學
2. *undergraduate* **n.** 大學本科生
3. *bachelor* **n.** 學士學位
4. *economics* **n.** 經濟學
5. *pursue* **v.** 追求
6. *institution* **n.** 機構；設施；慣例
7. *faculty* **n.** 全體教員
8. *confident* **adj.** 自信的；確信的
9. *recommendation* **n.** 推薦；推薦信
10. *intensive* **adj.** 密集的；加強的

02 | 申請請假

Dear Boss:

I am afraid that I **have to** tell you the bad news.
Something **terrible**[1] happened to me last weekend. I had a car
accident[2] and thus broke my legs. **Therefore**[3], I have to **inform**[4] you
that I cannot go to work in the next few weeks because of this **serious**[5]
accident, so I want to **ask for a month's leave**. Thank you for your
consideration[6] and I'm hoping for your **approval**[7].

Enclosed herewith is my X-ray photo for **verification**[8].

Sincerely yours,
Nancy Li

⊙ ☆ ◊ A ▮ | ⌄

譯文 ⊖ ☐ ✕

親愛的老闆：

很抱歉，我要告訴您一個壞消息。
這個週末我發生了一件令人無法置信的意外，我出了車禍，並且弄斷了
腿。所以我必須通知您，由於這個嚴重的意外，我在接下來的幾個星期
內無法到公司上班。特向您請一個月的假。望您考慮並予以批准。

隨信附上我的 X 光照片以茲證明。

南西‧李 敬上

你一定要知道的文法重點 ⊝ ⊡ ✕

重點1 **have to**

have to 和 must 意思都是「必須」，但兩者有差別。have to 強調的是客觀上「不得不」、「只好」，主觀上並非願意。而 must 則強調主觀上「必須」。請照以下例句：

- **It is a pity that we have to leave now.**
  （我們現在必須離開了，真是遺憾。）
- **We must cut down the expenses.**（我們必須削減開支。）

重點2 **ask for a month's leave**

ask for a month's leave 意為「請一個月的假」。ask for leave 是「請假」的意思。holiday 雖然也有假期的意思，但是請假的時候不能說 ask for a holiday。「休假」可以說 take a holiday，請對照以下例句：

- **I'll ask our boss for a half-day's leave.**
  （我要向老闆請半天假。）
- **When do you plan to take your holiday?**
  （你打算什麼時候休假？）

👆 英文E-mail 高頻率使用例句

① **I would like to know if I could ask for a casual leave of absence for one day.**
我想知道我是否可以請一天的假。

② **I think a one-day leave this Wednesday may be the best *solution*[9].**
我覺得在週三請一天的假或許是最好的解決辦法。

③ **I *apologize*[10] for the inconvenience my absence from work may cause.**
我為請假可能對工作上造成不便表示歉意。

④ **I was in an accident.**
我出了意外。

⑤ **I burnt my hands while cooking.**
我做飯的時候燙傷了雙手。

⑥ **My brother got seriously ill these few days and I have to look after him.**
我弟弟這幾天病得很嚴重，我得照顧他。

你一定要知道的關鍵單字

1. *terrible* **adj.** 糟糕的
2. *accident* **n.** 事故；意外遭遇
3. *therefore* **adv.** 因此；所以
4. *inform* **v.** 告訴；通知
5. *serious* **adj.** 嚴重的；認真的；莊重的
6. *consideration* **n.** 考慮；體貼；關心
7. *approval* **n.** 批准
8. *verification* **n.** 證實；證明
9. *solution* **n.** 解決之道
10. *apologize* **v.** 道歉

03 申請匯款

Dear Bank of Taiwan, Tunhua **Branch**[1],

I **hereby**[2] request you to **effect**[3] the following **remittances**[4] subject to the conditions **overleaf**[5], which I have read and agreed to be bound by.

T/T　　M/T　　D/D

Date:　　　　　　　　　　Amount:

Name of **Beneficiary**:　　Address of Beneficiary:

Name of **Remitter**[6]:　　Address of Remitter:

Remarks:　　　　　　　　**Signature**[7]

In **payment**[8] of the above remittance, please **debit**[9] my account with you.

譯文

致台灣銀行敦化分行：
本人已閱讀並同意遵守此頁背面所列條款，茲委託貴行據此辦理下列匯款。

電匯　　信匯　　票匯

日期：　　　　　　　金額：
收款人姓名：　　　　收款人地址：
匯款人姓名：　　　　匯款人地址：
備註：　　　　　　　簽名

上述匯款支付辦法，從本人在貴行開立的帳戶中扣除。

你一定要知道的文法重點

重點1 **request**

request 意思是「請求」、「要求」，而 ask 也有「詢問」、「要求」之意，但是 ask 是通用詞，可以表示一般的詢問。在這種非常正式的場合下要用 request。請照以下例句：

• **You must ask if you have any questions.**
（如果你有任何疑問一定要問。）

• **The bank requests us to offer guarantee.**
（銀行要求我們提供擔保。）

重點2 **beneficiary**

beneficiary 有「受益者」、「受惠者」之意，經貿術語中它的意思是為「受益人」、「收款人」。payee 也有「收款人」的意思。例如：

• **Is the beneficiary the same as the insured?**
（受益人和被保險人是同一個人嗎？）

• **Could you tell me how to spell the name of the payee?**
（麻煩您告訴我收款人的姓名該怎樣拼寫？）

英文E-mail 高頻率使用例句

① **I have read and will *comply*[10] with all the following terms.**
我已閱讀並將遵守下列條款。

② **Please write in capital letters and choose the proper method of the remittance.**
請用大寫字母填寫，並選擇合適的匯款方式。

③ **The bank's transfer fee outside Taiwan are to be borne by the remitter.**
國外銀行轉匯費由匯款人承擔。

④ **I hereby request you to effect the following remittances subject to the conditions overleaf.**
本人委託貴行依據次頁條件辦理下列匯款。

⑤ **In payment of the above remittance, please debit my account with you.**
上述匯款支付辦法，請從本人在貴行的帳戶中扣除。

⑥ **I agree to be bound by all the regulations.**
我同意遵守所有的規章。

你一定要知道的關鍵單字

1. ***branch*** **n.** 分行；分公司
2. ***hereby*** **adv.** 以此方式；特此
3. ***effect*** **v.** 實現；使生效
4. ***remittance*** **n.** 匯款
5. ***overleaf*** **adv.** 在背面；在次頁
6. ***remitter*** **n.** 匯款人
7. ***signature*** **n.** 簽字
8. ***payment*** **n.** 付款
9. ***debit*** **v.** 計入借方
10. ***comply*** **v.** 遵從

04 | 申請商標註冊

Dear **Commissioner**[1] of **Patents**[2] and **Trademarks**[3],

(Corporate Name)
(State or Country of Corporation)
(Business Address)

The above identified **applicant**[4] has **adopted**[5] and is using the trademark shown in the accompanying drawing for (common, usual or ordinary name of goods) and request that such mark be **registered**[6] in the United States Patent and Trademark Office on the Principal Register established by the Act of July 5, 1946.
The trademark was first used on the goods on (Date); was first used in (Type of Commerce) **commerce**[7] on (Date); and is now in use in such commerce.
The mark is used by applying it to (manner of application, such as the goods or labels **affixed**[8] to the product). Five specimens showing the mark as actually used are presented **herewith**.

Corporate Name
By：(Signature of Corporate Officer and Official Title)

譯文

親愛的專利商標局局長：

（公司名稱）　　　　　　（公司所在州或國家）　　　　　（公司地址）

上述申請人已經並正將附圖中展示的商標用於（商品通用名稱），現請求美國專利商標局根據 1946 年 7 月 5 日通過的法案而建立的商標目錄上註冊該商標。
該商標於（日期）第一次用於該商品，於（日期）第一次使用於（貿易類型），且現在仍在該貿易中使用。
該商標採取（使用方式，例如在產品上附標籤）用在商品上。現附上 5 份樣品，顯示商標的實際使用情況。

公司名稱
由：（公司員工姓名及正式職務）

你一定要知道的文法重點

重點1 adopt

adopt 有好幾種意思，包括「採納」、「收養」、「正式通過」、「接受」等，在此語意為「正式通過」的意思。通常通過法案、決議等都會用 adopt。請對照下列例句：

• **After much deliberation, the general manager decided to adopt her suggestion.**（總經理再三考慮之後，決定採納她的建議。）

• **Mr. Kern adopted the orphan as his own son.**
（克恩先生將那名孤兒收養為自己的兒子。）

• **The agenda was adopted after some discussion.**
（經過討論，議事日程獲得通過。）

重點2 herewith

herewith 意思是「與此一道」、「同此」、「隨函」、「據此」等，一般並不常用，只會在一些非常正式的文書裡才會出現。請看以下例句：

• **I send you herewith two copies of the contract.**（我隨函附上合約書一式兩份。）

• **Herewith the principle is established.**（原則藉此確定。）

英文E-mail 高頻率使用例句

① **The above identified applicant has adopted and is using the trademark shown in the accompanying drawing for alcoholic beverages.**
上述申請人已經並正將附圖中展示的商標用於酒精飲料商品。

② **The applicant requests that such mark be registered in Trademark Office State Administration for Industry and Commerce.**
申請人請求國家工商行政管理總局商標局註冊該商標。

③ **The trademark was first used on the goods on October 11, 2007.**
該商標於 2007 年 10 月 11 日首次用於該商品。

④ **The trademark was first used in textile goods on August 6, 2008.**
該商標於 2008 年 8 月 6 日首次用於紡織品。

你一定要知道的關鍵單字

1. *commissioner* n. 長官；委員

2. *patent* n. 專利；專利權；專利品

3. *trademark* n. 商標

4. *applicant* n. 申請人

5. *adopt* v. 採用；收養；接受

6. *register* v. 註冊；掛號

7. *commerce* n. 商業；貿易

8. *affix* v. 使……附於；署名；黏貼

05 | 申請信用狀

Dear Sirs,

Thank you for your letter of June 18 enclosing **details**[1] of your **terms**[2].

According to your **request**[3] for opening an **irrevocable L/C**, we have **instructed**[4] Mega International **Commercial**[5] Bank to open a **credit**[6] for US$ 50,000 in your favor, **valid**[7] until Sep. 20. Please inform us by fax when the order has been **executed**[8].

Thank you for your cooperation!

Sincerely yours,
ABC Company

譯文

敬啟者：

非常感謝貴方 6 月 18 日有關條款詳細情況的來信。
根據你方要求開立不可撤銷信用狀，我方已經通知兆豐國際商業銀行開立金額為 5 萬美元的信用狀，有效期至 9 月 20 號。當你方執行訂單時，請傳真告知我方。

謝謝您的合作！

ABC公司 謹上

✉ 你一定要知道的文法重點 ⊖ ◻ ✕

重點1 irrevocable L/C

L/C 是信用狀 letter of credit 的縮寫形式。信用狀為國際貿易中最主要、最常見的付款方式。irrevocable L/C，即不可撤銷信用狀，是指開狀銀行一經開出，在有效期內未經受益人或議付行等有關當事人同意，不得隨意修改或撤銷的信用狀。它的特徵是有開狀銀行確定的付款承諾和不可撤銷性。

重點2 valid until Sep. 20

valid until Sep. 20 意思是有效期至 9 月 20 號。這裡的 valid 是「有效的」，尤其是指「有法律效力的」。effective 也有「有效的」的意思，但是它一般強調「有效果的」、「實際的」。請對照以下例句：

● **The letter of credit is valid until August 31st.**
（本信用狀有效期至 8 月 31 日截止。）

● **Advertising is often the most effective method of promotion.**
（做廣告往往是最有效的促銷方法。）

👆 英文 E-mail 高頻率使用例句

① **Thank you for your letter of March 5 enclosing details of your terms.**
非常感謝你方 3 月 5 號有關條款詳細情況的來信。

② **This credit shall remain in force until August 15, 2022 in the ROC.**
本狀到 2022 年 8 月 15 日為止在中華民國有效。

③ **We have instructed the Industrial & Commercial Bank to open a credit for US$ 20,000.**
我方已經通知工商銀行開立金額為 2 萬美元的信用狀。

④ **We hereby undertake to *honor*[9] all drafts drawn in accordance with the terms of this credit.**
所有按照本條款開具的匯票，我行保證兌付。

⑤ **All documents made out in English must be sent to our bank in one lot.**
用英文繕制的所有單據須一次寄交我行。

你一定要知道的關鍵單字

1. *detail* **n.** 詳情
2. *term* **n.** 條件；條款
3. *request* **n.** & **v.** 要求；請求
4. *instruct* **v.** 通知；命令；指示
5. *commercial* **adj.** 商業的
6. *credit* **n.** 信用；賒購
7. *valid* **adj.** 有效的
8. *execute* **v.** 執行
9. *honor* **v.** 承兌；支持

06 | 申請許可證

Dear **President**[1] of CECA,

I, Min Li, do hereby **apply**[2] for a **license**[3] to **display**[4] the trademark of CECA, "COOL" at my place of business located at Felicity Street 520, in the Tang city.
This application is in **accordance**[5] with the regulations of the CECA. I am **cognizant**[6] of the **regulations**[7] of CECA that govern the display of said trademark and the manner of conducting business, and I agree to **abide** by such regulations at all times.

Sincerely yours,
Min Li

譯文

親愛的中國電子元件行業協會會長：

本人，李民，在此鄭重申請中國電子元件行業協會商標使用許可證，以便獲准在位於堂城幸福大街 520 號的公司所在地展示「COOL」商標。
本申請係依據中國電子元件行業協會條例提出。本人清楚協會對上述商品展示和業務經營模式的規範條例，並同意永久遵守這些條例。

李民 謹上

你一定要知道的文法重點

重點1 ▶ CECA

CECA 是 China Electronic Component Association（中國電子元件行業協會）的首字母縮寫。對於一些官方機構或者大型國際組織一般不會用全稱，而直接用縮寫形式，例如：

IAEA 即International Atomic Energy Agency（聯合國）國際原子能機構

WTO 即World Trade Organization 世界貿易組織

ICC 即International Chamber of Commerce 國際商會

OPEC 即Organization of Petroleum Exporting Countries 石油輸出國組織

重點2 ▶ abide

abide 有「遵守」、「居留」、「忍受」的意思，在此語意為「遵守」。表達「遵守」還有 observe, comply, follow 等。請對照以下例句：

● **Everyone must abide by the law.**（所有的人都應遵守法律。）
● **They faithfully observed the rules.**（他們忠實地遵守規則。）
● **It's not complying with our policy.**（這種做法不符合我們的政策。）
● **These orders must be followed at once.**（這些命令必須立即照辦。）

🖐 英文E-mail 高頻率使用例句

① **I do hereby apply for a license to display the trademark.**
本人在此鄭重申請商標使用許可證。

② **This application is in accordance with the regulations of the CIMA.**
本申請系依據中國儀器儀錶行業協會條例提出。

③ **I hereby apply for a food hygiene license.**
本人在此申請食品衛生許可證。

④ **I need to apply for a parking *permit*[8].**
我要申請停車許可證。

⑤ **You can't take pictures here without a special permit.**
未經特許，你不能在這裡拍照。

你一定要知道的關鍵單字

1. *president* **n.** 總統；會長；校長
2. *apply* **v.** 申請；應用
3. *license* **n.** 許可；許可證
4. *display* **v.** & **n.** 陳列；展覽
5. *accordance* **n.** 一致；符合
6. *cognizant* **adj.** 認知的；知曉的
7. *regulation* **n.** 管理；規章
8. *permit* **n.** 許可証；執照

07 | 申請貸款

Dear Loan Section Head,

I'm writing this letter in applying 150,000 dollars from your bank for opening a Japanese **cuisine**[1] restaurant.

I've **carried out a survey**[2] and found that there is only a small restaurant selling Japanese foods. The **potential**[3] Japanese food market is large and we have **sufficient**[4] customers. **What's more**, we have employed **excellent**[5] cooks that can ensure the quality of the meal. The loan money will be used in the interior **decoration**[6]. My partner, Peter and I will provide real **estate**[7] of our families that is worth 200,000 dollars as **guarantee**[8].

Approving this loan will prove a wise choice. Please consider our application seriously and we are looking forward to your response!

Sincerely yours,
Ted Green

譯文

親愛的貸款部門經理：

我寫這封信是為了向貴行申請十五萬美元的貸款來開一家日本餐館。

我已經做了一下調查，發現這裡只有一家很小的日式餐館。日式餐飲的潛在市場非常的大，並且我們有充足的客源。此外，我們有很棒的廚師來確保餐飲的品質。申請的貸款將用於室內裝潢。我的合夥人彼得和我將會提供我們價值二十萬美元的房產作為擔保。

貸款給我們是明智的選擇，請慎重考慮我們的申請，並期待您的答覆！

泰德·格林 謹上

你一定要知道的文法重點

重點1 carried out a survey

片語 carry out a survey 是「做了一下調查」的意思。carry out 為「執行」、「貫徹」、「進行」；survey 本身有動詞「勘察」、「檢查」、「眺望」和名詞「調查」的意思，在此語境中則作為「調查」。表達「做調查」還可以用片語 make a survey / conduct a survey / do research 等。請看以下例句：

• **Let's make a survey about fast food and home cooking.**
（我們來做一份關於速食和家庭料理的調查報告。）

重點2 What's more

What's more 的意思是「此外」、「更有甚者」、「更重要的是」。一般在列舉一些事情或原因的時候會用到，用來加強語氣，增加說服力。類似的還有 besides / in addition（除此之外）等。請看下以下例句：

• **It's a useful book, and what's more, not an expensive one.**
（這是一本有用的書，況且又不貴。）

• **The play had terrible actors, besides being far too long.**
（這齣戲除了太冗長以外，演得也不好。）

• **She has two cars and, in addition, a motorboat.**
（她有兩輛轎車外加一艘汽艇。）

英文E-mail 高頻率使用例句

① **I'm writing this letter to apply for a 100,000-dollar loan from your bank.**
我寫信是為了向貴行申請十萬美元的貸款。

② **I'm applying for the *loan* [9] for opening a bookstore.**
我申請貸款是為了開一家書店。

③ **We have sufficient customers.**
我們擁有充足的客源。

④ **I made an investigation and found that it was a great business opportunity.**
我做了一項調查，發現這是一個很大的商機。

⑤ **I will provide real estate that is worth 500,000 dollars as guarantee.**
我將提供價值五十萬美元的不動產作為擔保。

你一定要知道的關鍵單字

1. *cuisine* n. 烹飪
2. *survey* n. 視察；調查
3. *potential* adj. 潛在的；可能的
4. *sufficient* adj. 足夠的；充足的
5. *excellent* adj. 優秀的；極好的
6. *decoration* n. 裝飾
7. *estate* n. 地產
8. *guarantee* n. 擔保
9. *loan* n. 貸款

08 | 申請出國進修

Dear Mr. Miller,

I am writing to you about a big plan.
I am the **supervisor**[1] of the **Research**[2] and Development Department.
In order to **improve**[3] my **professional**[4] skill and offer better **service**[5]
for our company, I think I need to learn more about current international
cutting-edge technology. I hereby **advance** an application for further
studies abroad.
I will **promise**[6] to study hard and come back to **contribute**[7] more to
our company's prosperous future. **Your decision may affect our
tomorrow.** Please consider carefully.

Hoping for your support!

Sincerely yours,
Betty

譯文

親愛的米勒先生：

我寫信給您是為了一個大計畫！
我是研發部的主管，為了提高職業技能以便能提供公司更好的服務，我認
為我需要學習當下國際上的尖端科技，特此向您提出出國進修的申請。
我保證會努力學習，回來為公司的繁榮做出更大的貢獻。您的決定可能會
影響公司的未來，請慎重考慮。

期望您的支持！

貝蒂 謹上

你一定要知道的文法重點

重點1 advance

advance 有動詞、名詞和形容詞三種詞性，意思分別是「前進」、「提出」、「預先的」。在此語意中 advance 作為動詞「提出」。「提出」還可以用 bring forward / raise 等。例如：

- **He advanced many reasonable proposals.**（他提出了許多合理的建議。）
- **Please bring the matter forward at the next meeting.**
  （這個問題請在下次會議中提出。）
- **Why don't we raise this question?**（我們何不提出這個問題呢？）

重點2 Your decision may affect our tomorrow.

這句話的意思是「您的決定可能影響公司的未來」。事實上，申請出國進修並不是一件容易的事情，它一定會耗費公司的財力、物力、人力等，所以在寫進修申請時更需要講究技巧。這句話就非常有力度和說服力，暗指進修並不是為了員工自己，如果不批准進修，似乎就難保公司的發展和未來，主管出於對公司前景的期許，應會慎重考慮。員工很難把握主管的心思，不知道哪句話能打動對方，所以寫信的時候真的需要字斟句酌，講究技巧。

英文E-mail 高頻率使用例句

① **I need to study *further* [8] to enhance myself.** 我需要去進修來提昇自己。

② **I want to know more about the outside world.**
  我想瞭解更多外面的世界。

③ **I hereby advance an application for further *education* [9].**
  我特此提出進修申請。

④ **Hoping that you could think over my suggestion.**
  希望您能仔細考慮我的建議。

⑤ **I promise that I will come back to give more contribution.**
  我保證會回來做更多的貢獻。

⑥ **Your decision might determine our company's future.**
  您的決定可能決定公司的未來。

⑦ **I will absolutely study hard there.**
  我在那裡一定會努力學習。

你一定要知道的關鍵單字

1. ***supervisor*** n. 主管
2. ***research*** v. 研究
3. ***improve*** v. 提高；改善
4. ***professional*** adj. 專業的；職業的
5. ***service*** n. 服務
6. ***promise*** v. 保證
7. ***contribute*** v. 貢獻
8. ***further*** adj. 進一步；深一層的
9. ***education*** n. 教育

09 | 申請調換部門

Dear Sir or Madam,

This is Chrissie Snow from the ***Administrative*** [1] Department. I have worked here for 6 months since May 2, 2021. I am always working very hard in my ***post*** [2] and doing my best to pursue ***perfection*** [3]. I love our company, and I really hope I could have ***long-term*** [4] development here. Therefore, I want to know the company ***overall*** [5]. As the Market Department is the leading department, which is in ***charge*** [6] of the main business, I want to enter this department to learn more. I **promise** I will work as hard in the new department as in my ***current*** [7] department.

I desperately hope for your permission!

Sincerely yours,
Chrissie Snow

譯文

親愛的敬啟者：

我是行政部門的克麗絲・史諾，於 2021 年 5 月 2 日開始在這個部門工作，至今已有 6 個月的時間了。工作中，我始終堅持努力工作，每項工作都力求完美。

我很熱愛我們公司，並希望能夠在這裡得到長遠的發展，所以我想瞭解公司更多部門的工作。行銷部是公司的主要部門，負責公司的主要業務，我希望公司能夠同意我前往這個部門學習，我一定會像在現在這個部門一樣努力工作。

熱切盼望您的批准！

克麗絲・史諾 敬上

你一定要知道的文法重點

重點1 **promise**

promise 既有名詞詞性，又有動詞詞性，當名詞是「諾言」、「前途」的意思，當動詞則是「允諾」、「答應」的意思。在此語意中是作為動詞「允諾」，可以引導接續的受詞子句。I promise that… 意為「我答應……」、「我承諾……」。請看以下例句：

• **Life is a promise, fulfill it.**（生活是承諾，實踐它！）
• **I promise that it won't happen again.**
  （我保證這種事情不會再發生.）

重點2 **I desperately hope for your permission!**

這句話的意思是「我殷切期望您的批准！」。desperately 這個單字雖然是desperate（絕望的）副詞形式，但在此並不當「絕望地」講，而是「極」、「非常」的意思。一句普通的請求加上這個單字，語氣就會變得更強烈、更有誠意。類似的表達程度的副詞還有badly，它也是「極度地」的意思，用來加強語氣。請看以下例句：

• **We desperately need that money.**（我們實在非常需要那筆錢。）
• **He was wounded badly.**（他傷得很重。）

英文E-mail 高頻率使用例句

① **I am Bill from the Personnel Department.**
   我是來自人事部的比爾。

② **I am looking forward to *entering*[8] another department.**
   我希望進入另一個部門。

③ **I have worked in the department for 2 years.**
   我已經在這個部門工作兩年了。

④ **I am a *creative*[9] and diligent employee.**
   我是個有創造力並且勤奮的員工。

⑤ **Could you give me an *opportunity*[10] to know more about our company?**
   能否給我個機會讓我更加瞭解公司？

⑥ **The Planning Department is the department I dream of.**
   企劃部正是我嚮往的部門。

你一定要知道的關鍵單字

1. *administrative* **adj.** 行政的
2. *post* **n.** 職位
3. *perfection* **n.** 完美
4. *long-term* **adj.** 長遠的
5. *overall* **adv.** 全部地；總體上
6. *charge* **v.** 負責
7. *current* **adj.** 現在的
8. *enter* **v.** 進入
9. *creative* **adj.** 有創造力的
10. *opportunity* **n.** 機會

10 申請員工宿舍

Dear Boss,

I am writing to you for solving a problem.
My name is Alvin Hsu, a new **staff**[1] member of the company. I come from Yunlin **County**[2], and came to the city **alone**, which is **completely**[3] **strange**[4] to me. I have no **relatives**[5] here and I have no money to **rent**[6] a house. It is definitely difficult for me to get **accommodations**[7]. I **sincerely hope that the company could help solve my big problem. I hereby apply for a **dormitory**[8].

Hoping for your approval!

Truly yours,
Alvin Hsu

譯文

親愛的老闆：

我寫信給您是為了解決一個問題。

我是公司的新進員工許艾文。我來自雲林縣，現在一個人來到這個對我完全陌生的城市，在這我沒有親戚，也沒有錢租房子。住宿對我來說真的很困難，我誠摯地希望公司能夠幫助我解決這個大難題，特此向老闆申請宿舍。

希望老闆批准！

艾文‧許 敬上

你一定要知道的文法重點

重點1 **alone**

alone 為副詞詞性，意思是「獨自地」、「單獨地」，還有一個跟它很相近的是形容詞 lonely，意為「孤獨的」、「淒涼的」。要注意的是這兩個字有區別，不能混用。alone 指的是一種客觀上「單獨」的狀態，而 lonely 則強調的是主觀上的感受。請對照以下例句：

- **An evil chance seldom comes alone.**（禍不單行。）
- **After his wife died, he felt very lonely.**（妻子去世後，他很孤獨。）

重點2 **I sincerely hope that the company could help solve my big problem.**

這句話的意思是「我誠摯地希望公司能夠幫助我解決這個大難題」。注意句子中的幾個單字 sincerely、could、big，都無形中加深了意味。sincerely 表現了真誠；could 表達了委婉；big 強調了問題的嚴重性。如果去掉了這些單字，句子就會顯得平淡如水，也就缺乏了說服力。

英文E-mail 高頻率使用例句

① **I am writing to you for a *purehearted*[9] proposal.**
我寫信給您是為了提出一個真誠的建議。

② **I come from a remote village.**
我來自一個偏僻的鄉村。

③ **I am here for the first time.**
我第一次來到這裡。

④ **I am not familiar with the city at all.**
我一點也不熟悉這個城市。

⑤ **Renting a house is too expensive for me.** 租房子對我來說太貴了。

⑥ **I can't afford to rent a flat alone.**
我自己一個人租不起一間公寓。

⑦ **I really hope our company could give more consideration to employees like us.**
我真的希望公司能夠給予我們這些員工更多的關心。

你一定要知道的關鍵單字

1. *staff* **n.** 員工（集合名詞，不可數）
2. *county* **n.** 縣
3. *completely* **adv.** 完全地
4. *strange* **adj.** 奇怪的；陌生的
5. *relative* **n.** 親戚
6. *rent* **v.** 租
7. *accommodation* **n.** 住宿
8. *dormitory* **n.** 宿舍
9. *purehearted* **adj.** 真誠的

Applying for a job

01 | 應聘行政助理

Dear Mr. Affleck,

I am replying to your advertisement in *The New York Times* for an *administrative*[1] *assistant*[2].
I worked for a big multinational company for one year as an administrative assistant and such experience has ***prepared***[3] me for the work you are calling for. **I believe I am the best man for this *position*[4].**
Enclosed is my ***resume***[5]. I hope you will consider my ***application***[6].
Thank you for your time.

Looking forward to hearing from you soon!

Yours sincerely,
Colin Jackson
(Enclosure)

譯文

親愛的艾佛列克先生：

我寫信為了是回覆貴公司在《紐約時報》上要招聘一名行政助理所刊登的廣告。
我曾在一家大型跨國公司做過一年行政助理的工作。這一經歷使我能符合你們所要求的工作。我相信我是這個職位的最佳人選。
附件中有我的個人簡歷。敬請考慮。謝謝您寶貴的時間！

殷切期待您的回音！

科林·傑克森 謹上
（附件）

你一定要知道的文法重點　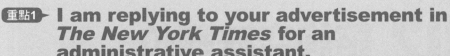

重點1 **I am replying to your advertisement in *The New York Times* for an administrative assistant.**

一般我們在應徵的時候，是看到了對方的招聘資訊才發出應徵請求的。我們在應徵信中也應告知是在什麼地方看到招聘的資訊，以免避免唐突。上面的句子中的 your advertisement in *The New York Times* for an administrative assistant（貴公司在《紐約時報》上要招聘一名行政助理所刊登的廣告）就詳細說明了自己是在《紐約時報》上看到招聘廣告，而且是招聘一名行政助理。這樣的說法很具體（Concreteness），也有利於引出我們接下來要說的求職意向。

重點2 **I believe I am the best man for this position.**

應徵的時候，求職者應該充滿自信，這樣你的印象分數會比別人高。例如在應徵職位的時候，我們就可以說：I believe I am the best man for this position.（我相信我是這個職位的最佳人選。）我們也可以說：I believe I am the right man for the job.（我相信我是這份工作最好的人選。）

👆 英文E-mail 高頻率使用例句

① **I am writing to apply for the position of computer *engineer*[7].**
我想應徵貴公司的電腦工程師一職。

② **I am confident that my experience and references will show you that I can *fulfill*[8] the particular requirements of this position.**
我相信我的經驗和推薦人可以告訴您，我能夠符合這一職位的特定需要。

③ **Thank you very much for your time and *consideration*[9].**
謝謝您抽出時間對我的問題予以考慮。

④ **Please refer to my resume for more information.** 詳情請見我的個人簡歷。

⑤ **May I have an interview? You can reach me at 2345678.**
可否有面試的機會？您可以撥打 2345678 這支號碼聯繫我。

你一定要知道的關鍵單字

1. *administrative* adj.
   行政上的、管理上的

2. *assistant* n. 助手；助理

3. *prepare* v. 預備；準備

4. *position* n. 位置、工作職位、形勢

5. *resume* n. 摘要、履歷表

6. *application* n. 應用、申請

7. *engineer* n. 工程師

8. *fulfill* v. 實踐；實現；履行

9. *consideration* n. 考慮

02 | 諮詢空缺職位

Dear Mr. Jackman,

I am writing to inquire if your company has any *opening*[1] in the area of food engineering. I have long been interested in working in your company. Although I am a ***recent*[2] *graduate*[3]** with some ***intern*[4]** experience, **I still want to *pursue*[5] a job which I find *fascinating*[6].** If possible, please reply and I will send you a resume ***via*[7]** e-mail. Thank you for you time.

Looking forward to hearing from you soon!

Yours sincerely,
Andy Carter

譯文

親愛的傑克曼先生：

我寫信給您是想詢問貴公司是否還有食品工程領域的職位空缺。我一直很嚮往到貴公司工作。儘管我才剛畢業不久，只有一些實習經驗，但是，我還是想找一份自己心儀的工作。

如果可以的話，煩請回覆，我將 e-mail 我的簡歷給您。謝謝您的寶貴時間！

殷切期待您的回音！

安迪・卡特 謹上

你一定要知道的文法重點

重點1 **I am writing to inquire if your company has any openings in the area of food engineering.**

詢問職位空缺時，開頭有幾點是需要特別留意的。首先，我們要注意詢問招聘公司是否有哪一方面的職位空缺，然後再繼續下文。I am writing to inquire if your company has any openings.（我寫信給您是想詢問貴公司是否還有職位空缺。）這句話是在詢問是否有職位空缺，而 in the area of food engineering（食品工程領域）則是指哪方面的職位。這樣一來大方向就先設定好了，意思清楚明白（Clearness），對方也不至於一頭霧水了。

重點2 **I still want to pursue a job which I find fascinating.**

找工作的時候，也許我們才剛踏出校門不久，也許我們是初出茅廬的新手，有時候不得不先行就業再選擇適當的職業。但是，堅持才會勝利，興趣才是最好的老師。正如上面的內文所說的，I still want to pursue a job which I find fascinating.（但是，我還是想找一份自己心儀的工作。）pursue 和 fascinating 這兩個單字不禁讓人覺得寫信人很有毅力，也很有自己的想法。同時，寫信人也在誇讚該公司的職位很有趣味、很吸引人。

英文E-mail 高頻率使用例句

① **If you accept my application, please reply.**
如果您接受我的申請，煩請回覆。

② **I have *skills*[8] which could be of use to your company.**
我的技能會對貴公司有所幫助。

③ **I would like to find out more about the opening.** 我想知道空缺職位的詳細資訊。

④ **I am a recent graduate of Washington University.** 我剛從華盛頓大學畢業不久。

⑤ **I would be very grateful for your consideration.** 我將十分感謝您的考慮！

⑥ **I would appreciate it if you can *grant*[9] me an interview.**
若能給予我一個面試的機會，我將不勝感激。

你一定要知道的關鍵單字

1. *opening* n. （職位的）空缺
2. *recent* adj. 最近的；近代的
3. *graduate* n. 畢業生
4. *intern* n. 實習醫師；實習教師；實習生
5. *pursue* v. 追捕、追求
6. *fascinating* adj. 迷人的；有極大吸引力的
7. *via* prep. 經由
8. *skill* n. 技能
9. *grant* v. 答應、允許

03 | 推薦信

Dear Mr. Reynolds,

I am **honored** [1] to provide this letter of **recommendation** [2] for Ronan Cruise. I have known him for several years as his team **leader** [3]. He is an **excellent** [4] assistant with high **responsibility** [5], team work spirit and **positive** [6] working attitude, and I believe he would be a valuable **asset** [7] to any company.

If you need any further information, please don't hesitate to contact me at 886-2-9876-543.

Yours sincerely,
Adam Bennett

📍 ☆ 📎 A 🗑 | ⌄

譯文 ⊖ ☐ ✕

親愛的雷諾茲先生：

我很榮幸能為羅南‧克魯斯寫這封推薦信。作為他的團隊領導人，我們相識多年。他是一個很出色的助手，有著強烈的責任感、團隊精神和積極的工作態度。我相信，他在任何一個公司都將是一個非常能幹的人。

如果你們想瞭解更多的話，請儘管與我聯繫，我的電話是 886-2-2987-6543。

亞當‧班奈特 謹上

✉ 你一定要知道的文法重點 ⊖ ▢ ✕

重點1 **He is an excellent assistant with high responsibility, team work spirit and positive working attitude.**

幫別人寫推薦信的時候，要儘量具體（Concreteness）地展現出被推薦人的優點和特點，這樣才有說服力。上面的郵件內容中就列舉了被推薦人的不少的優點：He is an excellent assistant with high responsibility, team work spirit and positive working attitude.（他是一個很出色的助手，有著強烈的責任感、團隊精神和積極的工作態度。）在短短的信件中，這幾點描述利用幾個簡短（Conciseness）的片語，勾畫出了被推薦人積極的風貌和穩重的性格。

重點2 **I believe he would be a valuable asset to any company.**

對一個員工的評價，沒有什麼能比他上司的評價更有力了。如果連他的上司都對他讚賞有加的話，那麼，這個人必定是個很出色的員工。作為推薦人，對於優秀的員工不要吝嗇於讚揚的語句。I believe he would be a valuable asset to any company.（我相信，他在任何一個公司都將會是一個非常能幹的人。）從這句話，我們可以感受到上司的那份驕傲之感，而他對員工的讚賞之情也洋溢其中。

🖑 英文E-mail 高頻率使用例句

① **It's my pleasure to provide this letter of recommendation for Famke Janssen.**

我很榮幸能為芳姬‧詹森寫這封推薦信。

② **Please feel free to contact me at 886-2-2123-4567.**

請隨時聯繫我，我的電話是 886-2-2123-4567。

③ **He possesses exceptional skills in this field.**

他擁有這個領域的出色技能。

④ **He is gifted at leading groups.**

他很有領導團隊天賦。

⑤ **I am *confident*[8] that he will be an asset to your company.**

我相信他能在貴公司有所作為。

你一定要知道的關鍵單字

1. *honored* **adj.** 榮幸的
2. *recommendation* **n.** 推薦
3. *leader* **n.** 領袖；領導者
4. *excellent* **adj.** 最好的
5. *responsibility* **n.** 責任
6. *positive* **adj.** 確信的；積極的；正面的
7. *asset* **n.** 財產；資產
8. *confident* **adj.** 確信的；有信心的；自信的

04 | 自薦信

Dear Mr. Johnson,

I worked as an English **editor**[1] for two years, but **I have held a particular**[2] **interest**[3] in teaching English since I was an English **Department**[4] student in University.
With my knowledge in English, work experience, patience[5] **and passion**[6] **for teaching, I believe I am capable**[7] of doing this job.
Please consider me for the teaching position. If possible, you can contact me at 02-2987-6543.

Looking forward to hearing from you!

Yours sincerely,
Kevin Seal

📍 ☆ 📎 A 🗑 | ∨

譯文

親愛的強森先生：

我曾做過兩年的英文編輯工作。但是，從我還是一個英文系的學生開始，我就對英語教學特別有興趣。

憑藉著我的英語知識、工作經驗、耐心和對教學的熱誠，我相信我能勝任這份工作。敬請考慮我對這個教學職位的申請。如果可能的話，您可以電話聯繫我，我的電話是 02-2987-6543。

期待您的回音！

凱文・席爾 謹上

你一定要知道的文法重點 ⊖ ▢ ✕

重點1 **I have held a particular interest in teaching English since I was an English Department student.**

自薦的時候，我們尤其需要突出自己對工作的強烈興趣，說明自己非常渴望擁有這份工作。要是連對工作的興趣都沒有或是不高，別人怎麼可能會考慮錄用你呢？I have held a particular interest in teaching English.（我對英語教學特別有興趣。）particular 這個字道出了自薦者對這份工作的特殊情愫，而後面的 since I was an English Department student（從我還是一個英文系的學生開始……）更是說明自薦者對這份工作的熱愛與執著。

重點2 **With my knowledge in English, work experience, patience and passion for teaching, I believe...**

自薦的時候，重點還是要突出自己的能力，說明自己有哪些優勢，才能說服別人。my knowledge in English, work experience, patience and passion for teaching（我的英語知識、工作經驗、耐心和對教學的熱情），這些都是一名教育者所必須具備的。把自己與這份工作相符合的能力列舉出來，才能讓人相信你能勝任這份工作。

👆 英文E-mail 高頻率使用例句

① **I am interested in working in your company.** 我很渴望在貴公司工作。

② **I believe I am capable of doing such a job.**
我相信我能勝任這樣一份工作。

③ **I think I am well qualified for this position.** 我覺得自己能勝任這份職務。

④ **I do hope you will consider me for this position.**
懇請考慮本人申請的該項職位。

⑤ **This would be a great opportunity for me.**
對我來說，這將會是一個絕佳的機會。

⑥ **I have a wealth of *professional*[8] knowledge.**
我有豐富的專業知識。

你一定要知道的關鍵單字

1. *editor* **n.** 編輯
2. *particular* **adj.** 特別的
3. *interest* **n.** 興趣
4. *department* **n.** 系；系所
5. *patience* **n.** 耐心
6. *passion* **n.** 熱情
7. *capable* **adj.** 有能力的
8. *professional* **adj.** 專業的

05 | 電子履歷發送

Dear Ms. Billman,

I am responding to your job offer **announcement**[1] in 51job.com and applying for the position of computer **clerk**[2]. I **majored**[3] in computer **science**[4] with a **minor**[5] in English. I believe all these will **qualify**[6] me for this position described on this website.

Enclosed is my resume, which will detail my **qualifications**[7] for this position. Thank you for you time.

Looking forward to hearing from you!

Yours sincerely,
Lindsay Chen
(Enclosure)

📍 ☆ 📎 A 🗑 | ⌄

譯文　⊖ ▢ ✕

親愛的比爾曼女士：

我看到您在五一求職網上的徵人資訊，特此回覆，想應徵貴公司電腦職員的職位。我在大學主修電腦、副修英文。我相信這些將使我能夠勝任求職網站上所描述的電腦職員一職。

附件中是我的個人簡歷，裡面有我各項資歷的詳細描述。謝謝您撥冗閱讀！

期待您的回音！

琳賽‧陳 謹上

（附件）

你一定要知道的文法重點　⊖ ▢ ✕

重點1 **I am responding to your job offer announcement in 51job.com.**

我們在網路上投遞簡歷時，也要說明得知招聘資訊的來源。由於現在網際網路發展迅猛，很多求才公司會選擇在一些專門負責企業招聘的網站上發佈招聘資訊。因此，我們利用電子郵件發簡歷的時候，也要提到是從哪一個網站上看到招聘資訊。同時，從一個可靠的網站尋找資訊，對應徵者而言也比較安全可信。例如上面郵件內文中就有寫到：I am responding to your job offer announcement in 51job.com.（我看到您在五一求職網上的徵人資訊，特此回覆，想應徵貴公司電腦職員的職位。）這裡的 51job.com 就是一個求才／求職網站。

重點2 **I majored in computer science with a minor in English.**

不管是剛出校門沒多久的學生，還是已經工作一段時間的求職者，主修的科系都代表自身的專業。因此，針對應徵的職位介紹自己的專業就顯得必不可少了。我們通常可以說：I majored in...（主修～）、my major is...（我的主修科系是～）I have a degree in...（有～學位）。而 a minor in...則是副修～的意思。

英文E-mail 高頻率使用例句

① **I have a _degree_ [8] in engineering science in New York University.**
我有紐約大學的工程學學位。

② **As requested, I have enclosed the following materials.**
按照要求，我附上了以下資料。

③ **I studied history in Harvard University, and got a _bachelor's_ [9] degree.**
我在哈佛大學修歷史專業，獲得了學士學位。

④ **If you would like more information, please e-mail me at mike666@yahoo.com.**
如果您想知道更多資訊，請發郵件至
mike666@yahoo.com 聯繫我本人。

⑤ **If you would like to set up an interview, please contact me at 02-2789-0123.**
若您想安排面試，請電話聯繫我，我的電話是
02-2789-0123。

你一定要知道的關鍵單字

1. _announcement_ **n.** 通知；資訊
2. _clerk_ **n.** 職員
3. _major_ **v.** 主修
4. _science_ **n.** 科學
5. _minor_ **n.** 副修科目
6. _qualify_ **v.** 使合格
7. _qualification_ **n.** 資格
8. _degree_ **n.** 學位；程度
9. _bachelor_ **n.** 單身漢；學士

06 | 推薦人發函確認

Dear Mr. Jackson,

Stanley Donen has been in our ***employ***[1] for the past three years. **He is a man with a *pleasant*[2] *personality*[3] and really did a great job those years.**
We are ***indeed***[4] sorry to lose Stanley's services, but he leaves us to find a position with great opportunities for ***advancement***[5]. **We wish him a *brilliant*[6] future ahead of him.**

Yours sincerely,
Orlando Knight

📍 ☆ 📎 A 🗑 | ⌄

譯文 ➖ ⬜ ✕

親愛的傑克森先生：

史丹利‧多南曾在我們公司工作三年之久。他性格開朗，這些年工作也相當出色。
我們對他的離開深感遺憾，但是我們也深知，他是為了謀求更大的發展空間而尋找新的職位。在此，我們預祝他前程似錦。

奧蘭多‧奈特 謹上

你一定要知道的文法重點 ⊖ ⬜ ✕

重點1 **He is a man with a pleasant personality and really did a great job those years.**

在詢問求才公司相關資訊時，我們可以從個人性格和工作表現兩方面來表現。現在的團隊合作越來越緊密，一個良好的性格有利於你融入一個團隊，從而在團隊中發揮更大的作用。a pleasant personality（性格開朗）和 really did a great job those years（工作出色）都大大地說明了應徵者在前一份工作中的表現。

重點2 **We wish him a brilliant future ahead of him.**

優秀的員工，有時候為了爭取更大的發展空間，也會需要更換工作。這就應驗了一句古諺：水往低處流，人往高處爬。上司或是主管也要在一定程度上理解員工的需求。同時，祝福他們能有一個好的前程。We wish him a brilliant future ahead of him.（祝他前程似錦。）

👆 **英文E-mail 高頻率使用例句**

① **Her *duties*⁷ were confined to answering the telephone.**
她的工作是接聽電話。

② **He has been a great asset to us in dealing with customers.**
他在處理客戶方面表現出色。

③ **I am really sorry that he has to leave us.** 對於他要離開，我深感遺憾。

④ **We hope he will *succeed*⁸ in the future.**
希望他將來能成功。

⑤ **We believe he will do well at any task he *undertakes*⁹.**
我們相信他能做好每一項工作。

⑥ **She is a very intelligent young woman with a bright personality.**
她性格開朗，年輕聰明。

⑦ **She is proficient in accounting.**
她在會計方面很熟練。

⑧ **He acquired rich experience in market operation.** 他擁有豐富的市場運作經驗。

你一定要知道的關鍵單字

1. ***employ*** n. 受雇於⋯⋯
2. ***pleasant*** adj. 愉快的
3. ***personality*** n. 個性；人格
4. ***indeed*** adv. 實在地；的確
5. ***advancement*** n. 進步；改進
6. ***brilliant*** adj. 光輝的；輝煌的
7. ***duty*** n. 責任；義務
8. ***succeed*** v. 成功
9. ***undertake*** v. 承擔；擔保；試圖

07 | 請求安排面試

Dear Mr. Kidd,

I am writing to apply for the position of a **secretary**[1], as **advertised**[2] in the New York Times.
I have more than five years of experience in **government**[3] **agencies**[4]. I am sure my employment experience is **perfect**[5] for the secretary position. I hope I may be granted an interview, when I can fully **explain**[6] my qualifications.

Looking forward to hearing from you soon!

Yours sincerely,
Kevin Charisse

譯文

親愛的基德先生：

我想應徵貴公司在紐約時報上刊登的秘書一職。
我擁有在政府部門工作五年多的經驗。我相信，我的工作經驗完全符合秘書這一職務的工作要求。我謹希望獲得面試的機會，以便能充分說明我所具備的各項資歷。

殷切期待您的回音！

凱文・查理絲 謹上

你一定要知道的文法重點　　⊖ ▢ ✕

重點1 **I am sure my employment experience is perfect for the secretary position.**

我們在尋找工作、要求面試的時候，要充滿自信，相信自己可以勝任所應徵的職位，才能讓他人有理由去相信你的才幹，給你面試的機會。上面的郵件內文中是這樣說的：I am sure my employment experience is perfect for the secretary position.（我相信，我的工作經驗完全符合秘書這一職務的工作要求。）在這裡，be perfect for...（對……完全合適）的使用，就充分表達了應徵者自身的信心，有力地幫助應徵者去打動求才公司的心。

重點2 **I hope I may be granted an interview, when I can fully explain my qualifications.**

無論是自我介紹，還是發送簡歷，我們都希望對方能給予自己一個面試的機會。表現出高姿態固然不可取，但是我們也不能表現得太低姿態、太低聲下氣。而應該在讚美招聘公司的同時，仍舊保持不卑不亢的態度。I hope I may be granted an interview.（我謹希望獲得面試機會。）其中，grant 這個單詞的使用很出色。後面的 I can fully explain my qualifications.（充分地說明我所具備的各項資歷。）更有力地道出了面試的重要性。

✋ **英文E-mail 高頻率使用例句**

① **The job, as described, sounds very much like what I am looking for.**
這份工作所描述的職務內容，正是我一直在尋找的工作。

② **I am available to come for an interview at your convenience.**
我願意在您方便的時候來面試。

③ **I am ready for new challenges[7].**
我準備好了去面對新的挑戰。

④ **I have been an accountant for the past four years.**
我已經當了四年的會計師。

⑤ **I have more than ten years of experience in major corporations[8].**
我在大公司工作有十多年之久。

⑥ **I would be happy to provide references[9] from my former employers.**
我很樂意提供以前的雇主寫的推薦函。

你一定要知道的關鍵單字

1. *secretary* n. 秘書
2. *advertise* v. 為……做廣告；為……宣傳
3. *government* n. 政府
4. *agency* n. 部；處
5. *perfect* adj. 完美的
6. *explain* v. 解釋；說明
7. *challenge* n. 挑戰
8. *corporation* n. 公司；企業
9. *reference* n. 證明書；推薦信；證明人；推薦人

08 詢問面試結果

Dear Mr. Mitchell,

You **mentioned**[1] that you would be getting back to me concerning the **outcome**[2] of our meeting by March 5. Since that **date**[3] has **passed**[4], I think I should make sure that you have no **additional**[5] questions.
Your **prompt**[6] consideration would be greatly appreciated and you can reach me at 02-2645-3280.

Looking forward to hearing from you soon!

Yours sincerely,
David Reynolds

譯文

親愛的米契爾先生：

您說過會於 3 月 5 日之前通知我面試的結果。由於日期已過，我想我應該確認一下您是否有其他問題。
如您能及時考慮，我將不勝感激。你可以電話聯繫我，我的電話是 02-2645-3280。

殷切期盼您的回覆！

大衛 • 雷諾茲 謹上

你一定要知道的文法重點　⊖ ⊡ ⊗

重點1 **You mentioned that you would be getting back to me concerning the outcome of our meeting by March 5.**

招聘公司答應給予回覆卻遲遲不見回音，這時候我們可以寫封郵件進行詢問，作為一種間接的提醒。這個時候，我們務必要說清楚（Clearness）寫信的目的和當初約定的面試回覆時間。上面的郵件內文中就有涉及到這兩個方面，寫信人是為了 the outcome of our meeting（面試結果）而來的，而當初約定的面試回覆時間是 by March 5（3 月 5 日之前）。

重點2 **Your prompt consideration would be greatly appreciated and you can reach me at 02-2645-3280.**

雖然對方沒有及時回覆我們，我們還是要很客氣地請求對方再考慮一下並回電給我們。Your prompt consideration would be greatly appreciated.（如您能及時考慮，我將不勝感激。）並且，後面還告知了自己的電話號碼：You can reach me at 02-2645-3280.（你可以電話聯繫我，我的電話是02-2645-3280），從而方便招聘公司跟我們進行直接聯繫。

✋ 英文E-mail 高頻率使用例句

① **I am *anxious*[7] to know about the outcome.**
我很想知道結果。

② **Does the general manager consider me acceptable?**
總經理是否考慮錄用我了？

③ **Please contact me at 02-2345-6789 at your earliest convenience.**
請您儘早在方便的時候打02-2345-6789聯繫我。

④ **Your company is right at the top of my list for employment consideration.**
貴公司是我就業的首選公司。

⑤ **I would like to *conclude*[8] the job search process soon.**
我想儘快結束求職過程。

⑥ **I enjoyed the meeting with you last time.**
上次參加您的面試，我感到很開心。

你一定要知道的關鍵單字

1. ***mention*** v. 提起

2. ***outcome*** n. 結果；成果

3. ***date*** n. 日期；約會

4. ***pass*** v. 經過；消逝；通過

5. ***additional*** adj. 額外的；附加的

6. ***prompt*** adj. 即時的

7. ***anxious*** adj. 憂心的；擔憂的

8. ***conclude*** v. 結束；得到結論；締結

09 | 感謝信

Dear Mr. Urban,

Thank you for your offer of employing me as your secretary. I am very *excited*[1] about being *part*[2] of your *team*[3], and *eager*[4] to start work on March 15. I will work harder than before and get along with the team *members*[5].

Yours sincerely,
Nicole Jackson

譯文

親愛的厄本先生：

謝謝您錄用我作為您的秘書。
能成為你們團隊中的一份子我感到萬分開心，並且很期待在 3 月15 日那天到公司開始上班。我會比以前更加努力工作，並與團隊成員相處融洽。

妮可‧傑克森 謹上

你一定要知道的文法重點 ⊖ ⊡ ⊗

重點1 **Thank you for your offer of employing me as your secretary.**

感謝對方的錄用，郵件開頭肯定是感謝的話語。Thank you for your offer.（謝謝您的錄用。）我們也可以說：I really appreciate your offer.（非常感謝貴公司的錄用。）你也可以再詳細一些，提一提自己的職位，再次確認錄用相關資訊。employing me as your secretary（錄用我做為您的秘書），這樣就萬無一失了！

重點2 **I am very excited about being part of your team, and eager to start work on March 15.**

表達了謝意，我們當然也要不失時機地表達一下自己的激動心情。這樣一來，對方也會覺得他錄用你是對的。I am very excited about being part of your team.（我很高興能夠成為你們團隊中的一份子。）並且，還需要再次確認一下具體（Concreteness）的上班時間：I am eager to start work on March 15.（我很期待在 3 月15 日那天到公司開始上班。）

✍ 英文E-mail 高頻率使用例句

① **Thank you for your offer of employing me as your electrical engineer.**
謝謝貴公司錄用我做為你們的電子工程師。

② **I am *grateful*[6] to you for employing me as your assistant.**
謝謝您錄用我做為您的助理。

③ **I am so glad to hear such good news from you.**
聽到這個好消息，我十分高興。

④ **I'd like to express my *gratitude*[7] to you.**
我願在此向您表示由衷的感謝。

⑤ **I look forward to the start of work on Tuesday this week.**
我很期待這個禮拜二到公司開始上班。

⑥ **I really think the position suits my education background best.**
我確實覺得這個職位最適合我的教育背景。

⑦ **I will try my best to finish any task *assigned*[8] to me.**
我會竭盡所能完成分配給我的任務。

你一定要知道的關鍵單字
1. *excited* adj. 興奮的；激動的
2. *part* n. 部分
3. *team* n. 團隊；隊
4. *eager* adj. 渴望的
5. *member* n. 成員
6. *grateful* adj. 感激的；感謝的
7. *gratitude* n. 感激；感謝
8. *assign* v. 分派；指定

10 | 拒絕信

Dear Mr. Goodman,

Thank you for your letter of March 12, in which you offered me the position of **auditor**[1].
I am extremely sorry but I just **accepted**[2] another offer that I feel is more **interesting**[3] to me. That position **suits**[4] my education background better.
I hope you will find the **right**[5] man soon and thank you for your offer again.

Yours sincerely,
Kevin Davis

譯文

親愛的古德曼先生：

謝謝您在 3 月 12 日的來信，錄用我成為貴公司的審計員。但是很抱歉，我剛接受了一個自己更感興趣的工作。那個職位更適合我的教育背景。
希望您能盡快找到合適的人選，也再次感謝您的錄用。

凱文‧戴維斯 謹上

你一定要知道的文法重點 ⊖ ▢ ✕

重點1 **I am extremely sorry but I just accepted another offer that I feel is more interesting to me.**

當對方決定錄用我們，而我們後來覺得自己不適合，或是有了更好的選擇時，我們就需要回函拒絕對方的錄用。I am sorry that I can't accept your offer, because I just accepted another offer which is better.（抱歉，我剛接受了一個更好的工作。）這種說法很繁瑣也很不禮貌，感覺好像在說對方的工作不夠好。我們可以跟上面的郵件內文一樣，用 I am extremely sorry but...（很抱歉，但是……）來表達同樣的意思，這樣就簡潔多了（Conciseness）。而且，我們說另外的那份工作 more interesting（更感興趣）顯得比較委婉、禮貌（Courtesy）。

重點2 **I hope you will find the right man soon and thank you for your offer again.**

拒絕對方並說明拒絕原由之後，我們還要再次感謝對方，thank you for your offer again.（也再次感謝你們的錄用。）並且祝福對方盡快找到合適的人選，不要耽誤工作進度或是打亂他們的計畫。I hope you will find the right man soon.（希望你們能盡快找到合適的人選。）

👆 英文E-mail 高頻率使用例句

① **I really appreciate your offer, but I must *decline*[6] it.**
非常感謝貴公司的錄用，但我不得不拒絕這份工作。

② **Thank you for your offer. But I am sorry to tell you I have accepted another position.**
感謝貴公司的錄用，不過非常遺憾地告訴你，我已經接受了另一個職位。

③ **I don't want to accept a position that offers me too little *salary*[7].**
我不想接受一份薪水太少的工作。

④ **I am inclined to find a job which could supply me with an *apartment*[8].**
我想找一份能為我提供住宿的工作。

⑤ **I very much appreciate the offer, but I can't accept it.**
非常感謝貴公司的錄用，但我不能接受這份工作。

你一定要知道的關鍵單字

1. *auditor* **n.** 審計員；稽核員
2. *accept* **v.** 接受
3. *interesting* **adj.** 有趣的
4. *suit* **v.** 適合
5. *right* **adj.** 合適的
6. *decline* **v.** 下降、衰敗、婉拒
7. *salary* **n.** 薪水
8. *apartment* **n.** 公寓

Gratitude

06. 感謝關照
　　📄 04-06 感謝關照.doc

07. 感謝款待
　　📄 04-07 感謝款待.doc

08. 感謝慰問
　　📄 04-08 感謝慰問.doc

09. 感謝介紹客戶
　　📄 04-09 感謝介紹客戶.doc

10. 感謝協助
　　📄 04-10 感謝協助.doc

11. 感謝陪伴
　　📄 04-11 感謝陪伴.doc

12. 感謝參訪
　　📄 04-12 感謝參訪.doc

13. 感謝建議
　　📄 04-13 感謝建議.doc

14. 感謝邀請
　　📄 04-14 感謝邀請.doc

15. 感謝合作
　　📄 04-15 感謝合作.doc

01 | 感謝諮詢

Dear Mr. Smith,

Thank you for your *inquiry*[1] *regarding*[2] the *humidifiers*[3] UL9982001.
The *information*[4] you want has been *sent*[5] to you today. **Please kindly** *check*[6].
If you have *further*[7] questions about this product, please contact Miss Lee at our Service Department. Her *direct*[8] number is 666-1234.

Thanks again for your attention and support.

Sincerely yours,
HM Corporation

譯文

親愛的史密斯先生：

非常感謝您對我公司生產的 UL9982001 型號的加濕器的諮詢。
您所需要的資料今天已經寄出了，請查收。
如果您對敝公司產品還有任何問題，請直接撥打 666-1234 與客服部的李小姐聯繫。

再次感謝您的關注和支持。

HM公司 謹上

 **你一定要知道的文法重點**

重點1 Thank you for your inquiry regarding...

一般表達「感謝您的諮詢」可以說「Thank you for asking about...」。正式一點的書面用語則可以用「Thank you for your inquiry regarding...」，或「Thanks for your interest in...」則會更顯道地。

重點2 Please kindly check.

這句話的意思是「敬請查收」。一般無論是發 e-mail 給對方還是寄送包裹等都會提醒對方查看是否收到，這時可以說 please check「請查收」或 please find enclosed「請查收附件」。類似的表達還有：

- **Please find the attachment that includes the new drawings.**
  （附件包含新圖稿，敬請查收。）
- **Please find enclosed my CV and a letter of recommendation from my school principal.**
  （附件包含我的簡歷和校長的介紹信，敬請查收。）

英文E-mail 高頻率使用例句

① **Thank you very much for your inquiry regarding our product.**
非常感謝您對我們產品的諮詢。

② **Thank you for asking the detail of the therapeutic apparatus.**
感謝詢問治療儀器的詳細資訊。

③ **We have sent you the information you need.**
我們已經把您需要的資料寄過去了。

④ **If you have any questions, please don't hesitate to contact us.**
如果您有任何問題，請一定跟我們聯繫。

⑤ **Please contact Mr. Cole at the Service Department.**
請與客服部的科爾先生聯繫。

⑥ **Enclosed please find a sample of barley, which we would like you to examine.**
現隨函寄上大麥樣品，請查收。

⑦ **Thank you for your inquiry regarding the handicraft.**
感謝您對我的手工藝品的諮詢。

你一定要知道的關鍵單字

1. *inquiry* n. 諮詢
2. *regarding* prep. 關於；至於
3. *humidifier* n. 加濕器
4. *information* n. 信息；資料
5. *send* v. 發送；寄
6. *check* v. 檢查；核對
7. *further* adj. 更多的；進一步的
8. *direct* adj. 直接的

02 感謝來信

Dear Alan,

I feel so **delighted** [1] to **receive** [2] your mail. It has been a **couple** [3] of months since we met in **Bali** [4].
I've been concentrating on my work like a **workaholic** [5] since I came back from Bali. What about you? Have you **finished** [6] your **novel** [7]? Please tell me what's happening in London. I am **planning** [8] to visit you **sometime** [9] soon.

Let's stay in touch. Bye for now!

Best wishes,
Orsan

譯文

親愛的艾倫：

收到你的來信，我感到非常開心。自從上次在峇里島一別已經有好幾個月的時間了。

我一從峇里島回來就像個工作狂一樣專心投入工作。不知道你的近況如何呢？寫完你的小說了嗎？

請告訴我你在倫敦的近況，我打算抽空去看你。

保持聯絡哦，再見！

獻上最誠摯的祝福，

奧森 謹上

你一定要知道的文法重點

重點1 I feel so delighted to receive your mail.

這句話的意思「收到你的郵件感到非常開心。」這是英文書信中常見的開頭句。其中 delighted「愉快的」可以換成 happy, glad, pleasant。表達「很高興收到你的來信」還可以說：

- **I am happy to receive your letter.**
- **I am so glad to hear from you.**
- **It's so pleasant to obtain your mail.**

重點2 Let's stay in touch. Bye for now!

這是英文書信中的結束語，意思是「請保持聯絡，再見」。表達「保持聯絡」還可以說 keep in touch with each other。Bye for now 事實上就相當於中文書信中的「不多說了，就此止筆」。當然這通常只在熟稔的朋友之間才會使用，一般不會用於非常正式的書信當中。

英文E-mail 高頻率使用例句

① **I am so glad to receive your letter.**
很高興收到你的來信。

② **I feel joyous to have the mail from you.**
收到你的來信我非常開心。

③ **How are you doing recently?**
最近過得如何？

④ **Have you found a new job?**
找到新的工作了嗎？

⑤ **It's been three weeks since we met last time.**
上次一別已經三個星期了。

⑥ **Please tell me what happened to you these days.**
請告訴我你的近況。

⑦ **I am going to see you some day.**
我改天要去看你。

⑧ **Let's stay in touch with each other.**
我們彼此保持聯絡。

你一定要知道的關鍵單字

1. *delighted* adj. 高興的；愉快的

2. *receive* v. 收到

3. *couple* n. 幾個

4. *Bali* n. 峇里島

5. *workaholic* n.
工作狂；工作優先的人

6. *finish* v. 完成

7. *novel* n. 小說

8. *plan* v. 計畫；打算

9. *sometime* adv. 改天；未來某時

03 | 感謝訂購

Dear Mr. Kane,

Thank you very much for **ordering** [1] our **software** [2] "Mini Diary".
Your **purchase** [3] information is attached. We will send the goods to you
upon **receipt** [4] of your **payment** [5].
If there are any other **commodities** [6] you are interested in, **please feel
free** [7] to contact us for further information.

Sincerely yours,
Minisoft Co.

譯文

親愛的凱恩先生：

感謝您訂購敝公司的「迷你日記」軟體。
訂購確認資料已經隨函附上，在您確認付款後，商品將會寄出。
如果您對敝公司的其他產品也有興趣，並需要進一步的資訊，
請不吝諮詢。

迷你軟體公司 謹上

你一定要知道的文法重點　　　⊖ ▢ ⊗

重點1 receipt

receipt 是 receive 的名詞，它們的一般含義是「收到」或「接收」。receipt 的受詞通常是別人給與或郵寄來的款項、貨物、信件或其他東西，這時其含義為「收到」或「接收」；當收到款項時，接收者給一書面憑證，這時 receipt 的含義是「收據」或「發票」。on receipt of 這個片語的意思是「在收到……後」，例如：

● **On receipt of your check, we shall ship the goods immediately.**
（收到貴方支票後，我方會立即出貨。）

重點2 **Please feel free to contact us for further information.**

這句話的意思是「如果需要進一步資訊，請不吝諮詢。」這是英文書信中經常會用到的句型。feel free 意思是「感到自由」、「隨自己之意（做某事）」。類似的表達還有：

● **Please don't hesitate to contact us if you need any information.**
（如果需要任何資訊，請不吝聯繫我們。）

● **Please feel free to call me if you want my service.**
（如果需要我服務，請隨時叫我／打電話給我。）

英文E-mail 高頻率使用例句

① **Thank you very much for ordering our textiles.**
歡迎訂購我們的紡織品。

② **The purchase confirmation has been attached.**
訂購確認書已隨函附上。

③ **Thank you for your interest in our software.**
感謝您對我們的軟體感興趣。

④ **We will send the *merchandise*[8] to you upon receipt of your payment.**
收到您的款項後，我們會將貨品寄出。

⑤ **If you have any interest in other products, please contact us directly.**
如果您對其他商品感興趣，請直接與我們聯繫。

⑥ **Are you interested in any other products?**
您還有其他感興趣的商品嗎？

你一定要知道的關鍵單字

1. *order* **v.** 訂購
2. *software* **n.** 軟體
3. *purchase* **n.** & **v.** 購買
4. *receipt* **n.** 收據
5. *payment* **n.** 付款
6. *commodity* **n.** 商品
7. *free* **adj.** 自由的；免費的
8. *merchandise* **n.** 商品；貨品

04 感謝提供樣品

Dear Mr. Hill,

Thank you ever so much for your **_kindness_**[1] and **_assistance_**[2] in sending the **_electronic_**[3] **_component_**[4] sample to us from your company so soon.
We are in the **_process_**[5] of **trying it out** at **_present_**[6], and we will **_connect_**[7] **with** you any time if there are any **_findings_**[8] and questions we may have about it.

Thanks for your cooperation.

Your sincerely,
MG Co.

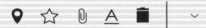

譯文

親愛的希爾先生：

非常感謝貴公司的友善和協助，把電子元件樣品如此迅速地寄送過來。目前我方正在討論中。如果我們有任何發現或任何問題，我方會隨時與您聯繫。

感謝您的合作。

MG公司 謹上

你一定要知道的文法重點

重點1 trying it out

中文的「正在討論中」在很多情況下被廣泛使用，是一種比較籠統的委婉表現形式，而英語中則需要更具體貼切的表現方式。在此情況下則使用 try it out，表示「（收到的樣品）正在試用、測試」。例如：

● **Try it out and let us know what you think.**
（請試試這項服務，並把您的建議反映給我們。）

重點2 connect with

connect with 意思是「與……連接」、「使有關係」、「用電話與……聯繫」，表示電話聯絡還可以說 call / contact。請看以下例句：

● **Please connect with him soon.**（請立即與他聯繫。）
● **She promised to call at noon.**（她答應中午來電話。）
● **For further information, contact the local agent.**
（想進一步瞭解情況，請與本地代理商聯繫。）

英文E-mail 高頻率使用例句

① **Thank you very much for sending us the sample we want.**
非常感謝您寄送我們要的樣品。

② **The sample will be presented to you immediately upon request.**
只要您需要，樣品會立即寄去。

③ **The distributors looked with favor on your sample shipment.**
您寄來的樣貨得到了經銷商們的讚許。

④ **The goods delivered were very different from the sample.**
運交的貨物與樣品大不相同。

⑤ **The sample will be sent free of charge.**
樣品免費贈送。

⑥ **We sent you four samples of textile and will thank you for an order for them.**
我們今天寄出四種針織品樣本，貴公司若能訂購，則非常感謝。

你一定要知道的關鍵單字

1. *kindness* **n.** 仁慈；友好的行為
2. *assistance* **n.** 協助
3. *electronic* **adj.** 電子的
4. *component* **n.** 元件；成份
5. *process* **n.** 過程
6. *present* **adj.** 現在的
7. *connect* **v.** 連接
8. *finding* **n.** 發現；發現物

05 | 感謝饋贈

Dear Cecily,

I was so ***excited***[1] yesterday evening that I am sure I did not thank you ***adequately***[2] for the ***beautiful***[3] Christmas gift. The ***woolen***[4] ***shawl***[5] is lovely and exactly the color I **would have *selected***[6] myself.
Now that winter has come, it is indeed the right time to wear the warm shawl. I will think of you with ***gratitude***[7] and ***affection***[8] every time I wear it.

Many thanks to you again and our best wishes to you for the New Year!

Affectionately[9] yours,
Lucy

📍 ☆ 📎 A 🗑 | ⌄

譯文

親愛的希絲莉：

昨晚，我真是太激動了。我肯定沒有好好地感謝妳送我這麼漂亮的聖誕禮物。那條羊毛披肩著實令人喜愛，顏色也正是我喜歡的。
現在冬天已經來臨，正好是圍件溫暖披肩的時候。每當我圍上它的時候，我就會帶著感情和感激的心情想起妳。
再次向妳表示感謝，並向妳致上最美好的新年祝福！
妳親愛的好友，
露西

你一定要知道的文法重點

重點1 **would have**

would have done sth. 是虛擬語氣，意思是「本來會做」，表示對過去事情的假設，一般表示與過去事實相反。在此語意是指「即使我自己去買，也會挑選這個顏色。」例如：

- **I would have told you all about the boy's story, but you didn't ask me.**
  （我本來會告訴你這個小男孩的故事，但是你沒有問我。）
- **Without your help, I wouldn't have achieved so much.**
  （沒有你的幫助，我是不會取得如此大的成就。）

重點2 **Affectionately yours,**

Affectionately yours, 是英文書信中的結尾敬詞（Complimentary Close），意思是「你親愛的」，一般關係比較親近的人才會用。對一般人，可用 Sincerely yours；對友好者，可用 Truly yours；對上級或長輩，可用 Respectfully yours。

英文E-mail 高頻率使用例句

① **I am so happy to receive your present.** 真高興收到你的禮物。
② **Thank you for the beautiful card.** 感謝你送的美麗賀卡。
③ **Thank you for the blue sweater you sent me.**
  感謝你送我的藍色毛衣。
④ **Thanks again for your kindness.**
  再次感謝你的好意。
⑤ **It was so thoughtful of you.**
  你人真體貼。
⑥ **It was the most precious gift I've ever received.**
  這是我收到過最珍貴的禮物。
⑦ **The earrings you gave me are so beautiful.**
  你送我的耳環真是太漂亮了。
⑧ **I'll cherish your gift for years to come.**
  我會永遠珍惜你送我的禮物。

你一定要知道的關鍵單字
1. *excite* **v.** 使興奮；使激動
2. *adequately* **adv.** 足夠地
3. *beautiful* **adj.** 美麗的；漂亮的
4. *woolen* **adj.** 羊毛的
5. *shawl* **n.** 圍巾；披肩
6. *select* **v.** 選擇；挑選
7. *gratitude* **n.** 感激；感謝
8. *affection* **n.** 慈愛；感情
9. *affectionately* **adv.** 熱情地；體貼地

06 | 感謝關照

Dear Mary,

This is to express my **appreciation**[1].
I would like to thank you for your **enthusiasm**[2] and **hospitality**[3] during my visit to your **country**[4]. It was my first **experience**[5] staying overseas for two months, so I was a little nervous in the beginning. However, you treated me like a member of your family and **made me feel at home. Please give my pure-hearted regards and** **special**[6] **thanks to your family.**

I look forward to hearing from you again as soon as possible.

Kindest regards,
Catharine

譯文

親愛的瑪麗：

寫這封信是為了表達感謝之情。

在我參觀貴國期間，多謝您的熱情款待。這是我第一次在海外待兩個月之久，剛開始還有些緊張。但是您把我當成自己家中的一員，讓我感覺毫無拘束。

請請代我向您的家人致上誠摯的問候及特別的感謝。

期待盡快收到您的來信。

獻上最誠摯的問候，
凱薩琳

你一定要知道的文法重點

重點1 **made me feel at home**

make sb. at home 意思是「使某人感到自在、感到不拘束」。主人為了盡量讓客人放鬆，時常會用到這句話。與它相近的用語還有 take it easy「放鬆」、「別緊張」。例如：

- **They go out of their way to make me feel at home.**
  （他們花盡心思讓我感覺不拘束。）
- **Tell him to take it easy.**（告訴他放鬆些別緊張。）

重點2 **Please give my pure-hearted regards and special thanks to your family.**

這句話的意思是「請代我向您的家人致上誠摯的問候及特別的感謝。」Please give regards to... 是「向……轉達我的問候」的意思。其偏口語化的表達法是 Please give my best to...。如果去掉前面的 please 就更顯生活化。如果是非常親密的關係，還可以說 Say hello to...for me。

✋ **英文E-mail 高頻率使用例句**

① **Thank you so much for your warm hospitality during my stay.**
非常感謝您在我逗留期間熱情款待。

② **Thank you for your kindness.** 感謝您的友好。

③ **Please give my sincere regards to you and your staff.**
請允許我向您和您的員工致上誠摯的問候。

④ **Thanks again for your kindness and friendliness [7].** 再次感謝你的關心和友好。

⑤ **I hereby give my infinite [8] thanks for you.** 我在此向您致上無限的感謝。

⑥ **I am extremely grateful [9] for your friendship.** 非常感謝您的友誼。

⑦ **I would like to express my appreciation for your kind treatment.**
對於您的悉心照顧我非常感激。

⑧ **Thank you for making so much of me.**
感謝您這麼看重我。

你一定要知道的關鍵單字

1. *appreciation* n. 感激
2. *enthusiasm* n. 熱情
3. *hospitality* n. 好客；殷勤
4. *country* n. 國家
5. *experience* n. 經驗；經歷
6. *special* adj. 特別的；特殊的
7. *friendliness* n. 友好；親切
8. *infinite* adj. 無限的；無窮的
9. *grateful* adj. 感激的；感謝的

07 | 感謝款待

Dear Mr. Geng,

Thank you very much for your **wonderful**[1] hospitality **during our stay** in Beijing. I would like to express my appreciation to you for making our **trip**[2] such an **enjoyable**[3] and **successful**[4] one.
We sincerely appreciate your **taking time out of your busy schedule**[5] to show us around your **office**[6] and **factory**[7]. I also hope that you will have a **chance**[8] to visit us in London in the near future.

Yours truly,
Jessica

譯文

親愛的耿先生：

非常感謝我們到北京時您對我們的熱情款待。感謝您為我們安排了如此愉快成功的旅程。
衷心地感謝您在百忙之中抽出時間帶我們參觀您的辦公室和工廠。也期望您能在不遠的將來抽空到倫敦找我們。

潔西卡 謹上

你一定要知道的文法重點

重點1 **during our stay**

during our stay 意思是「在我們逗留期間」,「逗留期間」一般指外出訪問或出差在外的一段時間。stay 既有動詞詞性又有名詞詞性,意思是「停留」。在此語意中 stay 作名詞「逗留」使用。請對照以下 stay作為動詞和名詞的用法:
- **I will stay here until tomorrow.**(我要在這兒待到明天。)
- **We have accomplished a great deal during our brief stay in your country.**(我們在貴國短暫訪問期間取得了豐碩的成果。)

重點2 **taking time out of your busy schedule**

take...out of... 意思是「把……從……取出、拿出」。字面理解「taking time out of your busy schedule」的意思就是「把時間從繁忙的時間表中拿了出來」也就是中文常說的「從百忙之中抽出空來」。這是一種非常禮貌客氣的說法,因而非常適合用於感謝信之中。

英文E-mail 高頻率使用例句

① **Thank you for all your kindness and support during my trip.**
感謝您在我旅行期間對我的照顧和幫助。

② **It was a pleasure to meet you and your colleagues in New York.**
很榮幸能在紐約與您和您的同事會面。

③ **Please also convey my thanks to all the workers at your factory for their kindness.**
請代我向貴廠工人的熱情友好表示謝意。

④ **I appreciate all the time you spent showing me around your factory.**
非常感謝您抽出時間來帶我參觀您的工廠。

⑤ **I hope that you will have a chance to visit us in Hamburg sometime soon.**
希望您在不久的將來有機會來漢堡找我們。

⑥ **If both of our schedules permit, I would like to visit you again this summer.**
如果我們雙方的時間都允許的話,我想今年夏天再去拜訪您。

你一定要知道的關鍵單字

1. *wonderful* adj. 極好的;精彩的
2. *trip* n. 旅行
3. *enjoyable* adj. 愉快的
4. *successful* adj. 成功的
5. *schedule* n. 時間表
6. *office* n. 辦公室
7. *factory* n. 工廠
8. *chance* n. 機會

08 感謝慰問

Dear Anne,

I **shall**[1] always remember with gratitude the e-mail you sent me when you **learned of** Jane's **death**[2]. No one but you knew my sister so well and loved her as her own family did. Only you could have written that letter. It **brought**[3] me **comfort**[4], Anne, when I needed it **badly**[5]. Thank you from the bottom of my heart for your e-mail and for your kindness to Jane during her long **illness**[6].

Affectionately,
Elizabeth

譯文

親愛的安：

當妳聽說珍恩病故後發給我的那封電子郵件，使我一輩子都不能忘懷。妳像我們家人一樣瞭解我姐姐，並且愛她，只有妳能寫出那樣的慰問信來。在我悲痛萬分的時候，安妮，你的信給了我安慰。

我打從心底感謝妳，感謝妳的來信，感謝妳在珍恩久病期間給予她的深切同情。

妳親愛的好友，
伊莉莎白

你一定要知道的文法重點

重點1 **learn of**

learn of 是「知道」、「獲悉」的意思，相當於 know / be aware of。因為表達「知道」的時候總是用 know 顯得太過普通，可以偶爾換一些同義詞來表達同樣的意思。請看以下例句：

- **I'm sorry to learn of his illness.**（聽說他病了，我很難過。）
- **John is aware of having done something wrong.**
  （約翰已經知道自己做錯事情了。）

重點2 **brought me comfort**

bring sb. sth. 意思是「帶給某人某物」。bring 是「帶來」的意思。除此之外，take / carry 也表達同樣的意思，但是也略有差別：bring 側重於「帶來」；take 側重於「帶走」；carry 是「搬動」的意思，一般有負重感。請對照以下例句：

- **Can I bring my friend with me?**（我可以帶朋友一起來嗎？）
- **She went out of the room, taking the flowers with her.**
  （她帶著花走出了房間。）
- **The box is too heavy for me carry.**（這個箱子太重了，我搬不動。）

英文E-mail 高頻率使用例句

① **A thousand thanks for your kind comfort.**
非常感謝您善意的安慰。

② **I can't sufficiently express my thanks for your _thoughtful_ [7] kindness.**
對於您給我的無微不至的關懷，我感激至極。

③ **I really don't know how to thank you enough.**
我真的不知道該怎樣感謝你才好。

④ **If I can in any way return the favor, it will give me great pleasure to do so.**
如果我能做點什麼來報答您的話，我將非常樂意。

⑤ **I wish to express my deep indebtedness to you for your kindness.**
對於您給我的幫助，在此我表示深深的謝意。

⑥ **I shall always remember with gratitude the favor you did me.**
我將永遠感激您對我的幫助。

你一定要知道的關鍵單字

1. _**shall**_ conj. 將
2. _**death**_ n. 死亡
3. _**bring**_ v. 帶來
4. _**comfort**_ n. 舒適；安慰
5. _**badly**_ adv. 嚴重地；極度地
6. _**illness**_ n. 疾病
7. _**thoughtful**_ adj. 深思的；體貼的

09 | 感謝介紹客戶

Dear Mr. Burns,

Thank you for your **introduction** [1], which helped us to establish a new business relationship with E-Trade USA.
In a **cozy** [2] **atmosphere** [3], we have met with Mr. Tom Billy, **Executive** [4] Director of E-Trade in Taipei this week regarding their **legal** [5] needs in Taiwan. **Mr. Billy holds you in high regard** and is **particularly** [6] interested in several of our **attorneys** [7] educated and trained in the U.S. We look forward to providing E-Trade with the finest and most cost effective services.

We **owe** [8] you the greatest **debt** [9] of gratitude.

Sincerely yours,
East Justice Law Firm

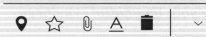

譯文

親愛的伯恩斯先生：

非常感謝您把美國電子貿易公司介紹給我們，才使我們建立了新的業務關係。

這個星期，在一個很舒適的氣氛下，我們在台北與美國電子貿易公司的執行董事湯姆·比利先生會面，談了一些關於他們在台灣需要的一些法律服務。比利先生非常尊敬您，並且對我們曾在美國接受教育和培訓的幾位律師尤其感興趣。我們會給美國電子貿易公司提供最優質與最高效的服務。

我們在此向您表示由衷的感謝。

東方正義律師事務所 謹上

你一定要知道的文法重點 ⊖ ◻ ✕

重點1 **Mr. Billy holds you in high regard.**

hold sb. in high regard 意思是「對某人極為重視」、「對某人十分尊重」。那麼相反的 hold sb. in low regard 則是「蔑視某人」的意思。請對照以下例句：

● **The doctor is held in high regard by his patients.**

（那位醫生受到他病人極大的尊敬。）

● **We hold her in low regard because she is not honest.**

（我們看不起她，因為她不誠實。）

重點2 **We owe you the greatest debt of gratitude.**

這句話的意思是「我們向您表示由衷的感謝」，這是一種表示極大感謝的用語。類似的表達方式還有：

● **I will be forever indebted to you for your help.**

（對於您的幫助，我一輩子銘記在心。）

● **I will always remember your kindness.**

（您的友好我會時時刻刻銘記於心。）

英文E-mail 高頻率使用例句

① **Thank you so much for introducing us to ACB Company.**

多謝您把我們介紹給 ACB 公司。

② **I am pleased to say it looks like we will build a new relationship with them.** 我很開心要說我們將會和他們建立新關係。

③ **Again, we appreciate your continued support.**

再次感謝您一直以來的支持。

④ **Thank you for the confidence you have shown in us.**

感謝您對我們充滿信心。

⑤ **I look forward to returning the favor at the earliest opportunity.**

我希望能盡快有機會報答您的恩情。

⑥ **We owe you the greatest debt of thankfulness.**

我們向您表示衷心的感謝。

你一定要知道的關鍵單字

1. *introduction* **n.** 介紹

2. *cozy* **adj.** 舒適的

3. *atmosphere* **n.** 氣氛；氛圍

4. *executive* **adj.** 執行的

5. *legal* **adj.** 法律的；法定的；合法的

6. *particularly* **adv.** 尤其；特別

7. *attorney* **n.** 律師

8. *owe* **v.** 欠債；歸功於；應感謝

9. *debt* **n.** 債務

10 | 感謝協助

Dear **Subscriber**[1],

I am writing this to express my gratitude for your cooperation and kind assistance.
The **questionnaire**[2] you **filled**[3] out is a great help to us in our **effort**[4] to improve the **efficiency**[5] of our customer service departments. In addition, you will be **rewarded**[6] by our improved services.
With your help, I **believe**[7] that we can **make it**! Thanks again from the **bottom**[8] of our heart.

Sincerely yours,
Q&A Magazine

譯文

親愛的訂戶：

這封信是為了向各位的合作和善心協助表示衷心的感謝。
我們由衷地感謝各位對這次的問卷調查進行協助。我們希望在這次的問卷後，客服部門的效率可以提高，除此之外，也希望能給顧客提供更為周到的服務。
相信有了各位的幫助我們一定能做得更好！再次由衷表示感謝。

Q&A 雜誌 謹上

你一定要知道的文法重點 ⊖ ▢ ✕

重點1 **questionnaire**

「調查問卷」可以專用 questionnaire，若要表示「調查」，還可以說 survey / investigation，但是這兩個字也有區別，survey 一般偏向於「測量」、「勘測」、「民意調查」，而 investigation 一般比較側重於比較正式的官方調查研究，所以英文書信中表示簡單的調查問卷用 questionnaire 比較合適。請對照以下例句：

● **It took me quite a while to fill out the questionnaire.**
（填寫那份問卷花了我好長一段時間。）

● **A recent survey of public opinion showed that most people were worried about the increasing crime rate.**
（一份最近的民意調查顯示，大多數人對不斷增長的犯罪率表示憂心。）

● **The investigation into the accident was carried out by two policemen.**
（兩名員警對這一事故展開調查。）

重點2 **make it**

make it 可以表達很多種意思：「達到預定目標」、「完成某事」、「及時抵達」、「走完路程」、「（病痛等）好轉」、「成功」等。在此語意是可以達成「提高客服部門的效率，為顧客提供更周到的服務」這一目標。例如：

● **You'll make it if you hurry.**（如果你快一點便能及時趕到。）

● **I feel strongly that I can make it.**（我堅信我一定能成功。）

✋ **英文E-mail 高頻率使用例句**

① **Thank you for all your kindness and support.** 感謝各位的友好和支持。

② **We sent questionnaires to passengers of the MRT.**
我們向捷運的乘客發了調查問卷表。

③ **I am writing this to express my thanks to all of you.**
此信是為了表達對各位的感謝之情。

④ **We are very sorry if this letter arrived after you had responded to our questionnaire.**
如果此信在你們已經答覆我們的問卷調查表之後才寄達，敬請原諒。

⑤ **Please complete and return the enclosed questionnaire.**
隨附問卷請填妥交回。

你一定要知道的關鍵單字

1. *subscriber* **n.** 訂戶
2. *questionnaire* **n.** 問卷；調查表
3. *fill* **v.** 填充
4. *effort* **n.** 努力
5. *efficiency* **n.** 效率
6. *reward* **v.** 獎賞；酬謝
7. *believe* **v.** 相信
8. *bottom* **n.** 底部

11 | 感謝陪伴

Dear Brown,

This is to tell you that I've arrived home now. I wish to express my thanks to you for the wonderful **vacation**[1] I **spent**[2] with you and your family. **During**[3] the vacation, you **taught**[4] me how to swim, row and **fish**[5]. I really appreciate your **taking time off work** to show me around so many places.
Your wife is such a terrific[6] cook! I think I must have **gained**[7] 10 pounds just in the week I spent with you. I've had a happy and **memorable**[8] vacation. Thanks again.

I hope you will be able to visit us sometime. Let's keep in touch.

Truly yours,
Luke Wang

譯文

親愛的布朗先生：

我已經回到家了！非常感謝您和您的家人陪我度過一個如此美好的假期。假期中，您在百忙之中抽空陪我，教我學會游泳、划船、釣魚，還陪我到處逛，參觀很多地方，我真的很感激。
您的妻子廚藝真棒！我想一個星期的時間我一定長了 10 磅肉呢！我度過了一個愉快而難忘的假期。再次表示感謝。

希望您也能有機會來我們這裡玩。保持聯絡哦！

路克・王 謹上

你一定要知道的文法重點

重點1 taking time off work

take time off work 意思是「抽出時間」，類似於「從工作中抽出時間」或者更深程度的「從百忙之中抽出時間」。這是一種非常禮貌客氣的說法，一方面表現出了主人的熱情款待，另一方面表現出了客人的感激之情，因而非常適合用於感謝信之中。類似的表達還有：

● **Thank you for taking time out of your busy schedule to accompany me.**（感謝您從百忙之中抽出時間陪我。）

重點2 Your wife is such a terrific cook!

這句話直接譯為「您的妻子是個很棒的廚師！」並沒有錯，但是考慮到情境，可以發現寫信者是去對方家做客而感受到了女主人良好的廚藝，所以事實上，女主人的職業並非一定是廚師，而是具有好的廚藝。所以正確的理解應該是「您的妻子廚藝真棒！」

英文E-mail 高頻率使用例句

① **Thank you for all your attendance during my stay.**
感謝您在我逗留期間對我的照顧。

② **You treat me like a member of your family.** 您像家人一樣對待我。

③ **It's my first time staying overseas for so long.** 這是我第一次在海外待這麼久。

④ **I appreciate all the time you spent showing me around.**
非常感謝您抽出時間來帶我四處逛。

⑤ **I hope that you will have a chance to visit us sometime.**
希望您也有機會來找我們玩。

⑥ **I was totally overwhelmed by your hospitality.**
對於您的盛情，我感激涕零。

⑦ **I appreciate that you introduced us so many places of interest there.**
感謝您向我們介紹了眾多的名勝古蹟。

⑧ **Thank you for making our trip so wonderful.**
感謝您使我們的旅程如此美妙。

你一定要知道的關鍵單字

1. *vacation* n. 假期；休假

2. *spend* v. 度過；花費

3. *during* prep. 在……期間

4. *taught* v. 教
（teach 的過去式和過去分詞）

5. *fish* v. 釣魚

6. *terrific* adj. 極好的；非常的

7. *gain* v. 得到

8. *memorable* adj. 值得紀念的；難忘的

12 | 感謝參訪

Dear Mr. Zhang,

I am writing this letter to thank you for your warm hospitality to us in your beautiful country.

During the **entire** [1] visit, we were **overwhelmed** [2] by the **enthusiasm** [3] expressed by your business **representatives** [4]. I sincerely hope we could have more **exchanges** [5] like this one so that we would be able to continue our **discussion** [6], **expand** [7] our **bilateral** [8] **economic** [9] and **trade relations** and bring benefits to our people.

I am looking forward to your early visit here.

With kind regards,
UV delegation

譯文

親愛的張先生：

此信是為了感謝在貴國時您的盛情款待。

整個參訪過程中，我們都被貴國業務代表的熱情所感染。真誠的希望我們能像此次一樣有更多的交流，使得我們能繼續深入探討發展雙邊經貿關係，以造福兩國人民。

期待您對我國的訪問。

獻上最誠摯的問候，
UV 代表團 謹上

你一定要知道的文法重點 ⊖ ▢ ✕

重點1 **overwhelm**

overwhelm 有好幾種意思，例如「戰勝」、「壓倒」、「覆蓋」、「使不知所措」等，一般用於被動語態，在此語意則是「（在心理和情感上」深深受到影響」的意思。由於寫信者被訪問國的熱情所深深打動和感染，所以選擇了這個很有力度、程度很深的詞，從而流露出深深的感激之情。請參見 overwhelm 相關用法：

- **The defense was overwhelmed by superior numbers.**
  （防守被具優勢的兵力摧垮了。）
- **The village was overwhelmed by ash from the volcano.**
  （村子被火山灰覆蓋了。）
- **I was overwhelmed by his generosity.**（他的慷慨令我感激難言。）

重點2 **expand bilateral economic and trade relations**

它的意思是「發展雙邊經濟貿易關係」簡稱「發展雙邊經貿關係」，是涉外經濟關係中的常用語。bilateral 意思是「雙邊的」，指的是涉及兩國之間的；還有一個詞 multilateral 意思是「多邊的」，指的是涉及多國之間的。例如：

- **Such programs exist on a bilateral and multilateral basis all over the world.**（這些專案在全球各地有雙邊和多邊的合作模式。）

👆 **英文E-mail 高頻率使用例句**

① **I would like to express my thanks for your warm hospitality.**
我要感謝您的盛情接待。

② **I really appreciate your taking time off work to show me around.**
真的非常感謝您抽出時間陪我逛。

③ **I would also like to thank you for your interesting discussion with me.**
我還要感謝您跟我進行了有趣的討論。

④ **Thank you for taking time out of your busy schedule to visit our company.**
對於您在百忙之中訪問本公司，我們在此表示誠摯的謝意。

⑤ **We were pleased to be able to show you our facilities.**
我們非常高興您能參觀我們的各項設施。

你一定要知道的關鍵單字

1. *entire* adj. 整個的
2. *overwhelm* v. 壓倒；淹沒
3. *enthusiasm* n. 熱情
4. *representative* n. 代表
5. *exchange* v. 交換；交流
6. *discussion* n. 討論
7. *expand* v. 擴大
8. *bilateral* adj. 雙邊的
9. *economic* adj. 經濟的

13 | 感謝建議

Dear Mr. Steven,

Thank you very much for meeting with Ted and giving him your **helpful**[1] **advice**[2] about the **legal**[3] **profession**[4]. As I am sure you could tell, he is very **enthusiastic**[5] about law and **eager**[6] to begin in this field.
He got a lot out of your talk and **I can't think of a better example**[7] **for him to follow.**

I appreciate your kind assistance and suggestions **on behalf**[8] of my son.

Yours sincerely,
Peter

♀ ☆ ◎ A 🗑 | ⌄

譯文 ⊖ ⊡ ⊗

親愛的史蒂芬先生：

非常感謝您能夠與泰德見面，並且給他一些法律專業上有益的建議。我相信您能看的出來，我的兒子對法律很有熱誠並且渴望從事法律行業。
他從和您的談話中獲益良多。對他來說，我再也找不到比你更好的榜樣了。

我代表我的兒子向您給予的有益建議和幫助表示感謝。

彼得 謹上

你一定要知道的文法重點

重點1 **I can't think of a better example for him to follow.**

這句話的意思是「對他來說,我再也找不到比你更好的榜樣了。」事實上,並不是任何人給的建議都是有價值的,對於提供建議的人的自身素質的肯定和褒揚是感謝信的關鍵一筆。

重點2 **on behalf of**

這個片語的意思是「代表」。表達「代表」的詞還有:stand for / represent,但是它們有差別:on behalf of 一般是代表某些人;stand for 一般是代表縮寫;represent 一般是代表某個個人或團體,是更為正式的用語。請對照以下例句:

● **I wrote this letter on behalf of my father.**
（我代表我父親寫這封信。）

● **What does UE stand for?**（UE 是什麼的縮寫？）

● **We chose a committee to represent us.**
（我們選出一個委員會來代表我們。）

英文E-mail 高頻率使用例句

① **I would like to say how grateful I am for your information.**
我謹對你提供的消息表示我深深的謝意。

② **I'd like to express my gratitude along with my best wishes.**
我想在此向您表示感謝,並獻上我最美好的祝福。

③ **I owe you a thousand thanks for your friendly advice.**
對你友好的建議,我萬分感激。

④ **I appreciate it that you gave me such helpful advice.**
非常感謝您給我這麼有益的建議。

⑤ **Your suggestions will benefit me all my life.**
您的建議將使我受益終生。

⑥ **I've gained a lot from your suggestions.**
我從您的建議中獲益良多。

⑦ **Can you give me any suggestions on this matter?** 關於這件事,你能給我一些建議嗎?

⑧ **Good advice is beyond price.**
忠告好,無價寶。

你一定要知道的關鍵單字

1. *helpful* **adj.** 有益的
2. *advice* **n.** 建議;忠告
3. *legal* **adj.** 法律上的
4. *profession* **n.** 職業;專業
5. *enthusiastic* **adj.** 熱情的
6. *eager* **adj.** 渴望的
7. *example* **n.** 榜樣
8. *behalf* **n.** 利益;方面

14 | 感謝邀請

Dear Mr. Moore,

My wife **joins**[1] me in thanking you and your kind wife for a **delightful**[2] night at your house last Sunday.
The **delicious**[3] food, **pleasant**[4] company and **intelligent**[5] conversation made the **occasion**[6] an **unforgettable**[7] one for both of us.
Once again we'd like to express our thankfulness to you for your **zealous**[8] invitation and warm friendship. **I wish you and your family good health and happiness forever.**

Sincerely yours,
Tom Smith

譯文

親愛的摩爾先生：

我和我的夫人在此感謝您和您的賢內助上星期天的邀請，使我們在您家度過了一個愉快的夜晚。
晚宴上的精美食物、令人愉快的客人以及充滿智慧的交談都給我們留下了難忘的印象。
再次感謝您的熱情邀請和友好接待，並祝福您和您的家人永遠健康、幸福！

湯姆・史密斯 謹上

你一定要知道的文法重點 ⊖ ▢ ✕

重點1 **company**

company 不僅有「公司」的意思，而且還有「友伴」、「夥伴」的意思。companion / partner / fellow 也表示「同伴」、「夥伴」的意思。companion 意思是「同伴」、「伴侶」；partner 意思是「合作者」、「搭檔」。在使用這些詞的時候，一定要注意場合和正式的程度。請對照以下例句：

- **I take my daughter for company while going out.**
  （我出門的時候帶女兒作個伴。）
- **She is my constant companion.**（她是我始終如一的伴侶。）
- **He is a partner in a law firm.**（他是律師事務所的合夥人。）

重點2 **I wish you and your family good health and happiness forever.**

這句話的意思是「祝福您和您的家人永遠健康幸福」。動詞 wish「希望」後面可以接雙受詞，即 wish sb. sth.。雖然 hope 也是「希望」的意思，但二者的用法有一定區別：wish 能接雙受詞，表示祝福，hope 則不能。請對照以下例句：

- **I wish you success.**（我祝你成功。）
- **I hope you will get well soon.**（我希望你能很快復原。）

✍ **英文E-mail 高頻率使用例句**

① **It was indeed a pleasure to have dinner with you.**
與您一起進餐確實是我的榮幸。

② **I thank you for your invitation and look forward to our next interaction.**
感謝您的邀請並期待下一次的交流。

③ **Please convey my thanks to all your family members.**
請代我向您的家人表示感謝。

④ **I hope you will be able to attend.**
希望您能出席。

⑤ **I hope that you will have a chance to visit our home soon.**
期望您在不久之後有機會來我們家做客。

⑥ **Many thanks for your warm hospitality.**
非常感謝您的盛情款待。

你一定要知道的關鍵單字

1. *join* **v.** 加入；參加

2. *delightful* **adj.** 令人愉快的；可喜的

3. *delicious* **adj.** 美味的

4. *pleasant* **adj.** 令人愉快的

5. *intelligent* **adj.** 聰明的；智慧的

6. *occasion* **n.** 場合；機會

7. *unforgettable* **adj.** 難忘的

8. *zealous* **adj.** 熱情的；熱心的

15 | 感謝合作

Dear Mr. Wells,

This is to express great gratitude for your **close**[1] **collaboration**[2] with us.

I would like to thank you for your cooperation for our **business**[3]. We have had a **profitable**[4] year. Therefore, **we are keenly**[5] **desirous**[6] of **enlarging**[7] our trade in **various**[8] kinds of **chemical**[9] textiles. We do hope we could have further cooperation with each other and achieve **co-prosperity** in the future. Thank you so much again.

With thanks and regards.

Yours truly,
CT Corporation

譯文

親愛的威爾斯先生：

寫這封信是想表達我們雙邊密切合作的感激之情。
衷心地感謝您與我們在貿易上的合作。我們在這一年中獲得了很多的利潤。因此，我們強烈希望擴大我們在化學製品中各個方面的貿易合作。我們真心希望能繼續與您深入合作，將來獲得共同繁榮。再次表示感謝。

獻上誠摯的感謝和祝福。

CT 公司 謹上

你一定要知道的文法重點　　─ □ ✕

重點1▶ **We are keenly desirous of enlarging our trade in various kinds of chemical textiles.**

這句話的意思是「我們強烈希望擴大我們在化學製品中各個方面的貿易合作。」片語 be desirous of 意思是「渴望」、「想要」，相當於 be eager to「渴望要……」。

keenly 則表示「敏銳地」、「強烈地」，這個詞表達了寫信者想要合作的強烈願望，如果少了這個詞，那麼句子就會歸於平淡。請看以下例句：

• **She has always been desirous of fame.**（她一直想成名。）

• **He keenly felt that he should do something to help.**
（他強烈地感覺他應當助其一臂之力。）

重點2▶ **co-prosperity**

co-prosperity 意思是「共同繁榮」，可以理解為合作中的 win-win「雙贏」、「共贏」，亦即在合作中追求雙方共同發展，共同進步。請看以下例句：

• **We pursue a result of co-prosperity.**（我們追求共同繁榮。）

• **We want a win-win cooperation.**（希望我們達到合作共贏。）

🖐 英文E-mail 高頻率使用例句

① **Thank you for your kind cooperation during this year.**
感謝您在這一年中友好的合作。

② **It was a pleasure to collaborate with you.**
能夠跟您合作是我的榮幸。

③ **Please also convey my thanks to all the staff of your company.**
請代我向貴公司所有員工轉達謝意。

④ **We have made a lot of money after cooperating with you.**
跟您合作了之後，我們公司賺了很多錢。

⑤ **I hope that we will have a chance for further cooperation.**
希望我們有機會展開更深入的合作。

⑥ **We pursue co-prosperity for both of us.**
我們追求共同繁榮。

你一定要知道的關鍵單字

1. **close** adj. 親密的

2. **collaboration** n. 合作

3. **business** n. 商業；生意

4. **profitable** adj. 有利可圖的；有益的

5. **keenly** adv. 強烈地

6. **desirous** adj. 渴望的

7. **enlarge** v. 擴大

8. **various** adj. 各種各樣的

9. **chemical** adj. 化學的

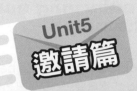

Invitation

06. 邀請赴宴

🗋 05-06 邀請赴宴.doc

07. 邀請參加婚禮

🗋 05-07 邀請參加婚禮.doc

08. 邀請參加生日派對

🗋 05-08 邀請參加生日派對.doc

09. 邀請參加周年慶典

🗋 05-09 邀請參加周年慶典.doc

10. 正式接受邀請函

🗋 05-10 正式接受邀請函.doc

11. 拒絕邀請

🗋 05-11 拒絕邀請.doc

12. 邀請出席紀念活動

🗋 05-12 邀請出席紀念活動.doc

13. 邀請進行合作

🗋 05-13 邀請進行合作.doc

14. 反客為主的邀請

🗋 05-14 反客為主的邀請.doc

15. 取消邀請

🗋 05-15 取消邀請.doc

01 邀請參加聚會

Dear Bob,

Tom and I have recently moved to **Purple**[1] **Vine**[2] Town and would like to **invite**[3] all of our friends over for a **housewarming**[4] party.
Please join us **at 16:00 p.m. on Sunday, June 29. Directions**[5] are enclosed.

We hope you and your wife will be able to **attend**[6] on time.

Yours truly,
Fiona

譯文

親愛的鮑伯：

湯姆和我最近已經搬到紫藤鎮了，所以想邀請所有的朋友們來我們的新家參加喬遷派對。
時間定於這個星期日，6 月 29 日下午 4 點，謹附地圖。

希望您和您的妻子都能夠準時來參加。

費歐娜 謹上

你一定要知道的文法重點 ⊖ ▢ ✕

重點1 **...at 16:00 p.m. on Sunday, June 29**

英文書信寫作中有一個原則叫 Correctness（準確原則）。它的意思是在英文書信寫作過程中如果提到具體日期、資料等內容時，要準確地表達以免發生歧義。所以在此，應該把聚會時間的日期，上午、下午、幾點鐘、星期幾等等都說清楚，如此就不會產生歧義。

重點2 **on time**

on time 意思是「準時」，還有一個容易和它混淆的片語為 in time，它的意思是「按時」、「及時」。請對照以下例句：

● **Will the train arrive on time?**
（火車會準時到達嗎？）

● **They were just in time for the bus.**
（他們及時趕上了公車。）

🖐 英文E-mail 高頻率使用例句

① **I would like you to attend our party.** 我想邀請你來參加我們的聚會。

② **You are invited to a special showing of our new line of *cosmetics*[7].**
邀請您參加此次新上市的化妝品系列特別發表會。

③ **Can you join us this Friday evening for dinner?**
這個星期五晚上和我們一起吃飯好嗎？

④ **Let me know if you would like to attend.**
如果您願意參加，請聯絡我。

⑤ **I hope you could take part in our anniversary party.**
我希望您能參加我們的周年紀念派對。

⑥ **Information on transportation is enclosed.** 已經附上交通資訊。

⑦ **Kindly *respond*[8] on or before December 10.** 請於12 月 10 日之前回覆。

⑧ **Please respond to this invitation by July 8 so that we can prepare well.**
為了能準備妥善，請於 7 月 8 日前回覆。

你一定要知道的關鍵單字

1. *purple* adj. 紫色的

2. *vine* n. 藤

3. *invite* v. 邀請

4. *housewarming* n. 喬遷慶宴

5. *direction* n. 方向；指導

6. *attend* v. 參加

7. *cosmetics* n. 化妝品

8. *respond* v. 回應；回覆

02 邀請參加發佈會

Dear Sir or Madam,

Co-organized[1] by TAITRA and United Nations ***Industrial***[2] Development ***Organization***[3] (UNIDO), the ***World***[4] Industrial and ***Commercial***[5] Organizations (WICO) ***Summit***[6] will be ***held***[7] on December 19-20 in Taipei.

To **facilitate** your better understanding of the Summit, a press conference will be held at Jhongshan Building, at 15:00-16:30 pm. on November 20th. Please refer to http://www.jhongshanbuilding.com.tw for further information of the WICO Summit.

We sincerely hope you will be with us.

Sincerely yours,
Contact person: Jason Wu

譯文

親愛的女士、先生們：

由臺灣對外貿易發展協會和聯合國工發組織共同主辦的世界工商協會高峰會將於 12 月 19～20 日於臺北召開。

為了便於您更瞭解此次的高峰會，世界工商協會高峰會委員將於 11 月 20 日下午 3:00-4:30，在中山樓舉行記者會。想要瞭解高峰會詳情，請洽詢網站：http://www.jhongshanbuilding.com.tw。

我們真誠地希望各位能夠共襄盛舉。

會議聯繫人：傑森・吳

你一定要知道的文法重點 ⊖ ☐ ✕

重點1 hold

hold 作為動詞有好幾種意思：「握住」、「持有」、「抱」、「保持」、「舉行」等，在此語意是指「舉行」。表達「舉行」還可以說 take place / stage。

• **The meeting will be held on Thursday.**
（這次會議將於週四舉行。）

• **The fete will take place on Sunday.**
（義賣園遊會定於星期日舉行。）

• **The union decided to stage a one-day strike.**
（工會決定舉行一天的罷工。）

重點2 facilitate

facilitate 意思是「使便利」、「幫助」、「促進」，在此語意是指「使便利」、「便於」。事實上 To facilitate your better understanding of the Summit, ... 還可以表達為 In order to help you understand the Summit well, ...。

✍ **英文E-mail 高頻率使用例句**

① **The Press Conference is approved by the State Council.**
此次記者招待會經過了國務院的批准。

② **I hope you will be able to *attend*[8] on time.** 希望您能準時出席。

③ **We look forward to hearing soon that you can be with us.**
期待得到您參加的消息。

④ **I sincerely hope you will be with us.** 誠摯希望您能夠參加。

⑤ **You are invited to join us for the session as our guest.**
我們將邀請您參加此次的會議，作為我們的貴賓。

⑥ **I do hope you could attend the conference.** 真心希望您能參加這個會議。

⑦ **The press conference will be held at the Taipei City Hall.**
此次記者招待會將於台北市政府舉行。

⑧ **Please refer to www.wico-summit.org for further information.**
更詳細的資訊，請洽詢www.wico-summit.org 網站。

你一定要知道的關鍵單字

1. *co-organize* **v.** 聯合組織
2. *industrial* **adj.** 工業的
3. *organization* **n.** 組織
4. *world* **n.** 世界
5. *commercial* **adj.** 商業的
6. *summit* **n.** 高峰會；最高級會議
7. *hold* **v.** 舉行
8. *attend* **v.** 出席；參加

03 | 邀請擔任發言人

Dear Ms. Jane,

I'd like to ask you that would you please **serve**[1] as our speaker on **National**[2] Advertising Directors Association? **I can think of no one more qualified**[3] to fill this role than you. NADA is **prepared**[4] to pay all your **expenses**[5]. The **media**[6] panel is scheduled to begin at 3 p.m. on Thursday, October 16 and end no later than 5 p.m.
I do hope it will be **possible**[7] for you to **undertake**[8] this **assignment**[9].
Let me know as soon as you can, please. If your response is **favorable**, I'll send other information to you.

Sincerely yours,
NADA Organizer

譯文

親愛的簡女士：

我想請問您願不願意擔任此次全國廣告總監協會的發言人？我認為您是擔此重任的最佳人選。全國廣告總監協會將支付您的全部費用。媒體討論會計畫於下週四，也就是 10 月 16 日下午三點開始，於當日五點前結束。
我真心希望您能接受這一邀請，並盡快告知我您的決定。如果您同意擔任，我會將其他相關資料寄給您。

NADA 主辦者 謹上

你一定要知道的文法重點　⊖ ▢ ✖

重點1 **I can think of no one more qualified to fill this role than you.**

這句話的意思是「我認為您是擔此重任的最佳人選。」或者「除了您之外，我想不出更適合擔此重任的人選。」它屬於英文中的轉換否定句，即，形式上肯定而意義上否定或相反的句子。所以表達否定句的時候，可以靈活地運用一些句型，表現新穎性。例如：

• **He is the last man I want to see.**（他是我最不想見的人。）

重點2 **favorable**

這個單字的意思是「贊成的」、「有利的」、「良好的」、「討人喜歡的」、「起促進作用」等。在此語意則是指「贊成的」、「同意的」。所以除了我們通常使用的 agreeable, consenting「同意的」外，還可以用這個詞來增加表達的多樣性。請看以下例句：

• **They give us a favorable answer.**（他們給了我們一個贊成的答覆。）

• **He was quite agreeable to accepting the plan.**（他樂意接受這項計畫。）

• **My father will not be consenting to our marriage.**
（我父親不會同意我們的婚事。）

👆 英文E-mail 高頻率使用例句

① **Would you serve as our speaker on *direct*[10] mail?**
您願意擔任推銷郵件部分的發言人嗎？

② **I would like to invite you as our speaker of the conference.**
我想請您擔任我們會議的發言人。

③ **I cannot think of a better person than you.** 我想不出比您更適合的人選了。

④ **We are prepared to pay all your expenses.**
我們會支付您的全部開銷。

⑤ **I can think of nobody except you.**
除了您我想不出別人了。

⑥ **I do hope you could give me your consent.** 我真心希望您能同意。

⑦ **I am sure you can undertake this important assignment.**
我確信您一定能擔此重任。

你一定要知道的關鍵單字

1. *serve* v. 作……用；服務；對待
2. *national* adj. 全國的
3. *qualify* v. 有資格；勝任
4. *prepare* v. 準備
5. *expense* n. 花費；支出
6. *media* n. 媒體
7. *possible* adj. 可能的
8. *undertake* v. 承擔
9. *assignment* n. 任務
10. *direct* adj. 直接的

04 | 邀請參加研討會

Dear Professor Wang,

I am pleased to inform you that you are ***cordially***[1] invited to
participate[2] in the conference of North America as our ***guest***[3]. **Your
round-trip air ticket, accommodations and meal expenses will be**
subsidized[4]. Should you be interested, **please let us know at your
earliest *convenience***[5].
I am looking forward to seeing you in this conference, and I am sure you
will play an important role in the ***event***[6]. If your response is ***consenting***[7],
I'll send the ***relevant***[8] information to you.

Sincerely yours,
NS Sponsor

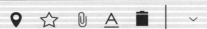

譯文

親愛的王教授：

很高興通知您，我們誠摯地邀請您作為貴賓，參加我們北美的研
討會。我們會為您支付往返機票、食宿等費用。如果您感興趣，
方便的話，請盡快與我們聯繫。
期待您能出席會議，並且相信您會在此次會議中扮演重要的角
色。如果您同意，我會把相關資料寄給您。

NS 主辦者 謹上

你一定要知道的文法重點

重點1 **Your round-trip air ticket, accommodations and meal expenses will be subsidized.**

這是個被動語態，意思是「我們將為您報銷往返機票及食宿費用。」round-trip air ticket 意思是「往返機票」。subsidize 意思是「給⋯⋯津貼或補貼」、「資助」、「補助」。這句話還可以換成主動語態，表達：We will pay the round-trip air ticket, accommodations and meal expenses. 「我們將為您支付往返機票及食宿費用。」

重點2 **Please let us know at your earliest convenience.**

這是英文書信中常會用到的結束語。意思是「方便的話，請盡快通知我。」類似的表達還有：

● **I expect your earliest reply.**（期待您盡快回覆。）
● **Expecting your immediate response.**（期待您的立即回應。）
● **We look forward to your reply at your earliest convenience.**
（方便的話，我們期待您最快的回覆。）

英文E-mail 高頻率使用例句

① **Would you like to take part in our meeting?**
你願意參加我們的會議嗎？

② **I would like to invite you to participate in the conference.**
我想邀請您參加此次會議。

③ **You are cordially invited to attend the conference** 我們誠摯地邀請您參加這次會議。

④ **We will pay all your expenses.**
我們會支付您的全部花銷。

⑤ **I look forward to seeing you in the conference.**
期望您能出席會議。

⑥ **I do hope you could *agree* ⁹ to come.**
我真心希望您能同意前來。

⑦ **I am sure you will play an important role in the meeting.**
我確信您會在此次會議中扮演重要的角色。

你一定要知道的關鍵單字

1. ***cordially*** adv. 誠懇地；誠摯地
2. ***participate*** v. 參加
3. ***guest*** n. 客人；貴賓
4. ***subsidize*** v. 給⋯⋯補助、津貼；資助
5. ***convenience*** n. 方便；便利
6. ***event*** n. 大事；事件
7. ***consenting*** adj. 同意的
8. ***relevant*** adj. 相關的
9. ***agree*** v. 同意

05 邀請參加訪問

Dear Mr. Chen,

I am delighted to invite you to be a visiting **scholar**[1] in Australia. **You will be *based*[2] at the Melbourne *campus*[3]** but may visit other campuses ***whilst***[4] you are in Australia.

As a visiting scholar, you will be able to ***pursue***[5] your ***specific***[6] research ***agenda***[7] and to **collaborate** and communicate with the University of Sydney ***faculty***[8] during your stay.

Please let me know if you have any further inquiries and we look forward to your visit.

Yours sincerely,
The University of Melbourne

譯文

親愛的陳先生：

很高興邀請您作為訪問學者來訪問澳洲。您將駐留的是墨爾本大學，但是您在澳洲期間還可以訪問其他大學。

作為一名訪問學者，您將可以進行您的具體研究議程。還可以在您逗留期間與雪梨大學的教員進行交流合作。

如果您還有任何疑問，請通知我們。我們期待您的到訪。

墨爾本大學 謹上

你一定要知道的文法重點 ⊖ ▢ ✕

重點1▶ You will be based at the Melbourne campus.

這句話的意思是「您將要駐留在墨爾本大學」。be based 原意是「以……為基礎」、「基於」。但在此語意是指「駐留」、「住在」，相當於 live 或者 stay。請對照以下例句：

- **You will mostly be based in Beijing.**（你的工作地點主要在北京。）
- **Jack decided to live in college during his freshman year.**
  （傑克決定大一時住校。）
- **You could stay in Hilton Hotel.**（你可以住在希爾頓飯店。）

重點2▶ collaborate

collaborate 既可以是褒義詞「合作」，也可以是貶義詞「勾結」。在此語意中指「合作」，相當於 cooperate。而當作「勾結」解釋時，相當於 collude。請看以下例句：

- **Will you collaborate with me to finish the project?**
  （你會和我合作完成這個專案嗎？）
- **He was suspected of collaborating with the enemy.**
  （他被懷疑與敵人勾結。）

英文E-mail 高頻率使用例句

① **I am pleased to invite you to our college.**
很高興邀請您來我們學校。

② **I would like to invite you as a visiting scholar.**
我想邀請您作為訪問學者參訪我們。

③ **You are cordially invited to our university as a visiting scholar.**
我們真誠邀請您作為訪問學者來我校參訪。

④ **All your expenses will be subsidized.**
我們會支付您的全部開銷。

⑤ **I look forward to seeing you then.**
期望屆時您能來訪。

⑥ **I do hope you could consent to come.**
我真心希望您能同意前來。

⑦ **I am sure you will gain a lot.**
我相信您會有很多的收穫。

你一定要知道的關鍵單字

1. *scholar* n. 學者
2. *base* v. 以……作基礎
3. *campus* n. 大學校園
4. *whilst* conj. 當……時
5. *pursue* v. 進行；從事
6. *specific* adj. 特殊的；明確的
7. *agenda* n. 議事日程
8. *faculty* n. 才能；全體教員

06 邀請赴宴

Dear Sarah,

My husband and I should be very much **pleased**[1] if you and your daughter would **dine with** us at 6:30 p.m. next Sunday, on the eleventh floor of the **Emperor**[2] Building. I am inviting a few other people, and I hope we may sing **Karaoke**[3] after **dinner**[4]. If you would **consent**[5] to bring some DVDs, I am sure we would have a most wonderful evening.

We do hope you can come and are expecting to see you then.

Yours cordially,
May Smith

譯文

親愛的莎拉：

我和我的丈夫非常高興地邀請妳和妳的女兒前來參加我們的晚宴。時間定於下個星期日下午六點半，地點位於帝國大廈十一樓。我還會再邀請一些人，我希望吃完晚飯我們可以去唱卡拉 OK。如果妳能帶些 DVD來，我相信我們將度過一個最美妙的夜晚。

我們真心希望妳們能夠前來，期待妳們屆時光臨。

梅・史密斯 謹上

你一定要知道的文法重點

重點1 ▶ **dine with**

dine with sb. 意思是「和某人進餐」。就相當於 have dinner with sb.。為了不使句子過於平淡，在英文書信寫作中要試著轉變一下表達方式。請看以下例句：

● **She wants me to dine with me tonight.**（她想跟我共進晚餐。）

● **I'd like to have dinner with you.**（我想跟你一起吃頓飯。）

重點2 ▶ **consent**

consent 有動詞和名詞兩種詞性，意思是「同意」，在此語意中作動詞用。如果作名詞用，一般會使用這個片語：give one's consent。表達「同意」還可以說 agree, approve。請看以下例句：

● **I definitely will give my consent to your plan.**（我當然同意你的計畫。）

● **I asked him to come with me and he agreed.**
（我邀他和我一起來，他同意了。）

● **His parents did not approve of his companions.**
（他的父母不贊成他所結交的同伴。）

英文E-mail 高頻率使用例句

① **Would you like to come to our dinner party?**
你願意來參加我們的晚宴嗎？

② **I would like to invite you to *dine*⁶ with us.**
我想邀請您與我們一起進餐。

③ **You are cordially invited to our dinner party on Saturday.**
我們誠摯地邀請您參加週六的晚宴。

④ **We are going to sing Karaoke after dinner.**
晚餐後我們要去唱卡拉 OK。

⑤ **I look forward to seeing you then.**
期望屆時您能出席。

⑥ **I do hope you could come with your *husband*⁷.**
我真心希望您和您的丈夫能夠前來。

⑦ **I am sure it would be a wonderful night.**
我確信我們會度過一個很美好的夜晚。

你一定要知道的關鍵單字

1. *pleased* adj. 高興的

2. *emperor* n. 帝王

3. *karaoke* n. 卡拉OK

4. *dinner* n. 主餐；晚宴

5. *consent* v. 同意；許可

6. *dine* v. 進餐

7. *husband* n. 丈夫

07 | 邀請參加婚禮

Dear Robin,

On Sunday, August 11, at three o'clock p.m., **Richard and I are taking the important step in life.** We are getting ***married*** [1] at St. Peter's, that ***charming*** [2] little ***church*** [3]—you know it—at 26 Freeway Drive.
We have sent the ***invitation*** [4] card to you. **I *hardly* [5] need to tell you that we would not *consider* [6] it a real *wedding* [7] if you were not present.** There will be an ***informal*** [8] ***reception*** [9] in the church parlor afterward and we want you there, too.

Affectionately yours,
Mary

譯文

親愛的羅賓：

8 月 11 日，星期日下午三點，我和理查將邁入人生重要的一步。我們將在聖彼得這座迷人的小教堂裡舉行婚禮。這個教堂在弗利韋大道 26 號，這個你是知道的吧。我們已經將請柬寄去給你了。不用說，如果你不來的話，這場婚禮就不像是真正的婚禮。婚禮後還會在教堂接待室舉行便宴，希望你能賞光。

你親愛的好友，
瑪麗

你一定要知道的文法重點 　　　　　　　　⊖ ▢ ✕

重點1 **Richard and I are taking the important step in life.**

這句話的意思是「我和理查將邁入人生重要的一步。」相當於 Richard and I are getting married.「我和理查要結婚了。」這是表達「結婚」的一種婉轉的用法。

重點2 **I hardly need to tell you that we would not consider it a real wedding if you were not present.**

這句話的意思是「不用說，如果您不來的話，這場婚禮就不像是真正的婚禮。」或者「不用說，如果您不來的話，我們會覺得這場婚禮缺了些什麼。」hardly need to tell you 「不用說」可以表明邀請者和被邀請者之間非常親密友好的關係。we would not consider it a real wedding if you were not present.「如果您不來的話，這場婚禮就不像是真正的婚禮。」可以表明，這是非常誠摯的邀請，還表現了被邀請者的重要性。

👆 英文E-mail 高頻率使用例句

① **You are cordially invited to our wedding on Saturday.**
誠摯地邀請您參加我們週六的婚禮。

② **I would like to invite you to take part in our wedding.**
我想邀請您參加我們的婚禮。

③ **Aaron and I are going to take the important step in life.**
我和艾倫將步入重要的一步。

④ **I am going to get married with John.**
我要跟約翰結婚了。

⑤ **We are getting married at the charming church.**
我們要在那個迷人的教堂舉行婚禮了。

⑥ **We have sent you the invitation card.**
我們已經將邀請函寄去給你了。

⑦ **There will be an informal reception in the parlor after the wedding.**
婚禮後在接待室將會舉行便宴。

你一定要知道的關鍵單字

1. *marry* **v.** 結婚；與……結婚
2. *charming* **adj.** 迷人的
3. *church* **n.** 教堂
4. *invitation* **n.** 邀請
5. *hardly* **adv.** 幾乎不
6. *consider* **v.** 考慮；認為
7. *wedding* **n.** 婚禮
8. *informal* **adj.** 非正式的
9. *reception* **n.** 接待

08 邀請參加生日派對

Dear Louise,

Please come to my ***birthday***[1] party!
It's my fifth birthday. I am going to have a ***huge***[2] birthday cake and we will play games ***together***[3]! Please call my mom to let us know if you can come. If the ***answer***[4] is yes, don't ***forget***[5] to bring me a beautiful ***present***[6]!

The date: Sunday, June 29 from 3 to 6 p.m.
P.S. : Please tell your parents that there will be a ***barbecue***[7] for the grownups, too!

Sincerely yours,
Hannah

📍 ☆ 📎 A 🗑 | ⌄

譯文

親愛的露易絲：

請妳來參加我的生日派對！

這是我的第五個生日。我會有一個大大生日的蛋糕，我們還要一起玩遊戲哦！請打電話告訴我媽媽妳會不會來。如果會來的話，別忘了帶一份漂亮的禮物給我哦！

時間：星期日，6 月 29 號，下午三點到六點。

附言：請告訴妳的父母，大人可以烤肉哦！

漢娜 謹上

你一定要知道的文法重點 ⊖ ▢ ✕

重點1 **It's my fifth birthday.**

看得出，這是一封參加小孩子生日派對的請柬。請柬實際上是父母以五歲孩子的口吻寫給孩子的朋友的。這種寫法使得請柬更為活潑，語言並不必拘泥於某種形式，而且非常符合五歲孩子過生日的情境。

重點2 **P.S.**

P.S. 是 postscript 的縮寫，意思是「（信末的）附言」、「附筆」。一般縮寫形式 P.S. 附於信末尾，來補充說明未完的事情。例如：

- **P.S. Can you send me your photos?**
  （你能把你的照片寄給我嗎？）
- **She added a postscript to her letter.**
  （她在信末又附了一筆。）

英文E-mail 高頻率使用例句

① **I want to invite you to my birthday party on next Wednesday night.**
我想邀請您參加我下週三晚上的生日派對。

② **I would like to invite you to my birthday party.**
我想邀請您參加我的生日派對。

③ **I would like to have a cake sent to Catherine's room on April 11.**
我想要訂一個蛋糕在 4 月 11 號那天送到凱薩琳的房間。

④ **I am going to have a birthday party next week.**
我下周要舉行生日派對。

⑤ **Remember to bring me a *gift* [8].**
記得給我帶禮物哦。

⑥ **I have sent the birthday party invitation to you.** 我已經把生日派對邀請函寄給你囉。

⑦ **There will be a barbecue in the yard for us.** 我們還可以在院子裡烤肉哦。

⑧ **Please be sure to be present at my birthday party.**
請務必出席我的生日派對。

你一定要知道的關鍵單字

1. *birthday* n. 生日
2. *huge* adj. 巨大的
3. *together* adv. 一起
4. *answer* n. 答案
5. *forget* v. 忘記
6. *present* n. 禮物
7. *barbecue* n. 烤肉
8. *gift* n. 禮物

09 邀請參加周年慶典

Dear **residents**[1] of building#7,

You are cordially invited to share in a **celebration**[2] of George and Emma's 50th Wedding **Anniversary**[3].

Fifty years ago, a beautiful woman Emma and a **handsome**[4] George promised to love and **cherish**[5] each other for the rest of their lives. Now, as their dear friends, we will celebrate that **commitment**[6] once more for them.

Please join us in SURPRISE reception for George and Emma in the **hall**[7] on May 21, from 3 to 5 p.m. Thank you for your company.

Sincerely yours,
Jack Miller

◯ ☆ ◍ A ▮ | ⌄

譯文 ⊖ ▢ ✕

親愛的 7 號樓所有住戶：

誠摯地邀請您參加喬治和愛瑪結婚 50 周年紀念慶祝會。
五十年前，漂亮的愛瑪和英俊的喬治承諾相愛一生，相守一世。
現在，作為他們的朋友，我們要為他們再次頌揚這樣的承諾。
請各位於 5 月 21 號下午三點到五點到大廳參加這個「驚喜」招待會。感謝各位的陪伴。

傑克・米勒 謹上

你一定要知道的文法重點 ⊖ ⊡ ⊗

重點1 once more

once more 意思是「再一次」、「又一次」，相當於 a second time, once again。
所以可以選擇多個同義詞來表達同樣的意思，以增加句子的多樣性。請看以下例句：

- **They are going to try their fortune once more.**
  （他們想再碰一次運氣。）
- **You'll need to type in your password a second time to confirm it.**
  （你將需要第二次輸入你的密碼以驗證它。）
- **Once again we extended to them our warmest welcome.**
  （我們再次向他們表示最熱烈的歡迎。）

重點2 SURPRISE

SURPRISE 用大寫，是希望引起人們的注意，強調這是一個驚喜招待會，即當事人可能
事先並不知情。當要需要強調某一事物時，可將詞語全部大寫。例如：

- **All applications must be submitted IN WRITING before January 31.**
  （所有申請都必須在 1 月31 日以前以「書面的形式」提交。）

👆 英文E-mail 高頻率使用例句

① **I sincerely invite you to attend our celebration.**
　誠摯邀請您參加我們的慶祝會。

② **This is an important *event*[8].** 這是一件非常重要的大事。

③ **I would like to invite you to take part in our 5-year Opening Anniversary.**
　我想邀請您參加我們的開業五周年慶典。

④ **You are definitely present on the anniversary day.**
　你一定要出席這次周年慶祝會哦。

⑤ **Let's celebrate the 10-year anniversary.**
　我們來慶祝十周年紀念日吧。

⑥ **You are cordially invited to share the celebration.**
　誠摯地邀請您參加此次慶祝會。

⑦ **I have sent you the formal invitation card.**
　我已經將正式邀請函寄去給您。

你一定要知道的關鍵單字
1. *resident* **n.** 居民
2. *celebration* **n.** 慶祝會
3. *anniversary* **n.** 周年紀念
4. *handsome* **adj.** 英俊的
5. *cherish* **v.** 珍惜
6. *commitment* **n.** 承諾
7. *hall* **n.** 大廳
8. *event* **n.** 事件；大事

10 | 正式接受邀請函

Dear Mr. Li,

Thank you so much for inviting me to address the **Chamber** [1] of **Commerce** [2] monthly **luncheon** [3] at 12 p.m. on September 21, at the **Mayors**' [4] Building on the **subject** of "The **Status** [5] of Expert Systems in Business During the Next Decade." I am pleased to **accept** your invitation.

I look forward to this **opportunity** [6] of being with you and the members of Chamber of Commerce once again.

Sincerely yours,
Kate Hu

譯文

親愛的李先生：

承蒙盛情邀請我於 9 月 21 日十二時在商會每月一次的午宴上致辭，不勝感謝。午宴地點在市長大廈，題目為「今後十年內專家制度在商業中的地位」。我很高興地接受你們的邀請。

期待這次與你及商會的成員們會面的機會。

凱特‧胡 謹上

148

你一定要知道的文法重點 ⊖ ◻ ✕

重點1 ▶ subject

subject 有三種詞性：名詞、動詞、形容詞。當作名詞是指「主題」、「科目」、「問題」；當作動詞是指「使服從」、「制伏」；當作形容詞是指「傾向於……的」、「受拘束的」。在此語意中是當作名詞「主題」。請看以下例句：

- **This is a movie on the subject of love.**（這是一部以愛情為主題的電影。）
- **He tried to subject the whole family to his will.**
  （他試圖使全家人服從他的意願。）
- **Prices are subject to change.**（價格會隨情況而變化。）

重點2 ▶ accept

表達「接受」可以用 accept 或者 receive，但是二者有區別：receive 僅是客觀上「收到」、「接收」，主觀上不一定「接受」；accept 則指的是主觀上「接受」。請對照以下例句：

- **I received a bunch of roses yesterday, but I gave it back.**
  （我昨天收到一束玫瑰花，可是我把它退回去了。）
- **I'm overjoyed that she accepted my proposal.**
  （她接受了我的求婚，我樂暈了。）

👆 英文E-mail 高頻率使用例句

① **Thank you very much for your *invitation*[7].**
非常感謝您的邀請。

② **I would love to go to the museum with you this weekend.**
我很樂意這個週末和你一起去博物館。

③ **I would be *delighted*[8] to come!**
我將樂意前往！

④ **Having lunch on Saturday together would be really nice!**
週六一起吃午飯實在是棒極了！

⑤ **Should I bring any presents to the party?**
我要帶禮物去參加派對嗎？

⑥ **It will be great to see you again!**
能再次見到你真是太好了！

⑦ **I am really looking forward to seeing your new house.** 我很想看看你的新房子。

你一定要知道的關鍵單字

1. ***chamber*** n. 房間；貿易團體
2. ***commerce*** n. 商業；貿易
3. ***luncheon*** n. 午宴；正式的午餐
4. ***mayor*** n. 市長
5. ***status*** n. 地位
6. ***opportunity*** n. 機會；時機
7. ***invitation*** n. 邀請
8. ***delighted*** adj. 開心的；高興的

11 | 拒絕邀請

Dear Henry,

My friend, thank you for your letter of May 2.
Your letter says there will be a **get-together**[1] on May 6 in Bluestone Park, and you want to invite me to the party with you. **However**[2], I am **awfully**[3] sorry to tell you that on that day I am going to see an old friend who's **seriously**[4] ill, so I am **afraid**[5] it's **impossible**[6] for me to go with you then.

I believe that you can find **another**[7] partner soon.

Yours faithfully,
Rose

譯文

親愛的亨利：

我的朋友，謝謝你五月二號寫給我的信。
你信上說五月六號在藍石公園有一個聯歡會，你想邀請我和你去一起參加。然而，我感到非常抱歉，那天我要去探望一個重病的朋友，所以我恐怕沒辦法陪你去了。

我相信你一定能很快找到另一個伙伴的。

羅絲 謹上

你一定要知道的文法重點 ⊖ ▢ ✖

重點1 ▶ get-together

get-together 指的是非正式的聚會、聯歡會，偏口語化。party 則是較為正式的「聚會」表達法。請看以下例句：

● **It is a pity that you missed the party.**
（你未能參加聚會，真是遺憾。）

● **We're having a little get-together to celebrate David's promotion.**
（我們為大衛升官開一個小型慶祝會。）

重點2 ▶ I am awfully sorry to tell you that on that day I am going to see an old friend who's seriously ill.

這句話的意思是「我感到非常抱歉，那天我要去探望一個重病的朋友。」看得出這可能是一個委婉拒絕邀請的藉口。但是 awfully「非常地、極度地」則表達了深深的歉意，而且因為「要去探望重病的朋友」而沒辦法接受邀請，似乎在心理上更容易讓對方接受。

🖑 英文 E-mail 高頻率使用例句

① **I really wish I could go with you, but I promised to help my friend move on Sunday.**
我真希望能跟你一起去，但是我已經答應朋友週日去幫他搬家了。

② **If you are free, maybe we could get together sometime next week.**
如果你有時間的話，我們可以改在下週聚聚。

③ **Unfortunately, I have a prior engagement this weekend.**
真可惜，我這週末已經有安排了。

④ **I am sorry to tell you that I have to work *overtime*[8] tomorrow.**
很抱歉，明天我要加班。

⑤ **We will find another time to get together soon though.** 我們另外找個時間聚一聚吧。

⑥ **I would really like to go, but I have some other plans.**
我真的很想去，可是我已經有別的安排了。

⑦ **Unfortunately, I have invited a guest for that day.** 不巧的是那天我也邀請了一位客人。

你一定要知道的關鍵單字

1. ***get-together*** n. 聚會；聯歡會

2. ***however*** adv. 然而

3. ***awfully*** adv. 非常地；極端地

4. ***seriously*** adv. 嚴重地

5. ***afraid*** adj. 擔心的；害怕的

6. ***impossible*** adj. 不可能的

7. ***another*** adj. 另一個的

8. ***overtime*** adv. 加班、超過時間

12 | 邀請出席紀念活動

Dear Mr. Mayor,

Next Saturday marks the 256th **anniversary**[1] of the founding of the British Museum. The **superintendent**[2] of it is planning to **celebrate**[3] the event with a reception at Claridges Hotel on Saturday, January 17 between 5:00 p.m. and 8:00 p.m. We shall be **honored**[4] to have you as our **chief**[5] guest who will **address** the party for about four minutes.

I would appreciate it if you could indicate your availability[6] or **inability**[7] to attend the reception before January 13.

Sincerely yours,
Tom Clarke

📍 ☆ 📎 A 🗑 | ⌄

譯文 ◯◯◯

親愛的市長先生：

下週六是大英博物館建成 256 周年紀念日。博物館負責人擬於一月十七日（星期六）晚上五至八時在克萊里奇飯店舉行慶祝招待會。我們想邀請您作為主賓參加，並希望屆時您能致辭四分鐘左右。

如果您能在一月十三日之前告知我您能否與會，我將不勝感激。

湯姆·克拉克 謹上

你一定要知道的文法重點 ⊖ ▢ ✕

重點1 **address**

address 通常是作名詞「地址」用，但在此語意則指動詞「演講」、「演說」。請對照以下例句：

- **Write your address on the back of the envelope.**
  （在信封的背面寫上你的地址。）

- **He addressed the audience in an eloquent speech.**
  （他向聽眾發表了雄辯滔滔的演說。）

重點2 **I would appreciate it if you could indicate your availability or inability to attend the reception before January 13.**

這句話的意思是「如果您能在一月十三日之前告知我您能否與會，我將不勝感激。」其中 availability 是「獲得的可能性」，inability 是「沒辦法」、「不能」。這句話還可以這樣表達：I would appreciate it if you could agree to attend the reception before January 13. 這個句子看起來就簡潔許多，但如果是非常正式的邀請信，則會選擇一些如 availability 或者 inability 等非常正式的用語。

👆 **英文E-mail 高頻率使用例句**

① **I hope you will give me the pleasure of your company on the event.**
我想邀請您賞光參加我們這次活動。

② **I would be very pleased if you could come.**
如果您能參加，我會非常高興。

③ **We hope you will stay on for the reception following the *ceremony* [8].**
我們希望您能參加儀式後舉行的小型招待會。

④ **Will you do us a favor by joining our party?**
請參加我們的聚會好嗎？

⑤ **You are cordially invited to the luncheon.**
我真誠邀請您參加午宴。

⑥ **I would appreciate it if you could give me your consent.**
如果您能同意，我將感激不盡。

你一定要知道的關鍵單字

1. *anniversary* n. 周年紀念日

2. *superintendent* n.
   （機關、企業等的）主管、負責人

3. *celebrate* v. 慶祝

4. *honor* v. 尊敬；給以榮譽

5. *chief* adj. 主要的

6. *availability* n. 可得性；獲得的可能性

7. *inability* n. 沒辦法；不能

8. *ceremony* n. 典禮；儀式

13 邀請進行合作

Dear Professor Cheng,

I am pleased to learn that you have an opportunity to spend a year away from your **institution**[1] to pursue **research**[2] in **Physics**[3], and I'd like to ask you if I could have the honor to invite you to spend that year working in my research **group**[4] at MIT. I am sure it will be **beneficial**[5] to both of us.
I am very happy to **cover** all expenses, **including**[6] the **costs**[7] of living expenses, travel costs and research costs.

I look forward to working with you.

Truly yours,
Robin Williams

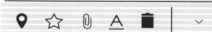

譯文

親愛的程教授：

很高興獲悉您有機會離開貴院一年去做物理學的研究。我想請問您是否願意來麻省理工學院我們的科研組做一年的課題研究？我相信我們雙方都能獲益良多。
我們非常樂於為你支付所有的費用，包括生活費用，旅行費用以及研究所需的費用。

期待與您共事。

羅賓・威廉斯 謹上

你一定要知道的文法重點

重點1 **cover**

cover 當作名詞是指「封面」、「蓋子」、「隱蔽處」、「表面」；當作動詞則為「覆蓋」、「涉及」、「包含」、「走完」。在此語意是指動詞「包含」、「涵蓋」。I am very happy to cover all expenses. 還可以表達為：I am happy to pay all your expenses.「我們將為您支付所有的費用。」

重點2 **including the costs of living expenses, travel costs and research costs**

這句話的意思是「包括生活費用，旅行費用以及研究所需的費用。」including 意思是「包含」、「包括」。要注意的是 including 所包含的東西應該置於其之後，如果置於其之前，那麼應該用 included。所以此句還可以表達成：the costs of living expenses, travel costs and research costs included. 請對照以下例句：

- **They have many pets, including three cats.**（他們有很多寵物，包括三隻貓。）
- **Are service charges included?**（服務費包含在內嗎？）

英文E-mail 高頻率使用例句

① **Would you like to join us in the research?**
您願意和我們一起做研究嗎？

② **I would like to invite you to be a visiting professor.**
我想邀請您做我們的客座教授。

③ **It's my pleasure to work with you.**
與您共事是我的榮幸。

④ **I am pleased to cover all your expenses.**
我很樂意為您支付所有的費用。

⑤ **This cooperation will benefit both of us.**
此次合作將會使我們雙方獲益。

⑥ **I hope that we could do joint research together.**
期望我們能一起合作研究。

⑦ **I believe we will gain more research achievements.**
相信我們能獲得更多的研究成果。

你一定要知道的關鍵單字

1. *institution* **n.** 機構；學院
2. *research* **n.** & **v.** 研究
3. *physics* **n.** 物理學
4. *group* **n.** 團體；組
5. *beneficial* **adj.** 有益的；有利的
6. *including* **prep.** 包括
7. *cost* **n.** 花費；費用

14 反客為主的邀請

Dear Mr. Yang,

With great **pleasure**[1] I have received your letter to invite me to have lunch on Saturday, June 28.
I would be very happy to have the opportunity of **discussing**[2] with you on the **proposed**[3] visit to Tokyo by your **Minister**[4] of **Education**[5]. I would be even happier if you could let me **host**[6] the lunch for you at 12:00 on that day in the **International**[7] Hotel. I am sure you will **give me your consent** since you are in Tokyo and I should be the host.

I am looking forward to the pleasure of meeting you **on Saturday at 12:00 in the lobby of the International Hotel**.

With my best regards,
Hanna Wei

譯文

親愛的楊先生：

非常高興收到您的來信，以及您希望我出席六月二十八日（星期六）午宴的邀請。

我非常高興有此機會與您討論貴國教育部長擬訪問東京事宜，更願意於那天十二點在國際飯店宴請您。既然您來到了東京，我就應盡地主之誼，您一定不會反對吧。

我期待星期六十二點在國際飯店大廳見到您。

獻上最誠摯的祝福，
漢娜・魏

你一定要知道的文法重點 　　　　

重點1 **give me your consent**

片語 give one's consent 意思是「答應」、「同意」，相當於 consent to sth. 或者 agree to do sth.。請對照以下例句：

- **I'd like to know if you will give your consent to his plan?**
  （我想知道你是否同意他的計畫？）
- **Her father reluctantly consented to the marriage.**
  （她父親勉強地答應了這樁婚事。）
- **We agreed to their proposal.**（我們同意了他們的建議。）

重點2 **on Saturday at 12:00 in the lobby of the International Hotel**

意思是「星期六十二點在國際飯店大廳」。事實上，在此之前，書信中就已經提到過午宴的時間是 on Saturday, June 28 以及 at 12:00 on that day，但是書信末尾又提了一遍，這只是為了再次強調宴會的準確時間、地點，也再次提醒對方一次，以免發生誤會。

英文E-mail 高頻率使用例句

① **I am so pleased to *accept* [8] your invitation.**
　我非常高興接受您的邀請。

② **It's my pleasure to have dinner with you.**
　能與您共進晚餐是我的榮幸。

③ **It would be better if you could let me host the lunch for you on April 11.** 如果能讓我盡地主之誼在四月十一日請您吃午餐就更好了。

④ **I look forward to meeting you as soon as possible.** 期待盡快與您會面。

⑤ **There will be an informal reception in the parlor after the meeting.**
　會議後在接待室將舉行便宴。

⑥ **We have sent you the invitation card.**
　我們已經將邀請函寄給您了。

⑦ **It's my honor to have the opportunity to discuss the matter with you.**
　能有機會與您討論此事是我的榮幸。

你一定要知道的關鍵單字

1. *pleasure* **n.** 高興；樂事
2. *discuss* **v.** 討論
3. *propose* **v.** 提議
4. *minister* **n.** 部長；大臣
5. *education* **n.** 教育
6. *host* **n.** 主人
7. *international* **adj.** 國際的
8. *accept* **v.** 接受

15 取消邀請

Dear Mrs. Alston,

I am very sorry to tell you that I have to **cancel** the dinner this **weekend**[1]. I just heard that my mother is seriously ill. My **husband**[2] and I must go see her at once and **we are leaving early**[3] **tomorrow morning.** Therefore, we have to **recall**[4] our dinner invitation this Saturday, the fourth of April. However, we will **plan**[5] on a party later on, and you will be cordially invited then.

I am sure that you and Mr. Alston will **understand**[6] our anxiety, and will **forgive**[7] this last minute **change**[8].

Sincerely yours,
Linda Peal

譯文

親愛艾爾斯頓夫人：

非常抱歉地通知您，這個週末的晚宴我們不得不取消了。

我剛剛接到我母親病重的消息，我和我丈夫必須立刻回去探病，我們明天一大早就要出發。

所以我們不得不取消本週六，也就是四月四日的晚宴邀請。不過我們打算之後再舉辦一個聚會，到時我們一定會誠摯地邀請您。

我相信您和艾爾斯頓先生一定能理解我們焦急的心情，也一定會原諒我們不得不最後改變計畫。

琳達‧皮爾 謹上

你一定要知道的文法重點

重點1 **cancel**

表達「取消」可以說 cancel / recall / call off 等，請看以下例句：

- **That is why we decide to cancel the discussion.**
  （這就是我們決定取消討論的原因。）
- **We have to recall the reception for the coming hurricane.**
  （我們不得不因即將到來的颶風取消招待會了。）
- **He phoned me and called the appointment off.**
  （他打電話給我並取消這次的預約。）

重點2 **We are leaving early tomorrow morning.**

這句話的意思是「我們明天一大早就要離開」。這個句型其實是用現在進行式表示未來。

所以這個句子相當於 We are going to leave early tomorrow morning. 可用現在進行式表示未來的詞有：arrive, come, go, get, have, leave 等等，請看以下例句：

- **We are arriving punctually at four o'clock.**（我們將於四點鐘準時到達。）
- **Don't rush me.** I am coming right now!（別催了，我馬上就來了！）

英文E-mail 高頻率使用例句

① **I am sorry to have to recall the party.**
很抱歉，我不得不取消這次的聚會。

② **I feel terribly sorry to tell you that the dinner has been cancelled.**
非常抱歉地告訴您晚宴已經取消了。

③ **My sister had a car *accident*[9] and I have to look after her in the hospital.**
我妹妹出了車禍，我得在醫院照顧她。

④ **You are cordially invited to our party on next Saturday.**
我們誠摯地邀請您參加下週六的聚會。

⑤ **We are leaving tomorrow because of my father's sudden illness.**
由於我父親突患疾病，我們明天就要離開。

⑥ **I express my great regret for this change.**
對於此次變動我感到非常抱歉。

你一定要知道的關鍵單字
1. *weekend* **n.** 週末
2. *husband* **n.** 丈夫
3. *early* **adv.** 早
4. *recall* **v.** 回憶；召回；取消
5. *plan* **v.** 計畫
6. *understand* **v.** 理解
7. *forgive* **v.** 原諒
8. *change* **n.** & **v.** 變化；改變
9. *accident* **n.** 意外；事故

Notice

10. 節假日通知

- 06-10 節假日通知.doc

11. 裁員通知

- 06-11 裁員通知.doc

12. 人事變動通知

- 06-12 人事變動通知.doc

13. 公司破產通知

- 06-13 公司破產通知.doc

14. 公司停業通知

- 06-14 公司停業通知.doc

15. 商品出貨通知

- 06-15 商品出貨通知.doc

16. 樣品寄送通知

- 06-16 樣品寄送通知.doc

17. 訂購商品通知

- 06-17 訂購商品通知.doc

18. 確認商品訂購通知

- 06-18 確認商品訂購通知.doc

19. 商品缺貨通知

- 06-19 商品缺貨通知.doc

20. 付款確認通知

- 06-20 付款確認通知.doc

21. 入帳金額不足通知

- 06-21 入帳金額不足通知.doc

01 | 搬遷通知

Dear **Customers**[1],

We are pleased to **announce**[2] that our Marketing Department will **move**[3] to Seaside **Mansion**[4], Room 1704 at 36 Leo **Street**[5] from July 8. Our cable address **remains**[6] **unchanged**[7] and mail should continue to be addressed to the Post Office Box NO.31.
Each staff member of our company takes this opportunity to **solicit** your continued support and attention.

Yours faithfully,

Tony Tsou
Marketing Manager

譯文

親愛的顧客：

我們很高興地宣佈，本公司行銷部自 7 月 8 日起將遷往里歐街 36 號的海濱大廈1704 室。我們的電報掛號保持不變，郵件地址仍為 31 號郵政信箱。

本公司全體人員藉此機會懇請各位繼續給予支持與關注。

東尼‧鄒 謹上
行銷部經理

你一定要知道的文法重點　　　　　⊖ ▢ ✕

重點1 ► We are pleased to announce that...

We are pleased to announce that... 意思是「我們很高興地宣佈⋯⋯」。此句型一般作為宣佈事情時的開場白使用。宣佈事情還可以說 We are happy to announce that... / We are glad to declare that... / We are delighted to make the announcement that...等。請看以下例句：

● **We are pleased to announce that we have since this day started a business as a printer.**（我們自即日起將經營印刷業務，特此通知。）

重點2 ► solicit

這個字日常英語中很少用到，在此語意是指「懇求」、「請求」。但是請注意，solicit還有「拉客」、「誘惑」的意思，此時它就是貶義詞，在一般場合下要謹慎使用！solicit 作「懇求」、「請求」時，相當於 ask for / beg 等，請看以下例句：

● **May I solicit your advice on a matter of some importance?**
（我有一件要事可以請教你嗎？）

● **We ask for the cooperation of all concerned.**
（我們請求一切有關方面給予合作。）

● **I beg of you to keep the matter secret.**（我請求你對此事保密。）

👆 英文E-mail 高頻率使用例句

① **We are going to move.**
我們要搬家了。

② **Please remember our new address.**
請記下我們的新地址。

③ **My E-mail address _stays_ [8] the same.**
我的電子郵件信箱位址沒變。

④ **My telephone number will not be changed.**
電話號碼並無變動。

⑤ **Please keep in touch.**
我們互相保持聯絡。

⑥ **Thank you for your continued support and kind help.**
感謝您繼續予以支持和友好幫助。

你一定要知道的關鍵單字

1. _customer_ n. 顧客；客戶

2. _announce_ v. 宣佈；通告

3. _move_ v. 移動；搬遷

4. _mansion_ n. 大廈

5. _street_ n. 街道

6. _remain_ v. 保持

7. _unchanged_ adj. 無變化的；未改變的

8. _stay_ v. 繼續；保持

02 | 電話號碼變更通知

Dear Mr. Kidney,

I am ***ready*** [1] to tell you about my **latest** change.
My ***office*** [2] phone ***number*** [3] has changed from 02-2555-3412 to 02-2555-7623. You could also ***fax*** [4] me at this ***new*** [5] number.
Please contact with me at my new number **from now on**.

I look forward to ***talking*** [6] with you as soon as you can.

Yours faithfully,
Lincoln Burrows

📍 ☆ 📎 A 🗑 | ⌄

譯文 — □ ✕

親愛的基尼先生：

寫這封信是想告訴您關於我的一些新變化。
我的辦公室電話從 02-2555-3412 改為 02-2555-7623
了。這個號碼也可以直接接受傳真。
從現在開始，您可以用這個新號碼聯繫我。

我很期待能夠盡快與您對話溝通。

林肯・布洛斯 謹上

你一定要知道的文法重點

重點1 **latest**

latest 在此語意是指「最近的」、「最新的」。另外要注意的是 latest 是形容詞 late 的最高級，表示「最後的」、「最遲的」。因此，一定要根據上下文來判斷它的意思。請對照以下例句：

- **We enclose a copy of our latest price list.** （隨函寄出我方最新價格表一份。）
- **Who got up latest this morning?** （今天早上誰最晚起床？）

重點2 **from now on**

表示「從……開始」可以使用片語 from...on 來表示。如果是「從現在開始」就是 from now on；「從明天開始」就是 from tomorrow on；「從那時開始」就是 from then on。尤其對於此類變更通知，一般都會提到從何時開始的時間點，因此很常使用到這個片語。請看以下例句：

- **We must study hard from now on.** （我們必須從現在起努力學習。）
- **Her music career began from then on.** （她的音樂事業從那時展開了。）

英文E-mail 高頻率使用例句

① **I am going to change my phone number.** 我要換電話號碼了。

② **Please save⁷ my new cell phone number.** 請保存我的新手機號。

③ **You can fax me at this new number.**
你可以傳真到這個號碼給我。

④ **I am looking forward to talking with you later.** 我期待稍後與您談話。

⑤ **This is my new number and e-mail address.**
這是我的新號碼和電子郵件地址。

⑥ **My e-mail address stays unchanged.**
我的電子郵件信箱位址沒變。

⑦ **I am very glad to tell you my new contact method⁸.**
我非常開心地告訴您我新的聯繫方式。

⑧ **My new office phone number will be available from tomorrow on.**
我新的辦公室電話號碼明天開始啟用。

你一定要知道的關鍵單字

1. *ready* **adj.** 準備好的
2. *office* **n.** 辦公室
3. *number* **n.** 號碼
4. *fax* **v.** 發傳真
5. *new* **adj.** 新的
6. *talk* **v.** 談話；會談
7. *save* **v.** 保存
8. *method* **n.** 方式

03 | 職位變更通知

Dear Mr. Cole,

I would like to **introduce** [1] you Ms. Sarah Brown. **She is replacing** [2] me
as the **superintendent** [3] for the **Import** [4] Department **as of** April 10.
I am greatly **grateful** [5] for all your support during my **tenure** [6]. I hope
that you will **extend** [7] to Ms. Sarah Brown the same **kindness** [8] and
assistance you have ever shown me in the past years.

Thank you again for your long-standing support.

Yours faithfully,
Mark Smith

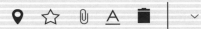

譯文

親愛的科爾先生：

我想把莎拉‧布朗女士介紹給您認識。她將於 4 月 10 日開始接任我在進口部主管
一職。

我要對於您在我任職期間的支持表示由衷地感謝。我希望您以後也能像
過去支持我一樣給予莎拉‧布朗女士同樣的照顧與協助。

再次感謝您長久以來的支持。

馬克‧史密斯 謹上

你一定要知道的文法重點

重點1 ► She is replacing me.

She is replacing me. 的意思是「她將接替我的職位」，而不是「她正在接替我的職位」，這是用現在進行式表示未來的用法。同樣的表達還可以說成 She is succeeding me. 或 She is substituting for me。要注意的是 substitute 一般表示的是因住院或休產假等一段時間職務暫時的變更。類似的表達還有：

● **She will substitute for me during this time.**（這段時間她將代替我的職位。）
● **She will fill in for me while I am away.**（我不在的時候將由她來代理我的職務。）

重點2 ► as of

as of 這個片語的意思是「從……時起」、「到……時候為止」。與它同義的片語還有 as from，不過 as from 一般是作為較正式的公文用語使用。請看以下例句：

● **He was to be Acting Dean as of July.**（自 7 月起，他將擔任代理院長。）
● **Article.59 shall become effective as from the date of promulgation.**
（條例第五十九條自公佈之日起施行。）

英文E-mail 高頻率使用例句

① **I would like to introduce Miss Chen to you.** 容我向您介紹一下陳小姐。
② **He is replacing my *current* [9] position.** 他將接替我現任的職位。
③ **She will substitute for me while I am away.** 我不在的時候將由她來接替我。
④ **I will be substituting for her while she is in hospital.**
在她住院期間將由我來代理她的工作。
⑤ **Please give her the same care and support.** 請給予她同樣的支持和關照。
⑥ **Thank you for your support and help during my tenure.**
感謝您在我任職期間的支持和幫助。
⑦ **I am very pleased to introduce Mr. Lee to you.**
我非常樂意把李先生介紹給您。
⑧ **Miss. Nightingale will fill in for me during the time.**
這段時間將由南丁格爾小姐來代理我的工作。

你一定要知道的關鍵單字

1. ***introduce*** **v.** 介紹
2. ***replace*** **v.** 接替；取代
3. ***superintendent*** **n.** 主管；負責人
4. ***import*** **n.** & **v.** 進口
5. ***grateful*** **adj.** 感激的；感謝的
6. ***tenure*** **n.** 任期
7. ***extend*** **v.** 延伸；給予
8. ***kindness*** **n.** 仁慈；好意
9. ***current*** **adj.** 目前的

04 | 暫停營業通知

Dear Mr. Wills,

I am writing to inform you that our **store**[1] will be **closed**[2] **temporarily**[3] from August 8 to 15, **due to renovations**[4] **to the interior**[5] of the **building**.
We are planning to **reopen**[6] on August 16, and we will be sure to inform you if there are any changes then.

We are **deeply**[7] sorry if it may **cause**[8] you any inconvenience.

Best wishes,
Ted Young

譯文

親愛的威爾斯先生：

我寫信是要告訴您，由於我們店內即將重新裝潢翻新，因此我們將於 8 月 8 日至 15 日暫停營業。

我們打算在 8 月 16 日重新開業。如果到時候有任何變動，我們一定會通知您。

對於此次暫停營業可能給您造成的不便，我們深表歉意。

致上最美好的祝福，

泰德‧楊

你一定要知道的文法重點 ⊖ ☐ ✕

重點1 due to renovations to the interior of the building

這句話的意思是「由於店內即將進行裝潢翻新」。renovation是「翻新」、「整修」的意思；interior 是指「內部的」。內部裝潢、重新翻修是商店暫停營業比較普遍的原因，所以請注意此表達方法。在這裡還要注意以下幾個表達方法：「店面維護」為 for maintenance；「因盤點而停業」為 for inventory；如果因為「員工旅行」而停業，則一般用 on holiday。例如：The store will be on holiday from October 1 to 7.（本店將於 10 月 1 日至 7 日暫停營業。）

重點2 We are deeply sorry if it may cause you any inconvenience.

這句話的意思是「對於此次暫停營業可能給您造成的不便，我們深表歉意」。此句中的 it 指的是商店將 temporary closure「暫停營業」這一事實。副詞 deeply 意為「深深地」，表達「非常」抱歉的意思。注意這裡的「深」是表示抱歉程度之「深」，而不是物理意義之深淺。

● **921 earthquake shook the heart of the Taiwanese deeply.**
（921大地震深深震撼了台灣人民的心。）

🖐 **英文E-mail 高頻率使用例句**

① **Our shop will be closed from May 1 to 8.**
本店將於在 5 月 1 日至 8 日暫停營業。

② **We have to close temporarily due to *reconditioning*[9] the machines.**
由於要修理機器，我們不得不暫停營業。

③ **We are going to reopen on January 1.**
我們將於 1 月 1 日重新開業。

④ **We are sorry for any inconvenience this may cause.** 如果給您造成不便，我們深感歉意。

⑤ **I am going to give you notice of our temporary closure.**
我要通知您我們即將暫停營業。

⑥ **Thank you very much for your understanding and cooperation.**
非常感謝您的理解和合作。

你一定要知道的關鍵單字

1. *store* **n.** 商店
2. *close* **v.** 關閉
3. *temporarily* **adv.** 暫時地
4. *renovation* **n.** 革新；翻新；整修
5. *interior* **adj.** 內部的；在內的
6. *reopen* **v.** 重開；再開
7. *deeply* **adv.** 深深地
8. *cause* **v.** 造成；引起
9. *recondition* **v.** 修理；重建

05 開業通知

Dear Sir or Madam,

We are pleased to inform you that **on account of *rapid*[1] *increase*[2]** in the ***volume***[3] of our trade, we ***decide***[4] to open another sales office for our products here in New York on August 28. We ***employ***[5] a staff of ***consultants***[6] and a well-trained service group, which makes ***routine***[7] checks on all ***equipment***[8] purchased from us.
We would be delighted if you would take full advantage of our services and favorable shopping environment. We fully *guarantee*[9] the quality of our products.

Yours faithfully,
Jim Green

○ ☆ ◎ △ ▮ | ⌄

譯文

親愛的敬啟者：

我們很高興地通知各位，由於交易量快速增加，我們決定將於 8 月 28 日在紐約開設另一家產品銷售辦事處。我們有一群諮詢顧問和一支受過良好訓練的服務團隊，可以為從我處購買的設備進行日常檢查。
如果您能充分利用我們的服務和良好的購物環境，我們將不勝感激。我們全面保證本公司產品的品質。

吉姆‧格林 謹上

你一定要知道的文法重點　⊖ ▢ ✕

重點1 **on account of**

on account of 是表達原因的片語，意思是「為了……的緣故」、「因為」、「由於」。表達原因的片語還有 owing to。請看以下例句：

- **The price dropped greatly on account of large offerings from other sources.**（由於來自其他同業的大量供貨，價格嚴重下跌。）
- **Owing to their intransigent attitude, we were unable to reach an agreement.**（由於他們態度頑強，我們無法達成協定。）

重點2 **We would be delighted if you would take full advantage of our services and favorable shopping environment.**

這句話的意思是「如果您能充分利用我們的服務和良好的購物環境，我們將不勝感激。」新店面開張免不了邀請老顧客前來參加開張典禮，在中文世界，開業通知的用詞十分講究，既要表現誠懇，又要表達清晰。英文開業通知也不例外。隨著對外貿易的不斷擴大，英文邀請通知也被廣泛地使用，其用詞習慣和語法表達也十分考究。

✌ 英文E-mail 高頻率使用例句

① It is our **intention** [10] to confine ourselves to the wholesale business of silk goods.
本公司專門經營各種絲製品的批發業務。

② We are informing you that we have established ourselves as the general agency.
我們已開設總代理店，特此告知。

③ I have the honor to inform you that I have just established myself in this town as a commission merchant for Japanese goods.
我非常榮幸地通知您，我已在本鎮開了一家日本貨批發代銷店。

④ The business will be carried on from this day under the firm of W&G.
該項業務從即日起以W&G公司名義繼續經營。

你一定要知道的關鍵單字

1. **rapid** adj. 快速的
2. **increase** n. 增長；增加
3. **volume** n. 體積；總量
4. **decide** v. 決定
5. **employ** v. 雇用
6. **consultant** n. 顧問
7. **routine** adj. 常規的；例行的
8. **equipment** n. 設備
9. **guarantee** v. 保證
10. **intention** n. 目的；意向

06 營業時間變更通知

Dear **Clients** [1],

We are pleased to make an announcement **hereby** [2].
Effective November 3, our new **operating** [3] hours will be from 9:00 a.m. to 9:00 p.m., Monday to Friday.
We sincerely hope that this change of office hours will **allow** [4] us to **provide** [5] the **fullest** [6] and most **considerate** [7] service for you.

Yours faithfully,
Collins Book Company

譯文

親愛的各位客戶：

我們在此很高興地宣佈：
自 11 月 3 日起，本公司的營業時間將變更為每週一到週五的上午 9 點至晚上 9 點。
我們誠摯地希望此次營業時間的變更能給各位提供最全面而周到的服務。

科林圖書公司 謹上

你一定要知道的文法重點 　　　　　 ⊖ ▢ ✕

重點1 **effective**

effective 意思是「有影響的」、「有效的」，在此語意則是指「有效的」、「從⋯⋯起開始生效」，一般在告示或通知等英文書信中常會見到。「從⋯⋯起開始生效」還可以說成 become effective，一般在法律法規中經常使用。請看以下例句：
- **When does the new system become effective?**（新制度何時生效？）
- **These Regulations hereof became effective as of January 1, 2008.**
（本條例自二〇〇八年一月一日起施行。）

重點2 **We sincerely hope that this change of office hours will allow us to provide the fullest and most considerate service for you.**

這句話的意思是「我們誠摯地希望此次營業時間的變更能給各位提供最全面而周到的服務。」句子看上去非常禮貌客氣，這正體現了英文書信寫作原則中的 Consideration「體貼」原則，即，在英文書信寫作過程中，寫信者應設身處地地想到對方，採取所謂的 You-Attitude「替對方著想的態度」。此句中的 allow us「允許我們」正是 You-Attitude 的體現。

👆 英文E-mail 高頻率使用例句

① **We are very happy to inform you of the change of our office hours.**
非常高興通知您有關於我們營業時間的變更。

② **Please note our new business hours.**
請注意我們新的營業時間。

③ **Our new operating hours are _effective_[8] April 4.**
我們新的營業時間自 4 月 4 日起生效。

④ **Our business hours are 9:30 to 20:30.**
我們的營業時間是早上九點半到晚上八點半。

⑤ **Please phone me during business hours.**
請在營業時間打電話給我。

⑥ **What are the operating hours for your buffet?**
請告知你們自助餐廳的營業時間。

你一定要知道的關鍵單字

1. _client_ n. 顧客；客戶
2. _hereby_ adv. 在此；特此
3. _operate_ v. 運轉；經營
4. _allow_ v. 允許
5. _provide_ v. 提供；供給
6. _full_ adj. 全面的
7. _considerate_ adj. 體貼的；周到的
8. _effective_ adj. 有影響的；有效的

07 | 繳費通知

Dear Resident,

This is to ***notify*** [1] you that you have to pay NT$74 water **rate** in July. This month you have **made use of** 20 ton water, and each ton costs NT$3.70, which reaches the ***total*** [2] amount of NT$74.
In order to ***facilitate*** [3] water payment, reduce the ***troubles*** [4] of paying bills and improve the ***efficiency*** [5], I sincerely ***recommend*** [6] users to pay water ***charges*** [7] through bank transfer.

Thank you for your understanding and support!

Sincerely yours,
Water Corporation

譯文

親愛的居民：

通知您繳納七月份水費 74 元。
本月您共使用 20 噸水，每噸單價 3.70 元，總計金額為 74 元。
為了水費繳款便利，減少繳費麻煩，並提高效率，我們誠摯
建議用戶透過銀行轉帳繳納水費。

感謝您的理解和支持！

自來水公司 謹上

你一定要知道的文法重點

重點1 rate

rate 有「比率」、「等級」、「價格」、「費用」的意思，在此語意是指「費用」。表達「費用」的字包括 charge / fee / expense / cost / fare / tip / fare 等。要注意的是，charge 通常指收取的費用，如 stand charge「攤位費」；fee 通常指一些機構收取的費用，如 tuition fee「學費」、「會費」；expense 和 cost 則指一般的花費；tip 特指小費；fare 一般指交通費用。

重點2 made use of

片語 made use of 是「利用」、「使用」的意思。表達「利用」、「使用」還可以用 use / utilize等字。請看以下例句：

- **She made the best use of her opportunities.**（她充分利用了一切機會。）
- **May I use your knife for a while?**（我可以借用一下你的刀子嗎？）
- **Scientists are trying to find more efficient way of utilizing solar energy.**
（科學家正在尋找更有效地利用太陽能的方法。）

英文E-mail 高頻率使用例句

① **This is to notify you to pay your utility bill.** 通知您繳納水電費。

② **You used 18 tons of water in total this month.**
本月您一共使用了 18 噸的水。

③ **You have to pay NT$92.5 water *rate*** [8].
您需繳納水費 92. 5元。

④ **Please take the *initiative*** [9] **to pay the utility bill.** 請主動繳納水電費。

⑤ **Please actively cover all payment.**
請主動繳納所有費用。

⑥ **Thank you for your understanding and support.** 感謝您的理解和支持。

⑦ **You could pay the fee through bank transfer for convenience.**
為了方便，您可以透過銀行轉帳繳費。

⑧ **We sincerely recommend you to pay the charges through bank transfer.**
我們誠摯建議您透過銀行轉帳繳費。

你一定要知道的關鍵單字

1. *notify* **v.** 通知
2. *total* **adj.** 總共的
3. *facilitate* **v.** 使便利
4. *trouble* **n.** 麻煩；困難
5. *efficiency* **n.** 效率
6. *recommend* **v.** 推薦；建議
7. *charge* **n.** 費用
8. *rate* **n.** 比率；等級；價格
9. *initiative* **n.** 主動的行動

08 盤點通知

Dear customers and suppliers,

Thank you very much for your kind support and cooperation!
Please be informed that our **annual**[1] **stocktaking**[2] will be held from
December 28 to 31. During the period, all of our delivering and receiving
operations will be stopped. Therefore, we would not arrange any goods
delivery[3] to all of your **warehouses**[4] **except**[5] special requests by your
Purchasing Department before December 22. We will **resume** the
normal delivering and receiving **operations**[6] from January 2.

We also **apologize**[7] for any inconvenience caused.

Yours faithfully,
Oriental Logistics Co.

譯文

親愛的客戶及供應商：

非常感謝各位對我們的關照！

謹此通知本公司將於 12 月 28 日至 12 月 31 日進行盤點，此段期間將會暫停所有收送貨業務，以便盤點工作可以順利進行。若有特殊情況，請貴採購部預先於 12 月 22 日前告知，本公司會另行安排。此外，本公司將會在 1 月 2 日恢復營運。

不便之處敬請見諒。

東方物流公司 謹上

你一定要知道的文法重點

重點1 annual stocktaking

annual stocktaking 意思是「年度盤點」，也可以說 annual inventory。 annual 意為「每年的」、「年度的」；stocktaking 意為「存貨盤點」。所謂盤點，是指定期或臨時對庫存商品的實際數量進行清查、清點的作業，以便掌握貨物的流動情況，對倉庫現有物品的實際數量與保管賬上記錄的數量相核對，以便準確地掌握庫存數量。英文表達「盤點」還可說：make an inventory of / check / draw up an inventory / take stock 等。

重點2 resume

resume 這個單字有名詞和動詞兩種詞性，意思分別為「簡歷」、「履歷」及「再繼續」、「重新開始」。在此語意作動詞使用。請對照以下例句：

- **Please send a detailed resume to our company.**
  （請將詳細的履歷寄至本公司。）
- **The failure of the strike enabled the company to resume normal bus services.**（罷工的失敗使公司恢復了正常的公車營運。）

英文E-mail 高頻率使用例句

① **We are going to make an *inventory*[8] from December 25 to 30.**
我們將於 12 月 25 日至 30 日進行盤點。

② **The warehouse is closed for the annual stocktaking.**
倉庫關門進行年度存貨盤點。

③ **Our food store takes stock every week.**
我們這家食品店每週盤點存貨。

④ **Stocktaking today, business as usual tomorrow.**
今日盤點，明日照常營業。

⑤ **I want an inventory of all items in the warehouse.**
我想要一張倉庫所有貨品的清單。

⑥ **We make an inventory of all accessories every month.**
我們對各類配件進行每月盤點。

你一定要知道的關鍵單字

1. *annual* adj. 每年的；年度的
2. *stocktaking* n. 存貨盤點
3. *delivery* n. 遞送；交付
4. *warehouse* n. 倉庫
5. *except* prep. 除了……之外
6. *operation* n. 運轉；經營
7. *apologize* v. 道歉
8. *inventory* v. 存貨清單

09 求職錄用通知

Dear Miss Mika,

In view of your ***interview***[1] on November 23, it is a great pleasure to inform you that you have been approved by the ***Board***[2] of Directors, and the Personnel Department has decided to **appoint** you as the ***secretary***[3] to ***General***[4] Manager, commencing from December 1. We will send you a ***Notification***[5] of an Offer later on. In addition, we will arrange a time to sign the ***employment***[6] contract with you. If you have any questions, please do not ***hesitate***[7] to contact me.

We are looking forward to having you here with us!

Yours sincerely,
Novelty Co. Ltd.

譯文

親愛的米卡小姐：

鑒於您在 11 月 23 日的面試結果，我非常高興地通知您，您已經通過了董事會的批准，人事部已經決定自 12 月 1 日起，任用您作為總經理秘書。
稍後我們會寄給您錄用通知書。另外我們還會另外安排時間與您簽訂雇用合約。如果您還有任何問題，請與我聯繫。

期待您的加入！

新意有限公司 謹上

你一定要知道的文法重點　⊖ ⊡ ⊗

重點1 In view of

片語 in view of 的意思是「鑒於」、「考慮到」，正式書信中常以此片語來破題。表達相同意思的片語還有 in consideration of；in the light of 等。請看以下例句：

- **In view of the facts, it seems useless to continue.**
  （鑒於這些事實，繼續下去似乎是無益的。）
- **In consideration of our friendship, I forgave him.**
  （考慮到我們的友誼，我原諒了他。）
- **In the light of these changes, we must revise our plan.**
  （鑒於這些變化，我們必須修正我們的計畫。）

重點2 appoint

appoint 的意思是「任命」、「委派」、「指定」。職場上表達「任命」、「任免」的詞還包括 designate, nominate 等。請看以下例句：

- **He was appointed as the sales manager.**（他被任命為業務經理。）
- **The chairman has designated her as his successor.**
  （主席已指定她作為他的繼任者。）
- **The board nominated him as the new director.**（董事會指定他為新董事。）

英文E-mail 高頻率使用例句

① **I am pleased to inform you that you are recruited.**
非常高興通知您被錄用了。

② **It's my pleasure to tell you the you have passed the interview.**
非常榮幸通知您通過面試了。

③ **The Personnel Department has decided to *appoint* [8] you as sales assistant.**
人事部已經決定任用你為業務助理。

④ **We are ready to sign the contract with you.** 我們正準備與您簽合約。

⑤ **We will arrange a time to sign the contract of labor with you.**
我們將安排時間與您簽訂勞動合約。

⑥ **Welcome to *join* [9] our team !**
歡迎加入我們的團隊！

你一定要知道的關鍵單字

1. *interview* **n.** 面試；面談
2. *board* **n.** 木板；董事會
3. *secretary* **n.** 秘書
4. *general* **adj.** 總的；一般的；普通的
5. *notification* **n.** 通知；告示
6. *employment* **n.** 工作；雇用
7. *hesitate* **v.** 猶豫；遲疑
8. *appoint* **v.** 任命；指定
9. *join* **v.** 加入

10 | 節假日通知

Dear all,

I am very pleased to announce the good **news**[1]!

To express our **appreciation**[2] for your hard work this year and **enable**[3] everyone to **spend**[4] the holidays with friends and family, we have decided to close the office from December 25 to January 2, **inclusive**. All **personnel**[5] will be given **paid leave**[6] during this period.

Wishing all of you a happy and **healthy**[7] holiday season!

Sincerely yours,
Administrative Department

譯文

親愛的同仁們：

我在此非常開心地宣佈一個好消息！

為了對各位一年來的辛勤工作表示感謝，同時也為了能讓各位和家人和朋友一起盡情享受假期，我們已經決定從 12 月 25 日至隔年 1 月 2 日放假（包括首尾兩日）。這段時間裡，所有員工都將享受帶薪休假。

祝福大家都有個愉快健康的假期！

行政部 謹上

你一定要知道的文法重點 ⊖ ▢ ✕

重點1 **inclusive**

形容詞 inclusive 意思是「包含的」、「在內的」，表達此意思的片語還包括 inclusive of。

● **A calendar year is from January 1 to December 31 inclusive.**（日曆的一年由 1 月 1 日至 12 月 31 日，計入首尾兩日。）

● **The monthly rent is US$200 inclusive of all utility fees.**（月房租總共兩百美元，包括一切費用在內。）

重點2 **paid leave**

paid leave 意思是「照付工資的假期」、「帶薪假」，或者 paid holiday。表達假期的字眼還包括 maternity leave with full pay / paid maternity leave「帶薪產假」；private affair leave「事假」；unpaid leave「無薪假」；sick leave「病假」；maternity leave「產假」；paternity leave「陪產假」等。

🖐 英文E-mail 高頻率使用例句

① **We are happy to announce that all staff will be given two additional vacation days.** 我們非常高興地向大家宣佈，全體員工均將享受到多加的兩天假期。

② **The total number of vacation days will still be determined by each employee's length of service.** 休假總天數仍將按照每位員工的工作年資而定。

③ **The vacation is to express our appreciation for your hard work.**
此次休假是為了對各位辛勤的工作表達感激。

④ **All employees will be given paid leave during the vacation.**
所有員工都能夠享受帶薪假期。

⑤ **Please enjoy your holiday seasons[8].**
請盡情享受年終假期。

⑥ **The base number of vacation days will be increased from 7 to 10 days.**
員工的基本假期將從 7 天增加至 10 天。

⑦ **We wish you all a wonderful holiday season.**
祝福大家都有個美好的年終假期。

你一定要知道的關鍵單字

1. **news** n. 新聞；消息

2. **appreciation** n. 感謝；感激

3. **enable** v. 使能夠

4. **spend** v. 度過

5. **personnel** n. 人員；職員

6. **leave** n. 放假；休假

7. **healthy** adj. 健康的

8. **season** adj. 季節

11 | 裁員通知

Dear Ben,

We had been hoping that during this difficult ***period*** [1] of ***reorganization*** [2] we could keep all of our ***employees*** [3] with the company. Unfortunately, this is not the ***case*** [4].
It is with regret, therefore, that we have to inform you that we will be ***unable*** [5] **to** ***utilize*** [6] **your services anymore.** We have been pleased with the ***qualities*** [7] you have ***exhibited*** [8] during your tenure of employment, and will be sorry to lose you.

We wish you a promising future!

Yours truly,
ABC Co.

譯文

親愛的班：

我們一直希望能夠在此次重組的困難時期保留公司的全體雇員，不幸的是這個願望無法實現。

因此，公司不得不遺憾地通知您，我們無法再繼續雇用您。公司一直很滿意你在受聘期間所展現的素質，並為失去您這樣的雇員感到遺憾。

祝福您前程似錦！

ABC 公司 謹上

你一定要知道的文法重點 ⊖ ☐ ✕

重點1 **We had been hoping that...**

We had been hoping that...的意思是「我們一直希望……」。had been v-ing 是過去
完成進行式，表示從過去的某一個時間點開始做某事，一直持續到過去的某個時間點。請看
以下例句：

• **Everybody knew what he had been doing all those years.**
（大家都知道那些年他在做什麼。）

• **The child had been missing for a week.**
（那個孩子已經下落不明一個禮拜了。）

重點2 **It is with regret, therefore, that we have to inform you that we will be unable to utilize your services anymore.**

這句話的意思是「因此，公司不得不遺憾地通知您，我們無法再繼續雇用您。」可以看出
這句話表達得非常委婉，完全沒有生硬突兀之感。「with regret」、「have to」、
「unable」都婉轉地表達了辭退員工出於無奈。這句話如果這樣說：We must inform
you that you are fired. 則會顯得太過直接、不近人情。所以一定要顧及到對方的感受，
在措辭上力求婉轉客氣。

👆 **英文E-mail 高頻率使用例句**

① **I am afraid that I have to tell you a bad news.**
我恐怕得告訴你一個壞消息。

② **We regret to inform you that your employment with the *firm*[9] shall be terminated.** 我們很遺憾地通知您，公司將解除對您的雇用。

③ **I regret having to tell you that your service will have to be terminated.**
我很遺憾地告訴您，我們不得不解除您的職務。

④ **We are really sorry to see you leave actually.** 事實上，我們真的不願看到你離開

⑤ **Please arrange for the return of company property in your possession.**
請安排歸還您所使用的公司物品。

⑥ **Again, we regret that this action is necessary.** 我們再一次對此表示遺憾。

你一定要知道的關鍵單字

1. *period* **n.** 期間
2. *reorganization* **n.** 重組
3. *employee* **n.** 員工
4. *case* **n.** 情形；情況；案例
5. *unable* **adj.** 不能的；不會的
6. *utilize* **v.** 利用；應用
7. *quality* **n.** 品質；才能
8. *exhibit* **v.** 展現；顯示
9. *firm* **n.** 公司

12 | 人事變動通知

Dear Colleagues,

We are very pleased to announce, **effective the same day**, the **appointment**[1] of Julia Turner as **Chief**[2] Information **Officer**[3] of IDEA Company. Ms. Turner **possesses** 12 years of **experience**[4] in the information **technology**[5] sector. Her **extensive**[6] knowledge and experience will be an **invaluable**[7] **asset**[8] to our company.

Please join us in welcoming Ms. Turner to IDEA!

Sincerely yours,
Adam Smith

譯文

親愛的同仁們：

我們非常高興地宣佈，概念公司的資訊長一職將由茱莉亞・透納女士擔任，即日生效。透納女士在資訊技術方面擁有長達 12 年的相關工作經驗。她豐富的知識和閱歷將會為本公司帶來不可估量的價值。

請大家一起歡迎透納女士加入本公司！

亞當・史密斯 謹上

✉ 你一定要知道的文法重點

重點1 effective the same day

effective the same day 意思是「當日生效」。effective 意為「有效的」、「生效」的；the same day 意為「當日」。表達「當日」還可以使用 that very day；表達「立即生效」、「即日生效」則為 effective immediately。請看以下例句：

- **Visa-free status for the four countries is effective immediately.**
（這四個國家的免簽證規定即日起生效。）

重點2 possess

possess 意思是「擁有」、「具有」、「佔據」，相當於 have，但是 have 是比較一般的詞，possess 則相對正式。請對照以下例句：

- **Do you have friends there?**
（你在那兒有朋友嗎？）
- **All possess something that must be loved.**
（每個人都有令人喜愛的地方。）

👆 英文 E-mail 高頻率使用例句

① **It is with great pleasure for me to announce an appointment.**
我非常榮幸向大家宣佈一個任命通知。

② **We are pleased to announce the appointment of Mr. Keller as our new general manager.** 很高興宣佈任命凱勒先生為總經理。

③ **He has broad knowledge and *rich*[9] experience.**
他擁有豐富的知識和經驗。

④ **He will certainly be an invaluable asset to our company.**
他將為我公司創造無法估量的價值。

⑤ **Professor Lee has served for 10 years in the faculty of Commerce Institute.**
李教授已經在商學院任教 10 年了。

⑥ **I am pleased to announce that Adrian will be appointed as our Chief Financial Officer.** 我很高興地宣佈亞德里安將被任命為我們的財務長。

你一定要知道的關鍵單字

1. *appointment* n. 任命
2. *chief* adj. 主要的；首席的
3. *officer* n. 官員；執行官
4. *experience* n. 經驗；閱歷
5. *technology* n. 技術
6. *extensive* adj. 廣泛的；廣闊的
7. *invaluable* adj. 無價的
8. *asset* n. 資產；有用的東西
9. *rich* adj. 豐富的

13 | 公司破產通知

All employees:

According to the **_creditor_**[1] of the **_application_**[2], the Court, in accordance with the law, has declared the **_debtor_**[3] to pay off their debts and set up a **_liquidation_**[4] team to take over all assets.

All workers are now required to strictly comply with the law, to protect the business **_property_**[5], everyone **shall not** illegally deal with business books, **_writs_**[6], materials, seal and license, and shall not **_conceal_**[7] or divide the business property.

The Enterprise's legal representative shall not be absent from duty and **_implement_**[8] any acts to **_holdback_**[9] the liquidation before the end of **bankruptcy proceedings**.

The Court

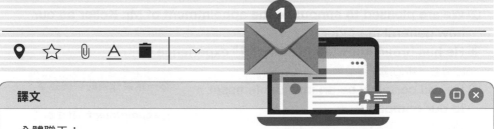

譯文

全體職工：

根據債權人的申請，本院已裁定宣告債務人破產還債，並依法成立清算組接管了的所有資產。

現要求的全體職工嚴格遵守法律規定，保護好企業財產，不得非法處理企業帳冊、文書、資料、印章和證照，不得隱匿、私分企業財產。

企業的法定代表人在破產終結前不得擅離職守，或實施妨害破產清算的行為。

法院

你一定要知道的文法重點

重點1 shall not

在法律英語中，shall not不能解釋為「不應該」，而有其專門的解釋，即「不得」。所以在法律英語中的 shall 表示「應當」，而不是「應該」或「將要」。請看以下例句：

- **Employees shall not deal with business books illegally.**
  （企業雇員不得非法處理企業帳冊。）
- **Criminal responsibility shall be borne for intentional crimes.**
  （故意犯罪應當負刑事責任。）

重點2 bankruptcy proceedings

bankruptcy proceedings 就是經濟領域裡常見的「破產程序」。破產程序是指法院審理破產案件，終結債權債務關係的訴訟程序，也叫「破產還債程序」，亦寫作 bankruptcy procedure。bankruptcy court（破產法院）在收到 bankruptcy petition（破產申請）並決定立案後還會發佈 bankruptcy notice（破產公告）。proceeding 在這裡表示「程序」、「進程」，如：institute / take / start legal proceedings against... 「對……提起訴訟、控告」，條件成熟後便可進入 hearings and written proceeding（開庭和書面審理程序）。

英文E-mail 高頻率使用例句

① **Shijiazhuang city government said this morning that Sanlu was going into *bankruptcy*[10] proceedings.**
石家莊市政府今天上午宣稱，三鹿集團已進入破產程序。

② **Will the works close down because of bankruptcy?**
工廠是否會因為破產而關閉？

③ **This hastened the bankruptcy of the peasants' handicraft industries.**
這促使農民手工業更快破產。

④ **All workers are now required to strictly comply with the law.**
全體職工都必須嚴格遵守法律規定。

⑤ **The liquidation team will take over all assets.**
破產小組將會接管所有資產。

你一定要知道的關鍵單字

1. *creditor* n. 債權人
2. *application* n. 申請
3. *debtor* n. 債務人
4. *liquidation* n. 清算
5. *property* v. 財產
6. *writ* n. 令狀；文書
7. *conceal* v. 隱藏；隱匿
8. *implement* v. 實施
9. *holdback* v. 妨害
10. *bankruptcy* n. 破產

14 | 公司停業通知

Dear **Customers** [1],

We are going to close down for some time.
Our year-end holidays have been **scheduled** [2] as **follows** [3]:
The office will **close** [4] on December 25, 2021 and **reopen** [5] on January 4, 2022.
We thank you for your support over the past year and we wish you all a joyous holiday season!

Yours faithfully,
Liberty Co., Ltd.

譯文

親愛的顧客：

我們決定停業一段時間。
本公司的年終假期預定按照以下方式執行：
本公司將於 2021 年 12 月 25 日開始休假，2022 年 1 月 4 日再度營業。

感謝各位一年來的支持。祝您有個愉快的假期！

利柏地股份有限公司 謹上

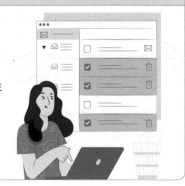

你一定要知道的文法重點

重點1 **customer**

表達「顧客」、「客戶」、「購物者」的方式有很多：buyer / customer / shopper / client 等。與顧客有關的片語包括 secure customers / draw customers「招徠顧客」；regular customer「老顧客」；Customers First「顧客至上」；customer service「顧客服務」。

重點2 **close**

close 有「停業」、「關門」的意思，廣義上還有「關閉」、「倒閉」的意思。表達「關閉」還可以使用 close down / turn off 等。但是 turn off 一般指關閉水源、煤氣、水龍頭、電源等。請對照以下例句：

- **The firm has decided to close down its Chicago branch.**
  （公司已決定關閉芝加哥的分公司。）
- **Do you mind if I turn off the light?**（你介意我把燈關掉嗎？）

英文E-mail 高頻率使用例句

① **We have decided not to continue our business on and after September 1.** 我們已經決定自 9 月 1 日起停止營業。

② **Notice is hereby given that our corporation has been *discontinued*[6] by agreement.** 茲通知公司同意，不再繼續營業。

③ **As a member of the company, I decide to drop out.**
作為公司合夥人之一，我決定退出。

④ **We advise you that we have decided to *dissolve*[7] *partnership*[8].**
我們已經決定解除合夥關係，特此通知。

⑤ **We advise you that we have decided not to continue our partnership.**
我們決定停止合夥經營，謹此通知。

⑥ **The partnership will be discontinued owing to the retirement of Mr. Cole.** 由於科爾先生的退休，該合資公司將不再繼續營業。

⑦ **The store will close from December 21, 2022 to January 2, 2023.**
本店將於 2022 年 12 月 21 日至 2023 年 1 月 2 日期間停業。

你一定要知道的關鍵單字

1. *customer* n. 顧客；客戶
2. *schedule* v. 安排；計畫
3. *follow* v. 跟隨；遵循
4. *close* v. 關閉
5. *reopen* v. 重開
6. *discontinue* v. 中止；停止
7. *dissolve* v. 解散
8. *partnership* n. 合夥；關係

15 | 商品出貨通知

Dear Mr. Hopkins,

This is as a **_notification_**[1] of **_shipment_**[2].
We have shipped your **_order_**[3] NO. 3108 as of March 12, and we also sent you the **_relevant_**[4] shipping documents by fax. Please **_check_**[5].
You **_should_**[6] receive the **goods** you ordered by March 20 if there is no **_accident_**[7].

Please let us know when they arrive. Thank you very much!

Yours truly,
HANS Company

譯文　

親愛的霍布金斯先生：

此為出貨通知。
您訂單號為 3108 的貨物已於 3 月 10 日出貨。相關出貨資料也已經傳真給您了，請注意查收。
正常的狀況下，您的貨物在 3 月 20 日就能收到了。

如果貨物到達，請通知我們。謝謝！

HANS 公司 謹上

你一定要知道的文法重點

重點1 shipping documents

片語 shipping document 意思是「出貨文件」。表達相關出貨文件的片語還有：bill of lading「提單」；shipping invoice「裝貨發票」；shipping order「裝貨單」。請看以下例句：

- **I have brought a set of the duplicate of our shipping document.**
  （我帶來了我方一整份出貨文件的副本。）
- **The bill of lading shows an issuing date.**（提單上有出具日期。）
- **Could you please fax me shipping documents?**
  （請您將出貨文件傳真給我好嗎？）

重點2 goods

表達「貨物」除了可以用 goods 之外，「船貨」可以用 cargo 或者 freight。個人訂購的貨品可以用 merchandise「商品」；product「產品」；commodity「日用品」；item「物品」來表示。請看以下例句：

- **The customs impound the whole cargo.**（海關扣押了全部的船貨。）
- **Branded merchandise is the ones bearing a standard brand name.**
  （品牌商品是具有標準商標名稱的商品。）

英文E-mail 高頻率使用例句

① **I have received a bill of lading for forty *bales*[8] of cotton by that vessel.** 該船運送的 40 大包棉花的提單我已經收到了。

② **Did you note the damage on the bill of lading?**
你把損壞情形註明在提單上了嗎？

③ **The prices of the commodities are quite stable this year.** 今年的物價相當穩定。

④ **The bill of lading should be marked as "freight prepaid."**
提單上應該註明「運費預付」的字樣。

⑤ **We have shipped your order NO. 3110 as of May 25.**
您訂單編號 3110 的貨物已於 5 月 25 日出貨。

⑥ **I have faxed you the relevant shipping documents.**
我已經將相關的出貨文件傳真給您了。

你一定要知道的關鍵單字

1. *notification* n. 通知；通告
2. *shipment* n. 裝船；出貨
3. *order* n. 訂單
4. *relevant* adj. 相關的
5. *check* v. 核查；檢查
6. *should* aux. 應該
7. *accident* n. 事故；意外
8. *bale* n. 大包；大捆

16 樣品寄送通知

Dear Mr. Wall,

I am writing to inform you that the **samples**¹ you **requested**² were shipped today by **Federal**³ **Express**⁴.
I have **attached**⁵ a price list and **color**⁶ swatches, too. Please inform me immediately when they arrive. Thanks a lot!

I am looking forward to your **feedback**.

Sincerely yours,
HY Company

譯文

親愛的華爾先生：

通知您訂購的樣品已經在今天委託聯邦快遞寄出了。
我同時也把價格表和顏色樣本附在裡面。如果收到貨物，請立即通知我。多謝！

期待您的回應。

HY 公司 謹上

你一定要知道的文法重點

重點1 swatch

「樣品」可以用 sample 和 swatch。但是 swatch 是名詞，即樣品、布樣，多用於衣物、紡織品，而sample 既可以作為名詞，又可以當作動詞「取樣」。請看以下例句：

● **Once the swatch is made, we will send you at once.**
（一旦樣品製作好，我們會馬上給你寄出。）

● **The sample will be sent free of charge.**（本公司樣品免費贈送。）

● **I have sampled all the cakes and I like Jane's best.**
（我嚐了所有的蛋糕，我最喜歡珍恩做的。）

重點2 feedback

feedback 是名詞，意思是「回饋」、「回饋資訊」。要注意如果是 feed back 則作動詞「回饋」、「反作用」講。請對照以下例句：

● **The more feedback we get from viewers, the better.**
（從觀眾那兒得到的回饋越多越好。）

● **The sales clerks feed back information to the firm about its sales.**
（業務員們把銷售情況反應給公司。）

英文E-mail 高頻率使用例句

① **Samples will be present to you immediately upon your request.**
只要您有需要，樣品會立即寄去。

② **The distributors looked with favor on your sample shipment.**
您發來的樣貨得到了經銷商們的贊許。

③ **Once the *swatches* [7] are made, we will send them to you at once.**
樣品一旦作好，我們就會馬上寄給您。

④ **We have shipped the sample you requested by Federal Express.**
我們已經通過聯邦快遞把您要的樣品寄給您了。

⑤ **Please inform us at once when they arrive.**
如果樣品到達，請馬上通知我們。

⑥ **We did the random sampling of five pieces per *batch* [8] of 100.**
我們在每批一百件的貨品中取五件隨機抽樣。

你一定要知道的關鍵單字

1. *sample* **n.** 樣品；標本

2. *request* **v.** 要求

3. *federal* **adj.** 聯邦的

4. *express* **n.** 快遞；快車

5. *attach* **v.** 附上；貼上

6. *color* **n.** 顏色

7. *swatch* **n.** 樣品；樣本

8. *batch* **n.** 批

17 | 訂購商品通知

Dear members,

First of all, we wish everyone a Happy New Year in **advance**[1]!
We are pleased to inform you that you could order any **commodities**[2]
as usual during the holiday. You just need to **choose**[3] what you want
on the **website**[4] of our **mall**[5], and write down your **detailed**[6] address,
and then we will provide the service of **cash on delivery**.

Please enjoy your shopping!

Sincerely yours,
Asian Mall

譯文

親愛的會員朋友：

首先，預祝大家新年快樂！
很高興通知各位會員朋友們可以在假日正常訂購商品。您
只要在我們商場網站上選擇您要的商品，然後寫明您的具
體地址，我們就會提供送貨上門服務。

祝您購物愉快！

亞洲購物中心 謹上

你一定要知道的文法重點

重點1 as usual

片語 as usual 意思是「照例」、「像往常一樣」。在這裡是指如非節假日,或如正常營業的往日一樣。還可以使用 run true to form「一如既往」來表達。請看以下例句:

● **After supper, Jim dived into his work as usual.**
（晚飯後,吉姆一如往常埋首於工作中。）

● **Run true to form, we will support our new and old customers.**
（我們將一如既往支援我們的新舊客戶。）

重點2 cash on delivery

cash on delivery 意思是「貨到付款」。網路購物的方式主要有:Order by Phone「電話訂購」;Order Online「網路購物」; Order by Fax「傳真訂購」;Order by Mail「郵寄訂購」等。網路購物的付款方式主要有:cash on delivery（縮寫為C.O.D）「貨到付款」;payment by post「郵寄付款」;bank transfer「銀行轉帳」等。請看以下的例句:

● **Could we pay cash on delivery?**（我們能貨到付款嗎?）

● **The common international export transaction is via bank transfer.**
（普通的國際出口貿易是透過銀行轉帳的。）

英文E-mail 高頻率使用例句

① **I bought a new computer using *cash* [7] on delivery.**
我以貨到付款方式買了台新電腦。

② **We insist on payment in cash on delivery without allowing any discount.** 我們公司堅持貨到付款,不打任何折扣。

③ **Don't hesitate! Pick up the phone and order!**
別再猶豫了,拿起你手中的電話訂購吧!

④ **We accept Cash On Delivery only up to this moment. Sorry for any inconvenience caused.**
我們暫時只接受貨到付款,不便之處,敬請原諒。

⑤ **We are a high-volume discount mail-order *corporation* [8].**
我們是大規模的折價郵購公司。

⑥ **The firm will do business for the Christmas holidays as usual.**
這家公司會在耶誕節照常營業。

你一定要知道的關鍵單字

1. *advance* **n.** 預先
2. *commodity* **n.** 商品;日用品
3. *choose* **v.** 選擇
4. *website* **n.** 網站
5. *mall* **n.** 商場;購物中心
6. *detailed* **adj.** 詳細的
7. *cash* **n.** 現金
8. *corporation* **n.** 公司

18 | 確認商品訂購通知

Dear Mr. Burns,

I am writing to **inform** [1] you that we **received** [2] the **shipment** [3].
On September 12 we received your shipment of **waistcoats** [4], invoice
NO. 91-37457.
We are very **gratified** [5] that they were delivered so **fast** [6]. Actually, **they
are selling** **quite** [7] **well.** We will keep you informed if we need **extra** [8]
orders.

Yours truly,
Coulter Clothing Co.

📍 ☆ 📎 A 🗑 | ⌄

譯文　⊖ ☐ ✕

親愛的伯恩斯先生：

此信是通知您收貨狀況。
我方已經於 9 月 12 日收到發票號碼為 91-37457 的背心。
貴方能夠迅速發貨，我們感到非常欣慰。事實上，這批貨賣得
很好。如果我們需要追加訂單，會再與您聯絡。

酷特服裝公司 謹上

你一定要知道的文法重點

重點1 receive

receive 當作動詞是表「接受」、「收到」。表達「接受」還可以用 accept / take。但是 receive 表示客觀上被動地接受；accept 表示主動或自願地接受；take 所表示的接受不帶主觀意願。請對照以下例句：

- **She has received his present, but she will not accept it.**
  （她收到了他的禮物，但她是不會接受的。）
- **He takes anything he is given.**（給他什麼他都收。）

重點2 They are selling quite well.

這句話的意思是「它們賣得非常好。」sell well 即為「賣得好」。關於銷售狀況可以用以下方式表達：sales are booming「銷售量激增」；sales are good / strong「銷售量不錯」；sales are going up「銷售量上升」；sales are fair「銷量尚可」；sales are flat「銷量平平」；sales are going down「銷量下降」；sales are sluggish「銷售停滯」；sales are bad / poor「銷量很差」。

英文E-mail 高頻率使用例句

① **I am pleased to receive your goods on time.**
很高興準時收到貴方寄送的貨物。

② **We have received your shipment of hats on August 10.**
我們已經於 8 月 10 日收到了貴方寄送的帽子。

③ **We are very *satisfied*⁹ that the goods were sent so quickly.**
我們非常滿意貨物發送得如此迅速。

④ **The sales of these goods are very strong.** 此批貨物銷量非常不錯。

⑤ **I will keep you informed regarding additional orders we may have.**
如果還需要追加訂貨，我們會與你們聯絡。

⑥ **We are very pleased that they were delivered so fast.**
貨物運送如此之快令我們感到很高興。

⑦ **We acknowledge receipt of your goods of the 15th.** 告知貴方我們已收到 15 日的來貨。

⑧ **Please stay in touch in case we need to make an additional order.**
請保持聯絡，以便我們追加訂單。

你一定要知道的關鍵單字

1. *inform* v. 通知
2. *receive* v. 收到
3. *shipment* n. 裝船；出貨
4. *waistcoat* n. 背心
5. *gratify* v. 使滿足；使高興
6. *fast* adv. 很快地
7. *quite* adv. 很；十分
8. *extra* adj. 額外的
9. *satisfied* adj. 滿意的

19 | 商品缺貨通知

Dear **subscribers** [1],

Due [2] to **booming** [3] sales, we are so sorry to inform you that the book you ordered has been **out of stock**.
However [4], we will **replenish** [5] stock at once. If you still wish to order it three days later, please let us know if you would like to have it delivered by **airmail** [6] or by **surface** [7] mail.

We are looking forward to hearing from you soon.

Sincerely yours,
Horizon English Book Co.

譯文

親愛的訂購客戶：

由於銷售量暴增，很抱歉通知您訂購的書已經沒貨了。
不過我們會馬上進貨。如果三天後您還想要訂購，那麼請告知我們是用航空郵寄還是普通平信郵寄？

期待您的回信。

地平線英語圖書公司 謹上

你一定要知道的文法重點

重點1 out of stock

片語 out of stock 意思是「無現貨的」、「無庫存的」，意思相當於 sold out「賣完」。而表達「有貨」、「有庫存」則用 in stock。請看以下例句：

- **The book is out of stock.**（此書沒有現貨。）
- **This edition of the dictionary is sold out.**（這個版本的字典已賣完了。）
- **Do you have any grey pullovers in stock?**（你們灰色套頭毛衣有現貨嗎？）

重點2 replenish stock

片語 replenish stock 意思是「進貨」，replenish 意為「補充」；stock意為「供應物」、「現貨」。表達「進貨」還可以用 purchase of merchandise, lay in a stock of merchandise 等。請看以下例句：

- **We must replenish our stock of coal.**（我們必須補充煤的儲備。）
- **Mom is preparing to lay in a stock of merchandise for New Year's Day.**（媽媽正在準備辦年貨。）

英文E-mail 高頻率使用例句

① **The blue shirts are out of *stock*[8].**
這種藍襯衫已沒貨了。

② **The item you ordered is out of stock.**
你訂購的產品目前缺貨。

③ **So many children have bought toy rockets that the store is now out of stock.** 這麼多的孩子買了玩具火箭，現在商店都沒貨了。

④ **I am sorry, but that product is out of stock at the moment.**
很抱歉，該商品目前已沒有存貨了。

⑤ **As a matter of fact, we have run out of stock for a few weeks.**
事實上我們已經沒貨幾個星期了。

⑥ **The dictionary you asked for is out of stock.** 你要買的字典現在沒貨了。

⑦ **In reply to your recent inquiry, the book you mentioned is not in stock.**
您近日詢問的書暫時沒有現貨，謹此奉覆。

你一定要知道的關鍵單字

1. *subscriber* n. 訂購者
2. *due* adj. 到期的；應付的
3. *booming* adj. 興旺的；繁榮的
4. *however* adv. 然而；不過
5. *replenish* v. 補充
6. *airmail* n. 航空郵件
7. *surface* n. 表面；平面
8. *stock* n. 存貨；現貨

20 | 付款確認通知

Dear Ms. Lewinsky,

On November 7, the **amount**[1] of 5700.00 US **dollars**[2] as payment for your invoice NO. 25167842 were **transferred** into your account. Please kindly **check**[3].

I have also faxed a **copy**[4] of the **remittance**[5] **slip**[6] for your reference.

Sincerely yours,
Carl Clair

譯文

親愛的陸文斯基女士：

我方已於 11 月 7 日將發票號碼為 25167842 的貨款金額 5,700 美元匯入您的帳戶裡。請查收。

我也已把匯款收據傳真給您，以供參考。

卡爾‧克雷爾 謹上

你一定要知道的文法重點

重點1 transfer

transfer 基本意思是「轉移」，既有名詞詞性，又有動詞詞性，在此語意是指作動詞「轉移」、「匯款」。表達「匯款」可以用 remit 或者 send。注意以下幾個有關「匯款」的片語：wire transfer「電信匯款」；transfer / wire to one's bank account「匯入某人的銀行帳號」；mail transfer / money order / postal money order「郵政匯款」等等。請看以下例句：

- **Please remit the full cost to our bank account.**
  （請將所有款項匯到我們的銀行帳戶。）
- **All withdrawal requests must be processed via wire transfer.**
  （所有提款要求必須以電匯的形式給付。）

重點2 for your reference

片語 for reference 意思是「參考」、「備案」。與參考相關的片語還有：for reference only「僅供參考」；reference price「參考價格」；reference documents「參考文獻」；reference data / reference material「參考資料」。請看以下例句：

- **Please keep the original receipt for reference.**（請保留正本收據以便參考。）
- **The sample is for reference only.**（樣品僅供參考。）

英文E-mail 高頻率使用例句

① **We expect to hear from you at once with a remittance.**
我們希望能很快收到來函與匯款。

② **I've faxed you a copy of the remittance slip for *reference*[7].**
我已將匯款通知單傳真給您以供參考。

③ **You could wire transfer the payment into our bank account.**
你可以將款項電匯至到我們的銀行帳戶。

④ **Payment by direct deposit into bank account will usually take five additional working days more than by check mailing.**
相較於支票支付，直接存款需要多五個工作天的處理時間。

⑤ **I want to cash this money order.**
我要兌現這張匯票。

你一定要知道的關鍵單字
1. ***amount*** n. 數量；總數
2. ***dollar*** n. 美元；美金
3. ***check*** v. 檢查
4. ***copy*** n. 拷貝；副本
5. ***remittance*** n. 匯款
6. ***slip*** n. 滑；下跌；紙條；紙片
7. ***reference*** n. 參考；參照

21 | 入帳金額不足通知

Dear Mr. Burns,

We have received your **telegraphic**[1] **transfer**[2] of US$3,000.00 on April 10. However, I am afraid you have **neglected to** add the cost of **freight**[3] that was **indicated**[4] on the **invoice**[5] we faxed to you.
We would therefore like to ask you to transfer an additional US$150.00 so that we can ship the order to you.
On receipt of the full **payment**[6], we will immediately **forward**[7] the goods.

Best regards,
NBC Corporation

📍 ☆ 📎 A 🗑 | ⌄

譯文

親愛的伯恩斯先生：

我們已於 4 月 10 日收到了您電匯的 3000 美元，但是您恐怕忘記加上運輸費用了。事實上，我們曾在傳真給您的發票上有註明。因此我們希望您再支付 150 美元運費，這樣我們就可以把貨物寄送給您了。
只要收到全額貨款，我們就會立即出貨。

致上最美好的祝福，
NBC 公司 謹上

你一定要知道的文法重點

重點1 **neglected to**

neglect 有「忽視」、「忽略」、「遺漏」的意思。neglect to add... 表示「忘記加上……」，也可以用 forget to add... 來表達同樣的意思。此外，表達「省略」、「遺漏」還可以用 omit。

請看以下例句：

- **Do not neglect to lock the door when you leave.**（走的時候別忘了鎖門。）
- **Do not omit a single detail.**（不要漏掉任何細節。）

重點2 **on receipt of**

片語 on receipt of 意思是「一收到……就……」，同樣還可以用 upon receipt of 來表達。請看以下例句：

- **We will remit the amount of invoice on receipt of the invoice of the shipment.**（一收到出貨發票，我們會立即付款。）
- **The total amount must be paid in full upon receipt of the documents.**（全部款項在收到出貨文件後必須全額付清。）

英文E-mail 高頻率使用例句

① **Quality is something we never *neglect*[8].** 我們一直十分重視品質。

② **Upon receipt of your L/C we will immediately ship your order.**
一接到貴公司的信用狀，我們將立即出貨。

③ **On receipt of your check, we shall ship the goods immediately.**
收到貴方支票後，我會立即裝運出貨。

④ **We extremely regret that we omitted to quote you the price you recently enquired.** 對貴方近日的詢價，我們因疏忽未能及時報價而感到非常抱歉。

⑤ **We would like to ask you to pay an additional US$125.00.**
我們想請您付清額外的 125 美元。

⑥ **I am afraid you have forgotten to add the cost of freight.** 抱歉，您忘記加上運費了。

⑦ **We will forward the goods at once when we receive the full payment.**
收到全額款項後，我們會立即出貨。

你一定要知道的關鍵單字

1. ***telegraphic*** **adj.** 電報的；電信的

2. ***transfer*** **n.** 轉移；遷移；轉帳

3. ***freight*** **n.** 貨運；運費

4. ***indicate*** **v.** 指示；表明

5. ***invoice*** **n.** 發票；發貨單

6. ***payment*** **n.** 支付；付款

7. ***forward*** **v.** 運送；轉寄

8. ***neglect*** **v.** 忽略

Business Establishing & Maintaining

01 | 開發業務

Dear Mr. Affleck,

I learned from your **message**[1] by **accident**[2] on the Internet that your company needs car components.
We are a car parts **manufacturer**[3]. I am sure you'll be interested in our products. **We do hope there is an opportunity for us to *collaborate*[4] with each other in the coming days.**

An early reply will be appreciated!

Yours sincerely,
Hugh Jackman

譯文

親愛的艾佛列克先生：

我偶然在網路上看到貴公司正需要汽車零件的資訊。
我們是一間汽車零件製造商。我確信您一定會對我們的產品感興趣。很希望我們不久能有機會合作。

若您能早日回覆，我們將不勝感謝。

休・傑克曼 謹上

你一定要知道的文法重點 ⊖ ◻ ✕

重點1 **I learned from your message by accident on the Internet that...**

一般我們在開發業務的時候，都是自己主動去找客戶、挖掘客戶。有時候在網路上偶然會發現潛在客戶的資訊。這種「意外地」的意思，我們一般會選擇用 suddenly 來表達。其實，這裡如果我們使用 by accident 則更合適。suddenly 是突然之間、沒有防備的意思。例如：The lights went off suddenly. 燈突然熄滅了。而 by accident 這個片語才含有偶然、無意間的意思。

重點2 **We do hope there is an opportunity for us to collaborate with each other in the coming days.**

發現潛在客戶之後，關鍵就是要表達想與其合作的意願。因此我們必須在郵件中提出這一願望，而且，渴望合作的意思要表達得強烈一點。上面郵件內文中的句子：We do hope there is an opportunity for us to collaborate with each other in the coming days.「很希望我們不久能有機會合作」就是使用了助動詞 do 加上動詞原形的結構來表達強烈的情感，使整個句子充滿了強調的意味。

🖑 英文E-mail 高頻率使用例句

① I'm sure our products will ***attract***[5] you.
我確信您一定會對我們的產品感興趣。

② We manufacture a wide ***range***[6] of products.
我們生產的產品範圍廣泛。

③ Please don't hesitate to call us whenever you want.
請別猶豫，我們隨時恭候您的來電。

④ I shall be grateful if you will favor me with an early reply.
若能早日回覆則不勝感謝。

⑤ We produce five ***different***[7] new items recently.
我們最近生產了五種新產品。

⑥ We are willing to ***explore***[8] every possibility for new business.
我們願意探索各種可能性，以開拓新的業務。

你一定要知道的關鍵單字

1. ***message*** **n.** 訊息

2. ***accident*** **n.** 機遇；命運；造化

3. ***manufacturer*** **n.** 製造者

4. ***collaborate*** **v.** 協力；合作

5. ***attract*** **v.** 吸引；引起……的注意

6. ***range*** **n.** 範圍

7. ***different*** **adj.** 不同的

8. ***explore*** **v.** 探索；探究；仔細查看

02 | 拓展業務

Dear Mr. Cruise,

We have obtained your company information from alibaba.com, so **we are e-mailing you to *enquire*** [1] **whether** you would be willing to ***establish*** [2] new business ***relations*** [3] with us.
We have been a manufacturer of deluxe ***toiletries*** [4] for many years. **Now we plan to *extend*** [5] **our range.** If the prices of your products are competitive, we would expect to transact a ***significant*** [6] ***volume*** [7] of business.

An early reply will be obliged!

Yours sincerely,
Topher Grace

譯文

親愛的克魯斯先生：

我們從阿里巴巴網站上得到貴公司資訊。我們傳送此封郵件給您是想詢問您是否願意與我們建立新的業務關係。
多年來，我們一直致力於高級化妝品的生產。現在，我們想拓展我們的業務範圍。如果你們能給我們一個有競爭力的產品價格，我們想進行大量交易。

如您能早日回覆，則不勝感謝。

托弗・格雷斯 謹上

你一定要知道的文法重點

重點1 We are e-mailing you to enquire whether...

拓展業務是在已有的業務基礎上發展業務。比如，企業現有產品範圍若比較局限，就可以考慮從別的企業引進新產品，使產品多樣化，增加客戶選擇機會，從而創造更多的賣點。寫信詢問企業產品，當然就是要告知別人自己的意向。We are e-mailing you to enquire whether...（我們傳送此封郵件給您，是想詢問……）whether 在這裡是表示後面可選擇的內容，如此顯得問話有商量的語氣，比較委婉。

重點2 Now we plan to extend our range.

世界上的事物都是因果相成的。上面的郵件說到想跟別的企業合作，這也是企業自身尋求新的發展契機的結果。一定是想買進新產品，拓展銷路，才會想到從別的廠家進貨。因此，在自報家門之後，郵件中又寫到：Now we plan to extend our range.（現在，我們想拓展我們的業務範圍。）這樣，對方就很明白（Clearness）事情的來龍去脈了。

英文E-mail 高頻率使用例句

① **Would you like to establish business relations with us?**
貴公司願意和我們建立業務關係嗎？

② **We have been an importer of shoes for many years.**
我們做鞋子進口生意已經很多年。

③ **We are interested in *expanding*[8] our business.**
我們很想拓展自身業務。

④ **I would appreciate your catalogues and quotations.**
盼能惠賜商品目錄和報價單。

⑤ **We want to extend our business to FPD.**
我們想將業務範圍擴展到平面顯示器的生產。

⑥ **We write you with a view to establish trade relations.**
我們寫這封信是為了要和你方建立業務關係。

⑦ **We are one of the largest importers of electric goods in this city.**
我們是本市最大的電器進口商之一。

你一定要知道的關鍵單字

1. *enquire* **v.** 打聽；詢問
2. *establish* **v.** 建立
3. *relation* **n.** 關係
4. *toiletry* **n.** 化妝品
5. *extend* **v.** 延長；擴展
6. *significant* **adj.** 有意義的
7. *volume* **n.** 卷；冊；音量；容積
8. *expand* **v.** 擴大、延長

03 | 介紹新產品

Dear Mr. Keating,

We are pleased to inform you that we have just ***marketed***[1] our new products.
We believe that you will find our new products more ***competitive***[2] both in quality and prices. **They should get a very good *reception*[3] in your market. Please let us know if you would like to take the *matter*[4] further.**

Look forward to hearing from you.

Yours sincerely,
Paul Walker

譯文

親愛的基頓先生：

很高興通知貴公司，我們現在推出了新產品。
您一定會發現新產品在品質和價格上都更有競爭力，必定能吸引貴公司顧客的選購。如感興趣，請賜知。

敬候佳音。

保羅・沃克 謹上

 **你一定要知道的文法重點**

重點1 **They should get a very good reception in your market.**

向客戶介紹新產品，我們肯定要說自己的產品好賣、有市場，別人才會考慮是否要跟我們做生意。一般我們說某一個產品好賣，我們會說：Our product will sell well in your market. 其實，我們也可以像上面郵件內文中一樣換個說法：They should get a very good reception in your market.（新產品必定能吸引貴公司顧客的選購。）其中，get a good reception 表達的意思是（產品在市場上）受歡迎的意思，但是，比起 sell well 來，更讓人有耳目一新的感覺。

重點2 **Please let us know if you would like to take the matter further.**

在介紹產品後，我們通常會想知道對方是否有購買的意願，而一般我們常用：Please let us know if you are interested in our products.（如若感興趣，敬請告知）而在上面的郵件中，則用了 ...if you would like to take the matter further.（如感興趣……），這個說法相對來說會比較有新鮮感？

英文E-mail 高頻率使用例句

① **It covers the latest *designs*[5] which are now available from stock.**
涵蓋了最新設計的新產品現在有庫存。

② **I think you have to acknowledge that this *feature*[6] will appeal to the many users.**
您不得不承認這一特點將吸引不少用戶。

③ **One of our main *strengths*[7] is the quality of our products.**
我們的主要優勢之一是我們產品的品質。

④ **There is a good market opportunity for *snazzy*[8] products.**
時髦產品在市場上有很大的商機。

⑤ **After going through our S.W.O.T. process, I think we're in good shape.**
經過 S.W.O.T 分析，我認為我們的經營狀況很好。

你一定要知道的關鍵單字

1. *market* **v.** （在市場上）銷售
2. *competitive* **adj.** 有競爭力的
3. *reception* **n.** 接受
4. *matter* **n.** 事情；問題；事件
5. *design* **n.** 設計
6. *feature* **n.** 特徵；特色
7. *strength* **n.** 長處；優點
8. *snazzy* **adj.** 一流的；很時髦的

04 附加服務介紹

Dear Mr. Block,

We are pleased to inform you we are offering ***maintenance***[1] ***service***[2] in Europe market from now on.
Purchasers[3] can ***enjoy***[4] 3 years of free ***warranty***[5] service and a life-long maintenance in local service centers. If you have any questions, please ***dial***[6] our Customer Service Hotline at 02-2999-6666.

Yours sincerely,
Jimmy Diamond

譯文

親愛的布洛克先生：

很高興通知您，自即日起，我們公司將提供歐洲市場維修服務。
購買者可到當地服務中心享受產品三年免費保固及終身維修的服務。如果您有任何疑問，請撥打我們的客服專線：
02-2999-6666。

吉米・戴蒙德 謹上

你一定要知道的文法重點 ⊖ ▢ ✕

重點1 **Purchasers can enjoy 3 years of free warranty service and a life-long maintenance in local service centers.**

向客戶介紹附加服務的時候，盡量要做到詳細和具體（Concreteness）。一般來說，廠商會承諾產品購買者在購買產品之後，可以享受幾年免費保固以及是否終身維修。Purchasers can enjoy 3 years of free warranty service.（購買者可享受產品三年免費保固），這句話說的是免費服務，而 a life-long maintenance（終身維修服務）就是需要適當收費的服務了。這些都是需要說清楚的，以免購買者產生誤解，引發不必要的誤會。

重點2 **If you have any questions, please dial our Customer Service Hotline: 02-2999-6666.**

雖然我們已經告知顧客或是用戶可以到當地服務中心享受服務，但是還是必須告知客服專線。有時候顧客或是用戶根本不瞭解當地是否有服務中心，或是服務中心在哪個據點，這時要是有客服專線，就好辦多了。Please dial our Customer Service Hotline: 02-2999-6666.（請撥打我們的客服熱線：02-2999-6666。）

👆 英文E-mail 高頻率使用例句

① **We offer a personal service to our customers.**
我們為顧客提供個人服務。

② **The computer comes with a year's guarantee[7].**
這台電腦保固期為一年。

③ **We offer a free backup[8] service to customers.**
我們為顧客提供免費支援服務。

④ **Please allow me to make a presentation of the services we can offer.**
請允許我介紹我們公司所能夠提供的各項服務。

⑤ **We commit to providing professional after-sales service to our customers[9].**
本公司承諾為用戶提供專業的售後服務。

你一定要知道的關鍵單字

1. *maintenance* **n.** 維持；維護；維修
2. *service* **n.** 服務
3. *purchaser* **n.** 購買者；買主
4. *enjoy* **v.** 享受、欣賞
5. *warranty* **n.** 擔保；保證
6. *dial* **v.** 撥（電話）
7. *guarantee* **n.** 保證，保障；保證書；保用期
8. *backup* **adj.** 替代的；後備的；候補的
9. *customer* **n.** 顧客；客戶

05 | 恢復業務關係

Dear Mr. Grazer,

We **understand**[1] from our trade **contacts**[2] that you have reestablished your business in London.
We would like to extend our **congratulations**[3] and offer our very best **wishes**[4] for your continued success. Since our last trade, our lines have changed a lot. The catalogue is enclosed for your reference.

Looking forward to hearing from you.

Yours sincerely,
Andy Doyle

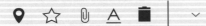

譯文

親愛的格雷澤先生：

從同行中獲悉貴公司已在倫敦復業。
聽到喜訊，不勝歡欣。謹祝生意蒸蒸日上。自從上次合作至今，我們的產品款式變化很大。現附上商品目錄供貴公司參考。

期待您的回音！

安迪‧道爾 謹上

你一定要知道的文法重點

重點1 **We would like to extend our congratulations and offer our very best wishes for your continued success.**

對方復業了，對他們、對我們來說都是一件好事。曾經的合作夥伴可以再次尋求合作的機會，當然要向對方好好祝賀一番：We would like to extend our congratulations.（聽到喜訊，不勝歡欣。）同時，也不忘祝賀對方今後生意興隆：We offer our very best wishes for your continued success.（謹祝生意蒸蒸日上。）

重點2 **Since our last trade, our lines have changed a lot.**

向對方祝賀了一番後，我們還是得回到重點，那就是，告知對方自己公司的產品發展的情況，以尋求新的合作機會。Since our last trade, our lines have changed a lot.（自從上次合作至今，我們產品款式變化很大。）since 是表示先追溯到上次合作的時候，再回到目前這段時間，表達的是一段時間。因此，上面這個句子說明了，在對方歇業的那段時間，自己公司的產品發生的變化。

英文E-mail 高頻率使用例句

① A ***booklet***[5] including a ***general***[6] introduction of business is enclosed for your reference.

隨函附上公司業務概況的小冊子供您參考。

② We have had considerable transactions with your corporation for the past 5 years.

我們在過去的五年中曾與貴公司做過大量交易。

③ Should you wish to receive samples for closer ***inspection***[7], we would be very happy to forward them.

如貴方需查看樣本，我方非常樂意提供。

④ Your company is once again trading successfully in your region.

你們的生意又開始迅速發展起來了。

你一定要知道的關鍵單字

1. ***understand*** **v.** 瞭解；明白
2. ***contact*** **n.** 接觸；親近；人脈
3. ***congratulation*** **n.** 祝賀；慶賀
4. ***wish*** **n.** 願望；希望
5. ***booklet*** **n.** 小冊子
6. ***general*** **adj.** 普遍的；一般的
7. ***inspection*** **n.** 檢查；調查

06 | 鞏固業務關係

Dear Mr. Smith,

In your last letter, **you asked whether we could give you a 5% *discount*** [1].

Since we have had a ***close*** [2] business relationship with your company all these years, we decide to offer you such a price, **though this product is in great *demand*** [3] **and the *supply*** [4] **is limited.**

Your early reply will be greatly appreciated.

Yours sincerely,
Brandon Rodd

譯文

親愛的史密斯先生：

您在上次的郵件中，曾詢問我們是否可以給您打個九五折。
儘管產品現在供不應求，由於貴公司與我們公司業務往來頻繁，因此，我們還是決定給你這個優惠價。

期待您的回覆！

布蘭登・羅德 謹上

你一定要知道的文法重點 ⊖ ⊡ ⊗

重點1 **You asked whether we could give you a 5% discount.**

在鞏固業務關係的時候，當我們的客戶提出特殊的要求，而我們經過考慮可以滿足的，就要適當的滿足客戶，鞏固雙方之間的業務關係。You asked whether we could give you a 5% discount.（您曾詢問我們是否可以給您打個 95 折。）這句話就是客戶提出了希望給他打個 95 折的要求。同時，以這句話開頭，也正好說明我們在積極解決和回覆客戶問題。

重點2 **...though this product is in great demand and the supply is limited.**

由於業務往來頻繁的客戶提出了打折這一要求，所以郵件中，回信人考慮到彼此的業務關係，答應會滿足他的這一要求：We decide to offer you such a price.（我們還是決定給你這個優惠價。）但是，我們還是要讓他明白我們確確實實給了他一個不小的優惠，也給他一點小小的壓力。例如，郵件中就說：This product is in great demand and the supply is limited.（產品現在供不應求。）

🖐 英文E-mail 高頻率使用例句

① We have built up a **solid**[5] **connection**[6] with your company.
我們現已和貴公司建立起了很牢固的業務關係。

② The letter is intended to secure the loyalty of a satisfied customer.
此信是想讓客戶滿意，也因此對我們忠誠。

③ We must do everything possible to **consolidate**[7] our established relations with the firms.
我們應盡力鞏固和我們有業務往來的公司之間的關係。

④ For the past five years, we have done a lot of **trade**[8] with your company.
在過去的五年中，我們與貴公司有著非常頻繁的貿易往來。

⑤ The **normal**[9] price is $50, but now I can give you a 5% discount.
正常來說是 50 美元，不過現在我可以給您 95 折。

你一定要知道的關鍵單字

1. **discount** n. 折扣
2. **close** adj. 靠近的；親近的
3. **demand** n. 要求
4. **supply** n. 供應；補給
5. **solid** adj. 結實的；穩定的
6. **connection** n. 聯繫；關係
7. **consolidate** v. （使）鞏固；（使）加強
8. **trade** n. 貿易
9. **normal** adj. 正常的

07 | 加深業務聯繫

Dear Mr. Scott,

Thank you for your cooperation with our business in the recent years. Now we are **keen**[1] to **enlarge**[2] our trade in various kinds of **electric**[3] **equipments**[4], but unfortunately we do not have enough circulating **funds**[5].

Please don't hesitate to call us if there is any possibility of cooperation between us.

Your early reply will be greatly appreciated.

Yours sincerely,
Simon Grimes

譯文

親愛的史考特先生：

感謝貴公司在這最近幾年裡與我們的業務合作。
目前，我們很想擴大各種電器設備的貿易，但是，我們流動資金短缺。
如果我們雙方有任何合作的可能，請儘管聯繫我們。

期待您的回覆！

賽門‧格瑞姆斯 謹上

你一定要知道的文法重點

重點1 ▶ We are keen to enlarge our trade in various kinds of electric equipments.

當我們表達「想、很想、很希望做某事」這些意思時，最先出現在腦子裡的詞語，就是 want / wish / hope等。這些是使用頻率很高的詞語，但是它們也往往表達不出強烈的情感，需要加上副詞才行。而我們上述的郵件中，用到了 be keen to...（熱衷於……），也可以說成是「很想……」、「熱切希望……」的意思。比那些常用的詞語，是不是感覺起來更好些呢？

重點2 ▶ But unfortunately we do not have enough circulating funds.

說明了自己公司的目前情況，同時又道出了自己目前的困難。But unfortunately we do not have enough circulating funds.（但是，我們流動資金短缺。）這就很清楚的讓對方瞭解了目前公司的動向，同時，也為雙方合作提供了一個新的機會。..., but unfortunately...（……，但是，不幸的是……）把前後兩個意思很好的連貫起來了，顯得邏輯性很強。

英文E-mail 高頻率使用例句

① **We have vast potential for cooperation between us.**
我們雙方之間存在巨大的合作潛力。

② **Our company had *grown*[6] rapidly in the recent years.**
最近幾年這家公司發展很迅速。

③ **Over the last ten years, our company has been developing steadily.**
我們最近十年的發展是很穩定的。

④ **It is possible for us to cooperate with each other in this field.**
我們在這個領域進行合作是可能的。

⑤ **We should *grasp*[7] the opportunity to *expand*[8] our business cooperation.**
我們應把握機會，進一步擴展彼此的業務合作。

⑥ **Our business has been expanding *rapidly*[9] these years.**
這些年，我們的生意擴展得很快。

你一定要知道的關鍵單字

1. *keen* **adj.** 熱心的；敏銳的
2. *enlarge* **v.** 擴大
3. *electric* **adj.** 電的
4. *equipment* **n.** 裝備；設備
5. *fund* **n.** 資金；財源
6. *grow* **v.** 增大；增加；發展
7. *grasp* **v.** 掌握、抓牢
8. *expand* **v.** 擴展
9. *rapidly* **adv.** 快速地

08 | 請求介紹客戶

Dear Mr. Campus,

Thank you for your cooperation for our business.
We would like to explore the new potential market and *increase*[1] the *export*[2] of *textiles*[3].
Therefore we shall appreciate it very much if you could kindly *introduce*[4] us to some of the most *capable*[5] *importers*[6] who are interested in them.

Your early reply will be greatly appreciated.

Yours sincerely,
Scott Gordon

譯文

親愛的坎普斯先生：

感謝你們在業務上的合作。

我們準備開拓潛在市場，增加紡織品的出口貿易。

因此，請你們介紹幾個對上述產品感興趣的、能力最強的進口商，我們將十分感謝。

期待您的回覆！

史考特‧高登 謹上

你一定要知道的文法重點 ⊖ ▢ ✕

重點1 **We would like to explore the new potential market and increase the export of textiles.**

一般用英語來表達開發市場這個意思的時候，我們會用 develop the market，而在上述的郵件內文中，用的卻是 explore the market（開拓市場）。在這篇請求介紹客戶的郵件中，後者更為合適。因為 explore 有探究、探索的意思，就是去發現、去尋找（新市場）。它更加清楚（Clearness）、明白、準確地說明了這封郵件的真正用意。

重點2 **...if you could kindly introduce us to some of the most capable importers.**

請求認識的一方介紹第三方，這裡的介紹這個意思，用的是 introduce。比起 present（引見給高職位的人）更合適，因為 introduce 有雙方以前不認識，第一次被介紹的意思。當然，我們這裡還可以使用另外一個單字，那就是 recommend，含有推薦的意思，但是，用法有所不同：..., if you will kindly recommend some of the most capable importers to us.（如果您能介紹幾個能力最強的進口商給我們，……）

👆 英文E-mail 高頻率使用例句

① **We are planning to expand our trade.**
我們計畫擴大我們的貿易。

② **We are looking for an *investor*[7] who can invest in our project.**
我們在尋找專案投資商。

③ **The main *purpose*[8] is to find a partner to set up a joint venture.**
主要目的是想尋找一個建立合資企業的合作夥伴。

④ **We hope to expand in international petroleum market.**
我們期望進一步拓寬國際石油市場。

⑤ **We'll continue to expand the market *access*[9].**
我們將繼續擴大市場准入的範圍。

你一定要知道的關鍵單字

1. *increase* **v.** 增加

2. *export* **n.** 出口貨；輸出

3. *textile* **n.** 織布

4. *introduce* **v.** 介紹；引進

5. *capable* **adj.** 有能力的

6. *importer* **n.** 輸入業者；進口商

7. *investor* **n.** 投資商

8. *purpose* **n.** 目的；意圖

9. *access* **n.** 接近；會面

09 尋求合作

Dear Mr. Grey,

We have obtained your address from *Times* and are writing to you to **seek**[1] collaboration.
We are very well connected with all the major _dealers_[2] of electronic products here, and feel confident that we can sell large quantities of them if you can give us a _special_[3] offer.

Your early reply will be greatly appreciated.

Yours sincerely,
Adam Brendy

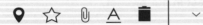

譯文

親愛的葛雷先生：

從《時代週刊》上獲悉您的地址，特此寫信尋求合作機會。
我們和當地所有的電子產品大經銷商都有著很好的聯繫，若貴公司可以給我們一個優惠的價格，我們肯定能賣出大量產品。

期待您的回覆！

亞當・布蘭迪 謹上

你一定要知道的文法重點

重點1 **We are very well connected with all the major dealers here of electronic products.**

尋求合作的時候，最重要的是讓對方明白我們的實力和強大的業務網路關係。擁有很好的生意人脈和管道，是產品銷售的一個很有利的條件。We are very well connected with all the major dealers of electronic products here.（我們和當地所有的電子產品大經銷商都著有很好的聯繫。）對方聽了這句話，肯定會對我們尋求合作的意願加以考慮。

重點2 **We feel confident that we can sell large quantities of them if you can give us a special offer.**

貿易往來的時候，往往需要的是肯定的語氣，這樣才能讓別人覺得你給出的是積極有效的答覆，讓他們覺得跟你做交易很有希望。We feel confident that we can sell large quantities of them.（我們肯定能賣出大量產品。）feel confident...的意思是對……滿懷信心、對……感到確信。而後面接續的 if 從句，附上了前提條件，顯得整個意思表達很有分寸和合理性。

英文E-mail 高頻率使用例句

① Please let us have all **necessary**[4] information **regarding**[5] your products.
請告知我們有關你們產品的所有必要資訊。

② We are looking for a **partner**[6] who can supply us with such goods.
我們在尋找給我們提供這種貨物的合作夥伴。

③ Please inform us what special offer you can give us based on a quantity of 600 tons.
請告知在訂購 600 噸的基礎上，貴公司能給多少特價優待。

④ Can you give us a special offer for the **purpose**[7] of introducing your product to our market?
為把你方產品介紹給我方市場，可否給我們一些特別報價？

⑤ We plan to **showcase**[8] our products and seek collaboration opportunities.
我們計畫把我們的產品展示出來，以尋求合作機會。

你一定要知道的關鍵單字

1. **seek** [v.] 尋找
2. **dealer** [n.] 商人
3. **special** [adj.] 專門的；特別的
4. **necessary** [adj.] 必要的；不可缺少的
5. **regarding** [prep.] 關於；就……而論
6. **partner** [n.] 夥伴
7. **purpose** [n.] 目的；意圖
8. **showcase** [v.] 使展現；使亮相

10 | 肯定回覆

Dear Mr. Reynolds,

Thank you for your E-mail of March 21. **We shall be *glad*[1] to *enter*[2] into business relations with your company.**
***Complying*[3] with your request, we are sending you our latest catalogue and price list.** If you find business possible, please email us.

Your early reply will be greatly appreciated.

Yours sincerely,
Tobey Mandes

譯文

親愛的雷諾茲先生：

謝謝您在 3 月 21 日發來的電子郵件，我們很願意與貴公司建立業務往來。

謹遵要求奉上最新商品目錄和報價單。若有意訂購，請聯繫我們。

期待您的回覆！

托比・曼德斯 謹上

你一定要知道的文法重點 ⊖ ▢ ✕

重點1 **We shall be glad to enter into business relations with your company.**

對於對方發出的要求建立業務聯繫的請求，我們不管是否接受，都要十分禮貌並且及時做出回覆。當我們也很想跟對方建立業務聯繫的時候，我們可以像上述的郵件那樣說：We shall be glad to enter into business relations with your company.（我們很願意與貴公司建立業務往來。）shall 在這裡表達了自己強烈希望合作的意願。

重點2 **Complying with your request, we are sending you our latest catalogue and price list.**

一般，對方發郵件來建立業務關係，都會在內文中要求附上產品的目錄，報價單之類的資料供參考。那麼，在回覆過程中，我們這樣來說，Complying with your request, we are sending you our latest catalogue and price list.（謹遵要求奉上最新商品目錄和報價單。）這裡的 complying with 還可以換成 in compliance with your request。這樣，就可以顯示出我們是很尊重對方的意見和要求的。

✍ **英文E-mail 高頻率使用例句**

① We are willing to **_collaborate_** [4] with you in the line of **_processing_** [5] materials.
我們願與貴方就材料加工業務進行合作。

② We are **_ready_** [6] to enter into friendly co-operation with you.
我們願意和你們進行友好合作。

③ We would like to collaborate with you in this work.
我們願意在這項工作中和你們進行合作。

④ If this proposal is **_acceptable_** [7], please let us know so that we can discuss details.
假若貴方願意接受我們的建議，請通知我們，以便進一步商討合作的細節。

⑤ We are willing to collaborate with you and if necessary, we can make some **_concessions_** [8].
我們願意和貴公司合作，如果需要，我們還可以做些讓步。

你一定要知道的關鍵單字

1. **_glad_** adj. 高興的
2. **_enter_** v. 加入；參加
3. **_comply_** v. 遵從；依從；服從
4. **_collaborate_** v. 合作
5. **_process_** v. 加工；處理
6. **_ready_** adj. 作好準備的
7. **_acceptable_** adj. 可接受的
8. **_concession_** n. 讓步；妥協

11 | 婉拒對方

Dear Mr. Leto,

Thank you for your E-mail of March 22.
We are sorry to inform you that **the products, though with high
content**[1] **of science**[2] **and technology**[3]**, are not well calculated**[4]
for our market.
We are **hoping**[5] **to work with you next time. Please keep in touch**[6]
for more business.

Looking forward to hearing from you.

Yours sincerely,
Philip Walker

📍　☆　📎　A　🗑　|　⌄

譯文

親愛的萊托先生：

謝謝您在 3 月 22 日發來的電子郵件。
很遺憾，我們不得不通知貴公司，你們的產品雖為高科技
產品，但不適合本地市場。
希望有機會下次合作。請保持聯繫。

期待您的回覆！

菲利普・沃克 謹上

你一定要知道的文法重點

重點1 **The products, though with high content of science and technology, are not well calculated for our market.**

婉拒對方貿易請求的時候，我們首先還是要肯定對方產品的優點，再適時地說出拒絕的理由。對方產品的優點是，the products with high content of science and technology（高科技產品）。而拒絕的理由則是，the products are not well calculated for our market.（產品不適合本地市場。）though 在這裡起到了很好的銜接作用，而且，很簡潔（Conciseness）地突顯了說話者否定意味。

重點2 **We are hoping to collaborate with you next time.**

儘管這次貿易做不成，但是也許下次雙方還是有機會合作。企業要做的是長久的貿易，維持長久的貿易關係，才能持續發展，立於不敗之地。We are hoping to collaborate with you next time.（希望下一次有機會合作。）這句話實質上也是對對方的一種鼓勵。

英文E-mail 高頻率使用例句

① **Will you please let us know other goods suitable for the market?**
望惠告其他適合市場的商品。

② **We hope we can collaborate with you in the future.**
希望我們將來有機會合作。

③ **The market will not stand a high-priced line.**
高價商品對本地市場並不適合。

④ **We very much regret that we have to *decline*[7] your request.**
非常遺憾，我們不得不拒絕您的請求。

⑤ **These goods don't fit the *local*[8] *market*[9] very much.**
這批貨物非常不適合當地市場。

⑥ **On account of difference in taste, the *design*[10] doesn't suit this market.**
由於品味不同，這項外觀設計不適合本地市場。

你一定要知道的關鍵單字

1. *content* **n.** 內容；目錄
2. *science* **n.** 科學
3. *technology* **n.** 科技（總稱）；工藝；應用科學
4. *calculate* **v.** 計算
5. *hope* **v.** 期望
6. *touch* **n.** 接觸、碰、觸摸
7. *decline* **v.** 拒絕
8. *local* **adj.** 當地的
9. *market* **n.** 市場
10. *design* **v.** 設計

12 | 再次尋求業務合作

Dear Mr. Johnson,

Since our last ***conversation***[1], two years have passed.
We very much regret we *lost*[2] our last trade opportunity, but we are
so happy that we ***still***[3] have an opportunity ***ahead***[4] of us now. We
have been extending the scope of our products in the past years. I
am sure some items would be of great interest to you.
The catalogue and all necessary information for your reference are
enclosed[5].

Looking forward to hearing from you.

Yours sincerely,
Chris Ellen

譯文

親愛的強森先生：

自從上次的聯繫後，兩年已經過去了。
儘管我們因上次不能合作而感到深深的遺憾，但是，我們現在為了仍有機會合作感到很
高興。過去的幾年中，我們一直在擴大產品範圍。相信一些產品將會讓您頗感興趣。
隨函附上目錄和有關資料，供您參考。

期待您的回覆！

克里斯‧艾倫 謹上

你一定要知道的文法重點

重點1 **We very much regret we lost our last trade opportunity.**

一般我們在口語中表示遺憾或是可惜，可以說：What a pity!（好可惜啊！）而在書寫電子郵件或是其他商務信件的時候，我們需要儘量使用比較書面化或是正式一些的詞語來表達，這樣才能顯示出我們的莊重。We very much regret we lost our last trade opportunity.（我們對上次不能合作而感到深深的遺憾。）這裡 very much regret 加上從句，表達的意思也是很遺憾、可惜，也更正式、嚴謹。

重點2 **We have been extending the scope of our products in the past years.**

企業經過幾年發展換新貌後，當我們再次聯繫客戶的時候，可能就要適當地描述一下這些年來的變化和發展，以便對方瞭解企業目前的狀況發展到了何種程度以及企業的新動向。要注意我們在句子中使用 in the past years（在過去的幾年裡）時，句子需要用現在完成式。

英文E-mail 高頻率使用例句

① **It is a thousand *pities*[6] that we missed the chance.**
錯過了那次機會真是太可惜了。

② **It's a pity we *missed*[7] the opportunity to collaborate last time.**
上次錯過了合作機會，真是可惜。

③ **We really missed a great opportunity last time.**
我們上次的確是失去了一個很好的機會。

④ **Could we try to collaborate with each other again this time?**
我們這次可否再嘗試著合作一次呢？

⑤ **We could seek opportunities to collaborate with each other again.**
我們可以再次尋找相互合作的機會。

⑥ **I hope we can do business together, and look forward to hearing from you soon.**
希望我們有合作機會，並靜候您的佳音。

⑦ **We should make the best of this *valuable*[8] opportunity.**
我們應該善加利用這個寶貴的機會。

你一定要知道的關鍵單字

1. *conversation* **n.** 交談；談話

2. *lose* **v.** 遺失；失去

3. *still* **adv.** 仍然

4. *ahead* **adv.** 在前地

5. *enclose* **v.** 把……封入；附帶

6. *pity* **n.** 可惜之事；憾事

7. *miss* **v.** 未擊中；未抓住；未達到

8. *valuable* **adj.** 寶貴的

13 諮詢產品使用情況

Dear Mr. Smith,

You purchased an HP **personal**[1] computer in our store in Houston last year. Thank you for choosing our **brand**[2].
Now **we would like to know whether our product is in a good state**[3].
Please fill out the following questionnaire[4] about its service **condition**[5] and E-mail us so that we can improve its technology.

Looking forward to hearing from you.

Yours sincerely,
Bruce Affleck

📍 ☆ 📎 A 🗑 | ⌄

譯文

親愛的史密斯先生：

您在去年的時候曾在我們的休斯頓分店買過一台惠普電腦。感謝您選擇我們的品牌。

現在，我們想瞭解一下產品的狀況是否良好。請填寫下面有關產品使用情況的問卷調查表，並以電子郵件回覆給我們，以期改進技術。

期待您的回覆！

布魯斯・艾佛列克 謹上

你一定要知道的文法重點

重點1 **We would like to know whether our product is in a good state.**

在詢問用戶使用情況的時候，我們需要問產品使用情況好不好？有沒有什麼問題？那麼，這個意思該如何表達呢？我們可以這樣說：We would like to know whether our product is in a good state.（我們想向您瞭解一下產品是否使用良好。）be in a good state 的意思就是狀況良好。whether 含有是否……的意思，表明兩種情況都可能存在。

重點2 **Please fill out the following questionnaire about its service condition.**

一般企業想瞭解一些情況，會選擇使用問卷調查的形式，我們有一個單字專門用來表達問卷調查的意思，那就是 questionnaire（問卷）。Fill out the following questionnaire.（請填寫問卷調查表。）特別是現在網際網路的發展，使得郵件問卷調查也很普遍了。這個調查有方便、快捷的優點。但是，近來由於垃圾郵件的增多，使得顧客也很煩惱，因此，我們也要儘量慎重的向自己的用戶發送郵件，以免打擾用戶。

英文E-mail 高頻率使用例句

① We still need to **try** [6] and improve on our technology.
   我們仍需再努力改進技術。

② It will **take** [7] you only a few minutes to fill out the questionnaire.
   填寫這份問卷，只需花上您幾分鐘的時間。

③ Thanks for your **patience** [8] and **understanding** [9].
   謝謝你的耐心和理解！

④ You bought the clothes from our franchised store.
   您曾在我們的專賣店購買過衣服。

⑤ If you have any questions or problems after buying our products, please let us know.
   如果你在購買我們的產品後有任何的疑問和品質的問題，望請即時與我們聯繫！

你一定要知道的關鍵單字

1. **personal** adj. 個人的
2. **brand** n. 品牌
3. **state** n. 狀態；情形；州
4. **questionnaire** n. 問卷；調查表
5. **condition** n. 條件；情況
6. **try** v. 嘗試
7. **take** v. 需要；花費
8. **patience** n. 耐心
9. **understanding** n. 理解

14 | 維護老客戶

Dear Mr. Reeves,

We are most gratified that you have, for several years, included a **selection**[1] of our products in your order catalogues.
We are pleased to inform you our latest product is available now. **The new *machine*[2] vastly *exceeds*[3] the old one in performance.** If you, our old customer, are interested in it, we can offer you a 10% ***discount***[4].

Looking forward to hearing from you.

Yours sincerely,
Kevin Smith

譯文

親愛的李維先生：

鑒於貴公司的訂貨目錄多年來收錄本公司產品，特此致上深切謝意。
我們很高興告知您，我們現在有最新產品上市了。新機器
在性能上大大超越舊的。如果您對它感興趣，我們可以給
老客戶九折優待。

期待您的回覆！

凱文・史密斯 謹上

你一定要知道的文法重點

重點1 **We are most gratified that...**

由於郵件內容是針對客戶或是合作夥伴，所以我們的措辭一般要非常客氣和正式。我們說很感謝、感激某事，會用 we are gratified that... ，但是，我們在 be 動詞之後再加上了一個 most，意思就更進了一步。郵件內文中的句子 We are most gratified that... 的意思就是「非常感謝……」。

重點2 **The new machine vastly exceeds the old one in performance.**

當我們在向客戶介紹新產品時，肯定要說明自己的新產品和舊產品之間的差別，那麼，表示新產品優於舊產品，該如何表達呢？

一般，我們會說，The new machine is better than the old one. （新機器比舊機器好。）但是，如果我們用 exceed，一個單字就可以準確表達 be better than 的意思，句子又簡潔（Clearness）了不少。

英文 E-mail 高頻率使用例句

① **Always with pleasure at your service.** 我們隨時願為您效勞。

② **I'd like to introduce you to our new product *line*[5].**
我想向您介紹我們新系列的產品。

③ **We are glad to have the opportunity to introduce to you our *newly*[6] developed products.** 很高興能有此機會向貴公司介紹我們新開發的產品。

④ **We have an *exciting*[7] new product to tell you about.** 我們要向大家介紹一個令人興奮的新產品。

⑤ **It is ever so nice of you to give us support.**
非常感謝您對我們的支持。

⑥ **We are ready and eager to serve you.**
我們恭候您，並竭誠為您服務。

⑦ **We hope we may be favored with your *orders*[8] which shall at all times have our *utmost*[9] attention.**
竭誠歡迎貴公司來訂貨，對此，我將隨時予以極大的關注。

你一定要知道的關鍵單字
1. *selection* n. 選擇
2. *machine* n. 機器；機械
3. *exceed* v. 勝過
4. *discount* n. 折扣
5. *line* n. 線；線條；（商品）類別
6. *newly* adv. 新近地
7. *exciting* adj. 使人興奮的；令人激動的
8. *order* n. 訂單
9. *utmost* adj. 極端的

15 | 感謝客戶

Dear Mr. Miller,

Thank you for your support for our company in the last years. We really appreciate your cooperation, and **we hope we can** *continue* [1] our *good* [2] business *relationship* [3] and interactivity in the *future* [4].

If we can be of service to you again, please let us know.

Yours sincerely,
Topher Krave

📍 ☆ 📎 A 🗑 | ⌄

譯文 ─ □ ✕

親愛的米勒先生：

謝謝您在過去幾年中對我們公司的支援。我們對您的合作深表謝意。希望我們能繼續維持這種良好的業務關係，不斷交流溝通。

如能再為您效勞，敬請賜知。

托弗・卡瑞 謹上

你一定要知道的文法重點

重點1 **We hope we can continue our good business relationship and interactivity in the future.**

我們在答謝客戶的時候，還要表達自己希望維繫雙方貿易關係的意願。We hope we can continue our good business relationship and interactivity in the future. （希望我們能繼續維持這種良好的業務關係，不斷交流溝通。）continue our business relationship（繼續維持這種業務關係）在這裡，continue 這個詞用的很恰當，是繼續的意思。

重點2 **If we can be of service to you again, please let us know.**

一般我們在寫郵件內文的結尾時，總要表達自己願意隨時並竭誠為客戶服務的美好心願。例如，上面郵件中的 If we can be of service to you again, please let us know. （如能再為您效勞，敬請賜知。）還有更多類似的說法：We are always pleased to serve you at any time.（我們隨時樂於為您服務。）We're always at your service. （我們隨時為您服務。）

英文E-mail 高頻率使用例句

① **We thank our clients for their interest in our products and welcome your inquiry and orders with us.**

本公司衷心感謝客戶對我們產品感興趣，並熱情歡迎您的洽詢訂貨。

② **Thank you for your support and we will continue to do our best to provide everyone quality service.**

特此感謝客戶們的支持，我們會繼續努力為大家服務。

③ **We thank our new and old clients for choosing our products.**

特此感謝新舊客戶對我公司產品的選購。

④ **We thank customers both at home and abroad**[5] **for their trust**[6] **and firm**[7] **support**[8].

感謝國內外新老客戶的信賴和支持。

你一定要知道的關鍵單字

1. **continue** `v.` 繼續；連續
2. **good** `adj.` 好的；優良的
3. **relationship** `n.` 關係
4. **future** `n.` 未來；將來
5. **abroad** `adv.` 在國外；到國外
6. **trust** `n.` 信任
7. **firm** `adj.` 堅定的
8. **support** `v.` 支持

Unit8 詢問篇 Inquiry

01 諮詢商品資訊

Dear Mr. Smith,

We learned from the ***advertisement***[1] that your company produces ***electronic***[2] products of high ***quality***[3].
We are going to order more of them because we find that they are in a great ***demand***[4] in the local shops. **Is it possible for you to send us a detailed ***catalogue***[5]** or any ***material***[6] about your products in terms of price, specification and payment method?

Looking forward to hearing from you!

Yours sincerely,
John Hancock

譯文

親愛的史密斯先生：

我們從您的廣告中獲悉貴公司致力於生產高品質的電子產品。
由於我們發現貴公司的電子產品在當地的商店中頗為暢銷，因此我們打算買進更多此類的產品。不知您是否可以寄一份產品目錄或是任何有關產品價格、規格和付款方式的資料呢？

期待您的回音！

約翰・漢考克 謹上

你一定要知道的文法重點

重點1 **We are going to order more.**

一般我們表達想要進更多的貨，我們會說：We want to order more. 這個句子在意思表達上沒有問題，不過如果我們把句型改成 be going to order，也許會顯得更加有誠意一些。因為 be going to order 有表示事先經過考慮、安排好打算要做的事情的意思。這樣一來，就可以看出我們問及此事是經過事先考慮的。

重點2 **Is it possible for you to send us a catalogue?**

想要表達「您能寄給我們一份產品目錄嗎？」這個意思，我們可以說：Can you give us the catalogue of your products? 這個句子在意思表達上沒有問題。Can you...?（你能……？）已經是比較禮貌的問法了，但如果我們使用 Is it possible to do sth.（不知可否……？）來詢問同樣的問題，則會顯得更加委婉和禮貌，也更好些。它充分體現了英文書信 7C 原則之 Courtesy「禮貌」原則。

英文E-mail 高頻率使用例句

① **I am writing to request *information*[7] about your products.**
我寫信是想諮詢貴公司的產品資訊。

② **Can you inform us of your products in detail?**
你能告知我們有關產品的詳細資訊嗎？

③ **Your products are well received locally.**
你們的產品在當地很暢銷。

④ **We would appreciate it if you would send us your catalogue.**
如能寄來一份商品目錄，我們將不勝感激。

⑤ **You produce high quality electronic products.** 你們生產高品質的電子產品。

⑥ **This is a very challenging industry, but with high *potential*[8].**
這是一個極具挑戰性和發展前景的產業。

⑦ **We should make use of its *advantages*[9] to occupy the market quickly.**
我們需要利用優勢，快速佔領市場。

⑧ **The uses of our products are various.**
我們的產品用途廣泛。

你一定要知道的關鍵單字

1. *advertisement* **n.** 廣告；宣傳

2. *electronic* **adj.** 電子的；電子工程的

3. *quality* **n.** 品質；性質

4. *demand* **n.** 需求；需要

5. *catalogue* **n.** 目錄；目錄冊；目錄簿

6. *material* **n.** 資料；材料

7. *information* **n.** 消息；資料；情報

8. *potential* **n.** 潛力

9. *advantage* **n.** 有利條件；有利因素；優勢

02 諮詢交貨日期

Dear Mr. Brown,

Would you please *inform* [1] **us** how long it usually takes for you to make ***delivery*** [2] of our order of May 20 (Order No. 728) for car ***components*** [3]? Could you ***ship*** [4] the ***goods*** [5] before early May? Moreover, please mail the ***invoice*** [6] of this order to our company.

Looking forward to hearing from you soon.

Yours sincerely,
Henry Davis

譯文

親愛的布朗先生：

敝公司於五月二十訂購的（訂單號：728）汽車零部件，敬請告知什麼時候能發貨？你們能不能於五月初之前到貨呢？此外，請將發票寄送到本公司。

煩請儘快與我們聯繫。

亨利・戴維斯 謹上

你一定要知道的文法重點 ⊖ ▢ ✖

重點1 Would you please inform us...?

當我們在詢問對方有關交貨日期的事情的時候，我們往往會詢問對方交貨日期。這時候，我們會說：Would you please inform us...?（敬請告知……？）人們也經常用 Please inform us...（請告知……）。很明顯，前者更加禮貌（Courtesy）和客氣，隱約中蘊含著商量的語氣；也使原本嚴肅呆板的商務信件往來添加了些許人情味。

重點2 Could you ship the goods before early May?

在詢問交貨日期時，身為客戶，我們可能還會有自己的一些特殊要求希望對方能夠滿足。例如 Could you ship the goods before early May?（你們能不能於五月初之前到貨呢？）這裡也可以使用 Couldn't you...? 但感覺會比較兇，請在對方嚴重延誤時才使用。

英文E-mail 高頻率使用例句

① **You mustn't let us down on delivery *dates*** [7].
貴方不能在發貨日期上對我方失約。

② **We can live with the other terms, *except* [8] the delivery date.**
我們可以同意其他條件，除了發貨日期。

③ **What about our *request* [9] for the early delivery of the goods?**
我們想要你們盡早交付貨物的要求，你們怎麼說？

④ **When will you deliver the products to us?**
你們什麼時候可以把貨物寄給我們？

⑤ **Couldn't you *extend* [10] the delivery period by one week or so?**
貴方不能將交貨期再延長一個星期嗎？

⑥ **As far as delivery dates are concerned, there shouldn't be any problems.**
就發貨日期這方面，應該沒有什麼問題了。

⑦ **Will it be possible for you to ship the goods before early September?**
你們能否於九月初之前把貨物運送過來？

⑧ **You may know that the time of delivery is a matter of great importance.**
你們知道的，交貨日期事關重大。

你一定要知道的關鍵單字

1. *inform* **v.** 通知

2. *delivery* **n.** 遞送；送交

3. *component* **n.** 部件；零件

4. *ship* **v.** 運送

5. *goods* **n.** 商品；貨物

6. *invoice* **n.** 發票

7. *date* **n.** 日期

8. *except* **prep.** 除……外

9. *request* **n.** 要求；請求

10. *extend* **v.** 延長

03 諮詢交易條件

Dear Mr. Williams,

Thanks for your call last week. **To *confirm*[1] our *conversation*[2]**, we'd **like to *inquire*[3]** about your trading terms and conditions for providing related ***equipments*[4]** and services.
We also want to know how long it will take you to finish this ***project*[5]** if **we decide to let you do this job.**
Please offer us a ***quotation*[6] *specifying*[7]** terms and conditions of business and a work schedule.

Looking forward to hearing from you!

Yours sincerely,
Tom Gordon

譯文

親愛的威廉斯先生：

謝謝您上周的來電。我想就此確認一下我們電話中所談及的交易條件，以便能提供相關設備及工程服務的事宜。
此外，我還想知道，如果將此專案交給你們，完成需要多長的時間。
最後，還要麻煩您提供我們一份詳細記錄交易條件的報價單以及一份工作日程表。

期待您的回覆！

湯姆・高登 謹上

你一定要知道的文法重點 ⊖☐✕

重點1 To confirm our conversation, we'd like to...

通常，為了說明自己發送郵件的目的，我們需要用上「為了……」這一說法。這時往往會想到用 in order to... 或是 for the purpose of...，這兩個片語無論在意思和語法上都沒有問題，但是我們可以發現上述的郵件內文中，僅僅只用了一個介詞 to 就表達了跟上面這兩個片語同樣的意思，而且還體現了簡潔（Conciseness）這一寫作原則，使意思一目了然，同時也避免了句子頭重腳輕。

重點2 If we decide to let you do this job.

當我們打算把業務交給另一方來做的時候，我們往往會說：If we decide to let you do this job... 而詢問對方需要多久才能完成交辦事項則用：How long will it take you to finish this project?

👆 英文E-mail 高頻率使用例句

① **What are the terms and conditions on this trade cooperation?**
這次貿易合作的條件是什麼？

② **I shall be glad if you will send me your price list, and *state* [8] your best term.**
請惠寄價格表，如能告知最好的交易條件，將不勝感激。

③ **The business is booked when the terms and *conditions* [9] are agreed upon.**
當所有這些條款和條件均為雙方所接受時，交易即達成。

④ **We shall thank you for letting us know your trade terms and forwarding us samples and other helpful literature.**
感謝貴公司惠告交易條件並贈以樣品和其他輔助資料。

⑤ **We'll go on to the other terms and conditions this time.**
這次，讓我們來探討一下其他條件。

⑥ **All the terms and conditions shall be clearly stated in the quotation.**
所有條件和情況都應在報價單中進行清楚的敘述。

你一定要知道的關鍵單字

1. *confirm* **v.** 證實；證明；肯定；確認

2. *conversation* **n.** 交談；談話；會話

3. *inquire* **v.** 打聽；詢問

4. *equipment* **n.** 設備；裝備；配備

5. *project* **n.** 項目；計畫；方案；課題

6. *quotation* **n.** 時價；報價；行情

7. *specify* **v.** 詳述

8. *state* **v.** 陳述；敘述

9. *condition* **n.** 情況；條件

04 | 諮詢庫存狀況

Dear Mr. Burns,

Because your **camera**[1], DSC-T700, **sells well here** with its high quality and favorable price, we have decided to **purchase**[2] more of them.
Please **check**[3] out your **inventory**[4] to see if you have twenty more for another delivery.

Looking forward to hearing from you soon!

Yours sincerely,
Jack Jones

📍 ☆ 📎 A 🗑 | ⌄

譯文 ⊖ ⊡ ⊗

親愛的伯恩斯先生：

鑑於貴公司型號為 DSC-T700 的高品質相機價格優惠、銷量很好，我們決定再追加我們的訂量。
煩請確認該型號是否還有庫存，我們需要再追加二十台。

殷切期待您的回覆！

傑克・瓊斯 謹上

你一定要知道的文法重點 ⊖ ▢ ✕

重點1 **Because your camera, DSC-T700, sells well here...**

一般我們在與賣家交易的過程中，碰到賣家商品銷量不錯，需要再進貨的時候，我們都免不了要誇讚對方的商品，這個時候我們可以具體地稱讚。例如上述的信件中：Because your camera, DSC-T700, sells well here...（鑑於貴公司型號為 DSC-T700 的照相機銷量很好……）提到了照相機的型號 DSC-T700 會讓人覺得很具體（Concreteness），既說明了買家已經瞭解此商品，也說明買家是真心想追加商品，而不是在那裡泛泛而談。

重點2 **Please check out your inventory to see if you have twenty more for another delivery.**

詢問庫存情況的時候，我們需要用到一個比較委婉的句型，那就是 Please check out your inventory to see if...（還請確認一下……是否還有庫存。）這裡的 to see if 後面接續子句，具體地提到了需要購買的數量：twenty more（追加二十台）。這樣既委婉又禮貌十足（Courtesy），又做到了數目清晰具體（Concreteness），毫不含糊。

👆 **英文E-mail 高頻率使用例句**

① **The *current*[5] inventory of the product can't meet the need.**
現有庫存無法滿足訂單需求。

② **Would you do an inventory check for us?** 能否麻煩你查看一下庫存的狀況？

③ **What type of model do you have in *stock*[6]?**
你們的庫存有什麼型號的商品？

④ **I just got an *answer*[7] about the stock we have on hand.**
我剛剛獲知我們現有的庫存量。

⑤ **I checked our *supply*[8] of the commodity you asked for.**
我查過了庫存中你要的那種商品。

⑥ **At present, we have only a limited stock of goods.** 目前，我們的貨物庫存有限。

⑦ **I regret not *receiving*[9] the inventory on time.**
我很遺憾沒有及時收到存貨清單。

你一定要知道的關鍵單字

1. *camera* **n.** 照相機；攝影機
2. *purchase* **v.** 購買
3. *check* **v.** 檢查；核對
4. *inventory* **n.** 庫存；存貨清單
5. *current* **adj.** 現在的；現行的
6. *stock* **n.** 庫存；股票
7. *answer* **n.** 回答；回覆
8. *supply* **n.** 供給
9. *receive* **v.** 收到；接到

05 諮詢未到貨商品

Dear Mr. Branden,

We have **ordered**[1] five computers (No. 4879) on February 20, but we haven't received them yet. Would you tell us **when you will be delivering**[2] these computers which should have **arrived**[3] a week ago?
We **desperately**[4] need them for our new employees.

Please **respond**[5] without **delay**[6]!

Yours sincerely,
Jim Landy

譯文

親愛的布蘭登先生：

我們於 2 月 20 號在貴公司訂購了五台電腦（商品編號為 4879），但至今尚未收到貨品。貴公司能否告知這些原本一周前就應該到貨的電腦將何時出貨呢？
我們急需這些電腦供新員工使用。

請儘快回覆！

吉姆・蘭迪 謹上

你一定要知道的文法重點 ⊖ ▢ ✕

重點1 **When will you be delivering these computers?**

詢問對方未到貨的商品時，也不要太過於著急或是責問對方，也許對方遇到了運送上的困難。我們一般會這樣詢問；When will you...?（你們將何時……？），而不會說：When will we...?（我們將何時……？）很明顯，後面的問語會讓人聽起來很有壓力，而前面的問語則正好設身處地的為對方著想，體現了體貼原則（Consideration）。同時，will be doing sth. 表達的是將來某一時間正在進行的動作，常用來表示禮貌（Courtesy）的詢問及請求等。

重點2 **...which should have arrived a week ago?**

本來應該到貨的商品沒有到，我們也許會說：The computers haven't reached us yet. 當然，這樣的表達在意思上是沒有問題的。但是，如果用 should have done 或是 should have been 來表達，更能顯示出本來應該發生的事情卻沒有發生這一層意思。...which should have arrived a week ago. 即為一周前就應該送達的電腦卻沒有到貨的意思。這樣既達意，又很簡潔（Conciseness）。在今後類似的情況中，我們可以多加運用虛擬語氣。

👆 英文E-mail 高頻率使用例句

① **They were _supposed_ [7] to arrive three days ago.**
商品早在三天前就應該到貨。

② **We were informed that we would get the goods _within_ [8] one week.**
你們之前告知我們一周內到貨。

③ **I was just informed that the new product we ordered on September 6 hasn't arrived yet.** 我剛才才知道我公司九月六日訂的新產品尚未到貨。

④ **Follow up the order to ensure the _punctual_ [9] arrival of goods.**
請追蹤訂單以確保物品準時到貨。

⑤ **We greatly _regret_ [10] to say that the goods we ordered haven't reached us yet.** 非常遺憾，我們至今還未收到訂購的產品。

你一定要知道的關鍵單字

1. _order_ **v.** 訂購；訂貨

2. _deliver_ **v.** 遞送；交付

3. _arrive_ **v.** 到達；來

4. _desperately_ **adv.** 拚命地；失望地；非常

5. _respond_ **v.** 回答；回報；回應

6. _delay_ **n.** 耽擱；延遲

7. _suppose_ **v.** 料想；猜想；以為

8. _within_ **prep.** （表示時間）不超過

9. _punctual_ **adj.** 準時的

10. _regret_ **v.** 遺憾

06 諮詢價格及費用

Dear Mr. Willy,

I would like to know the price with **freight**[1] and **handling**[2] included for the **laser**[3] **printer**[4] your company provides lately.
Please let us know the terms on which you can give us some **discount**[5].

Your early **offer**[6] will be highly appreciated.

Yours sincerely,
Topher Grass

譯文

親愛的威利先生：

能否告知我方，購買貴公司新近生產的雷射印表機包含的運費和手續費的價格？
敬請告知我們什麼條件下才能享有折扣。

請早日報價，不勝感謝。

托弗‧葛拉斯 謹上

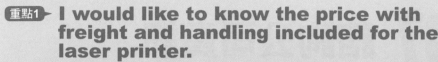

你一定要知道的文法重點

重點1 I would like to know the price with freight and handling included for the laser printer.

在諮詢價格及費用的時候，一般會很籠統地問：I would like to know the price for the laser printer.（能否告知貴公司新近生產的雷射印表機的價格？）但是，如果我們更具體一點（Concreteness），把運費、手續費之類額外費用特別提出來，那麼就不至於遺漏了。with...included 表示「把……包括在內」放在句尾，與「including＋名詞」同樣意思。

重點2 Your early offer will be highly appreciated.

在郵件中，我們往往追求簡潔明瞭（Conciseness），所以經常看到一些被動語態的使用。例如：Your early offer will be highly appreciated.（請早日報價，不勝感謝。）使用被動語態之後，your early offer 這個句子的重心就突顯出來了，比使用 We will highly appreciate it if you send us your early offer. 更加清晰（Clearness）、一目了然。

英文E-mail 高頻率使用例句

① Will you send us a copy of your catalogue, with details of the prices and terms of payment? 請寄給我方一份目錄，並註明價格和付款條件。

② We would like to make an inquiry about this product.
我們想要對該產品進行詢價。

③ We would like to know the price *exclusive*[7] of tax of your product.
我們想要知道你們產品不含稅的價格。

④ We are desirous of your lowest quotations for the printer.
我們想要貴公司印表機的最低報價。

⑤ Please send us your best *quotation*[8] for these computers.
請報給我們這些電腦最優惠的價格。

⑥ I should be *grateful*[9] if you send me the catalogue. 請寄給我方一份目錄，不勝感激。

⑦ Kindly quote us your lowest prices for the furniture. 請報給我們這批傢俱的最低價格。

你一定要知道的關鍵單字

1. *freight* **n.** 運費
2. *handling* **n.** 處理；手續費
3. *laser* **n.** 雷射
4. *printer* **n.** 印表機
5. *discount* **n.** 折扣
6. *offer* **n.** 提供；報價
7. *exclusive* **adj.** 排外的；獨佔的；唯一的
8. *quotation* **n.** 報價
9. *grateful* **adj.** 感激的；感謝的

07 諮詢公司資訊

Dear Mr. Collins,

I would like to ***request***[1] more information about your company. **Compared with other *similar*[2] products, I am planning to *invest*[3] in** your hearing aids because of their better ***performances***[4]. I would **appreciate any *brochures*[5] or marketing materials with which you could provide me.**

Thank you in ***advance***[6]. I am looking forward to your reply.

Yours sincerely,
Willy Miller

譯文

親愛的柯林斯先生：

我想諮詢有關貴公司的更多的資訊。
與其他同類產品比較之後，發現你們的助聽器性能更佳，所以，
我打算投資你們的助聽器生產。如果您能將一些公司業務簡介或
市場銷售資料提供給我，將不勝感激。

先謝謝您了，並期待您的來信！

威利・米勒 謹上

你一定要知道的文法重點　－ □ ✕

重點1 **Compared with other similar products,...**

在打算投資某公司產品時，肯定是有過一番產品之間的比較。compared with other similar products（與其他同類產品作比較）其中的 similar 這個單字不要忘記加上，以顯示我們調查的嚴肅性與認真性，確保我們的描述清楚明白（Clearness）、資訊準確無誤。措辭準確這一點與日期、資料準確比起來，更容易被人們忽略。因此，在寫作的時候要多加注意。

重點2 **I would appreciate any brochures or marketing materials with which you could provide me.**

當我們在詢問對方公司的資訊時，一般會直接說：I would like to request more information about your company.（我想諮詢有關貴公司更多的資訊。）這個句子並沒有錯誤，也是經常使用的句子。如果能夠加上一些更為具體的內容，例如：I would appreciate any brochures or marketing materials with which you could provide me.（如果您能將一些公司業務簡介或市場銷售資料提供給我，將不勝感激），會使得前一個句子的意思更具體（Concreteness）清楚（Clearness）。

英文E-mail 高頻率使用例句

① **I would like to request a copy of your company brochure.**
我想要一份貴公司的簡介。

② **I am very interested in knowing more about your company.**
我很有興趣想更進一步地瞭解貴公司。

③ **Thank you in advance for your kind attention.**
在此先謝謝您的關注。

④ **I am writing to request some information about your company.**
我寫這封信息是要諮詢貴公司的相關資訊。

⑤ **Is it possible to have a copy of your annual[7] report?**
您可不可以給我一份貴公司的年度報告？

⑥ **Thank you for your continued[8] support[9].**
謝謝您不斷的支持。

你一定要知道的關鍵單字

1. *request* **v.** 請求；要求
2. *similar* **adj.** 類似的；同類的
3. *invest* **v.** 投資；花費
4. *performance* **n.** 性能；工作表現
5. *brochure* **n.** 介紹手冊；說明書
6. *advance* **adj.** 事先的；預先的；提前的
7. *annual* **adj.** 年度的；一年一次的
8. *continued* **adj.** 繼續的
9. *support* **v.** 支持

08 | 諮詢銀行業務

Dear Mr. Doorman,

Our company is looking for a new **bank**[1] which will provide us with good service at a **reasonable**[2] **cost**[3].
Please send us your brochure and **fee**[4] schedule on business service. After we **review**[5] all the materials from different banks, we will inform you whether we will open our **account**[6] in your bank.

Looking forward to your reply!

Yours sincerely,
Kenny Relly

譯文

親愛的多爾曼先生：

我們公司正在尋找一個新銀行，能以合理的價錢為我們提供優質服務。
煩請寄送貴銀行的業務簡介和業務服務費用表。等我們看過不同銀行的資料之後，我們再通知您是否要到您的銀行開戶。

期待您的回音！

肯尼・雷利 謹上

你一定要知道的文法重點 ⊖ ▢ ✕

重點1 ...which will provide us with good service at a reasonable cost.

在尋求服務的時候，肯定是希望對方收費合理。通常最常用的說法就是 favorable price「優惠的價格」。但是這個說法，一般常用於跟他人或是其他公司進行貿易、討價還價的情況當中。而且，它還蘊含有可以商榷的意味。銀行業務與貿易交往還是有所區別，起碼銀行提供的服務原則性更強，浮動性不大。因此，我們採用 at a reasonable cost（以合理的價錢）更為得當。這體現了寫作原則中的清晰（Clearness）原則，措辭準確。

重點2 Please send us your brochure and fee schedule on business service.

在寫作的時候，英文句子往往都會涉及到某個主題或特定內容。例如：Please send us your brochure and fee schedule on business service.「煩請寄送貴銀行的業務簡介和費用表。」其中的 business service（業務服務）就是前面 brochure and fee schedule 兩個名詞針對的內容。一般我們也會選擇用 about 而不是 on，但是相對與 about 來說，on 正式的意味更強，針對性也更強。我們用 on 來表達，意思也會更清楚（Clearness）、更明白。

👆 英文E-mail 高頻率使用例句

① **We are writing to several banks to get more information.**
我們向多個銀行寫信，希望得到更多的資訊。

② **What services can you offer for our company?**
你們能為我們公司提供何種服務？

③ **How much does such an account cost?**
這樣一個帳戶要花多少錢？

④ **Please tell me the *procedure* [7] for opening an account.**
請告訴我開立帳戶需要什麼手續。

⑤ **We have 100 *employees* [8] and 1.6 million dollars in annual *sales* [9].**
我們公司擁有百名員工，年銷售額達一百六十萬美元。

⑥ **We will hold a meeting to discuss which bank is most suitable for us.**
我們將開會討論哪個銀行最適合。

你一定要知道的關鍵單字

1. ***bank*** n. 銀行
2. ***reasonable*** adj. 合理的
3. ***cost*** n. 代價；價值；費用
4. ***fee*** n. 費用；酬金
5. ***review*** v. 回顧；檢查
6. ***account*** n. 帳目；記錄
7. ***procedure*** n. 手續；程序
8. ***employee*** n. 雇員；職員
9. ***sales*** n. 銷售額

09 諮詢倉庫租賃

Dear Mr. Carter,

Our company is interested in **leasing**[1] a big **storehouse**[2] rather than **purchasing**[3] one. It will mainly be used to store our products shipped from **foreign**[4] companies. There is a large **quantity**[5] of them.

Please inform us of the detailed information about the lease, including the total **area**[6] of the storehouse and its payment requirements.

Looking forward to your reply!

Yours sincerely,
Ronan Kendy

譯文

親愛的卡特先生：

我們公司不想購買，只想租下一個大倉庫，主要用來存放我們從國外公司運進的產品，這些產品數量很大。

煩請告知我們有關租賃的詳細資訊，包括倉庫總面積和還有付款要求。

期待您的回覆！

羅南‧坎迪 謹上

你一定要知道的文法重點 ⊖ ▢ ✕

重點1 Our company is interested in leasing a big storehouse rather than purchasing one.

有時候，我們很可能是因為某個特定的原因而去尋求服務。例如在郵件內文中，尋求租賃倉庫方面的服務時，就可以將以下兩句話作結合：Our company doesn't want to buy a storehouse. But we want to rent one.「我們公司不想買一個大倉庫。只想租一個。」利用 rather than 或 instead of 來結合兩者，顯得更簡潔（Conciseness）。另外，需要注意的是，lease 和 rent 都有租賃的意思，而 lease 更強調雙方是簽了租約的。

重點2 It will mainly be used to store our products shipped from foreign companies.

尋求業務的時候，我們可以告知對方租賃的用途。例如上述郵件中是租賃倉庫，於是在說明寫信目的之後，就補充了這一句：It will mainly be used to store our products shipped from foreign companies.「它將主要用來存放我們從國外公司運進的產品。」在這裏，It will mainly be used to... 就指明了租賃的用途。我們還可以說，It will primarily be used for...「它主要用來……」以上兩種說法意思相同，只是後面接續略有不同。

👆 **英文E-mail 高頻率使用例句**

① **The storehouse will be used to keep our goods.**
倉庫將被用來存放貨物。

② **It must be *tidy*[7] and have a large area.**
它必須乾淨，並且面積範圍大。

③ **Please tell us the related information about the storehouse.**
請告知我們倉庫的相關資訊。

④ **What about its *location*[8], total area and payment terms?**
請告知有關它所在的地點、總面積及其支付方式。

⑤ **We have a large amount of goods overseas.** 我們在海外有大量貨物。

⑥ **A spacious storehouse is a *necessity*[9] for these import cargoes.**
我們需要一個寬敞的倉庫來存放這些進口商品。

你一定要知道的關鍵單字

1. *lease* **v.** 租；租借
2. *storehouse* **n.** 倉庫
3. *purchase* **v.** 購買
4. *foreign* **adj.** 外國的
5. *quantity* **n.** 數目；數量
6. *area* **n.** 地區；領域；面積；方面
7. *tidy* **adj.** 整潔的
8. *location* **n.** 位置
9. *necessity* **n.** 必需品

10 | 諮詢飯店訂房狀況

Dear Mr. Affleck,

I will be going on a business *trip*[1] in your city with one *colleague*[2] from March 6 to March 12. As far as I know, your business is *brisk*[3] all the time, but I would appreciate it if you could *reserve*[4] two *single*[5] rooms under my name for us. Thank you in advance.

Looking forward to hearing from you soon!

Yours sincerely,
Colin Farrell

譯文

親愛的艾佛列克先生：

我在 3 月 6 日到 12 日期間，將和一位同事到你們城市出差。據我所知，貴旅館的生意一向很好。不過，如果您能在上述時間，以我的名義，幫我們預訂兩間單人房，我將不勝感激。先謝謝您了！

殷切期待您的回覆！

科林·法洛 謹上

你一定要知道的文法重點

重點1 **I will be going on a business trip in your city with one colleague from March 6 to March 12.**

向飯店預訂房間的時候，順便一提預訂房間的原因，但也可以省略。其中，需要我們特別說明的則是具體的居住時間。例如上述郵件內文中的句子：I will be going on a business trip in your city with one colleague from March 6 to March 12.「我在 3月 6 日到 12 日期間，將和一位同事到你們城市出差。」句中就提到了兩點，一是說明因為出差需要訂房，另一個則說明需要從 3 月 6 日一直住到 12 日。居住時間說的相當具體（Concreteness），也相當正確（Correctness）。

重點2 **You could reserve two single rooms under my name.**

預訂房間的時候，一般會要求是雙人房（double room）或單人間（single room）。而預訂兩個單人房的說法就是 reserve two single rooms。同時，我們還要注意是以誰的名義來訂房。上述的郵件是以寄件人的名義來訂房：under my name「以我的名義」。如果是幫別人訂房，最好是以別人的名義來訂房，以方便旅館查詢、順利入住。

英文E-mail 高頻率使用例句

① **I am planning a trip to New York for two days.** 我計畫到紐約出差兩天。

② **I urgently need a room for tomorrow night.** 我明晚急需一個房間。

③ **Do you *serve* [6] breakfast for *deluxe* [7] rooms?**
您們為豪華客房提供早餐嗎？

④ **I'd like a *suite* [8] with an ocean view.**
我想預訂一間有海景的套房。

⑤ **We would greatly appreciate it if you could reserve a double room for us.**
如能幫我們預留一間雙人房，我們將不勝感激。

⑥ **I'd like to *book* [9] a single room from the afternoon of September 4 to the morning of September 10．**
我想訂一間單人房，9 月 4 日下午入住，9 月 10 日上午退房。

你一定要知道的關鍵單字
1. *trip* **n.** 旅行
2. *colleague* **n.** 同僚；同事
3. *brisk* **adj.** 興旺的；繁榮的
4. *reserve* **v.** 保留
5. *single* **adj.** 單一的
6. *serve* **v.** 服務；招待
7. *deluxe* **adj.** 豪華的；高級的；奢華的
8. *suite* **n.** 套房
9. *book* **v.** 登記、預訂

Request

11. 請求變更日期

　　▯ 09-11 請求變更日期.doc

12. 請求退貨

　　▯ 09-12 請求退貨.doc

13. 請求澄清事實

　　▯ 09-13 請求澄清事實.doc

14. 請求協助

　　▯ 09-14 請求協助.doc

15. 請求資料返還

　　▯ 09-15 請求資料返還.doc

16. 請求製作合約書

　　▯ 09-16 請求製作合約書.doc

17. 請求返還合約書

　　▯ 09-17 請求返還合約書.doc

18. 請求商品目錄

　　▯ 09-18 請求商品目錄.doc

19. 請求訂購辦公用品

　　▯ 09-19 請求訂購辦公用品.doc

20. 請求購買回應

　　▯ 09-20 請求購買回應.doc

01 | 請求付款

Dear Mr. Morris,

Thank you very much for your *purchase*[1] of our *products*[2].

For your *reference*[3], we have attached our *invoice*[4] number 79023108 for 2,000 US dollars.
Please *pay*[5] the *bill*[6] *within*[7] 15 days upon receipt of the request letter.
Please notify us when you **make the remittance**.

Yours faithfully,
Pioneer Electric Appliance

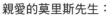

譯文

親愛的莫里斯先生：

非常感謝您購買本公司產品。

敬請確認附件中編號為 79023108 的 2000 美元發票。拜託您在本請求函到達後 15 日內支付貨款，並請您在匯款之後馬上與我們聯繫。

先鋒電器 謹上

你一定要知道的文法重點　　　　⊖ ▢ ✕

重點1 **Thank you very much for your purchase of our products.**

這句話的意思是「非常感謝您購買本公司產品。」類似的表達方式還有：Thank you for using / purchasing our products「感謝您使用／購買本產品」；Thank you for choosing our commodities「感謝您選擇本店商品」；Thank you for shopping in our supermarket「感謝您光臨本超市」等。

重點2 **make the remittance**

片語 make a remittance 意思是「匯款」，相當於 remit money「付款」、「劃撥款項」。請看以下例句：

● **Please make a remittance of $150 for the books you have ordered.**
（請為您訂的書匯款美金 150 元。）

● **I remit money to my family through a bank every month.**
（我每月透過銀行匯款給家裡。）

英文E-mail 高頻率使用例句

① **We promise to make a _remittance_ [8] within a week.**
我們答應在一星期內匯款。

② **We will make a remittance within a week in full settlement of our purchase of the goods contracted.**
我方合約所訂購的貨款，將於一周內匯款全額結清。

③ **Would you please fax the remittance certificate to us?**
您能將匯款憑證傳真至我公司嗎？

④ **Please pay the bill within 7 days upon receipt of the request letter.**
請在接到請求函後的七日內付款。

⑤ **Thank you for choosing our commodities in our mall.**
非常感謝您在本商場選購商品。

⑥ **Please inform us after you make the remittance.**
請您在匯款之後通知我。

你一定要知道的關鍵單字

1. _purchase_ **n.** 購買
2. _product_ **n.** 產品
3. _reference_ **n.** 參考；參照
4. _invoice_ **n.** 發票；發貨單
5. _pay_ **v.** 付款
6. _bill_ **n.** 帳單
7. _within_ **prep.** 在……之內
8. _remittance_ **n.** 匯款

02 請求退費

Dear Service Department,

I am afraid I would like a **refund**[1] for the **skirt**[2] I **returned**[3] earlier. Because of the wrong **size**[4], I sent the skirt back to you on August 7, the day after it arrived. However, the skirt was **included**[5] in the bill **charged to my account**. Could you refund me the money of the skirt?

Please **confirm**[6] receipt of this letter by e-mail.

Yours faithfully,
Emma Blake

譯文

親愛的客服部：

我恐怕要拜託您退還我前幾日寄回的裙子的費用。
由於尺碼錯誤，我在收到的第二天，也就是八月七日就退貨了。但是，我銀行帳戶結帳的金額中卻包含了這條裙子的費用。能否將這筆費用退還給我呢？

收到這封信後請用電子郵件通知我。

愛瑪・布萊克 謹上

你一定要知道的文法重點

重點1 refund

refund 表示「退還」、「歸還」、「償還金額」，本身有名詞和動詞兩種詞性，但在此語境中則當作動詞「退費」講。表達此意的詞還有 repay / pay back 等。請看以下例句：

● **Can you refund the cost of postage in a case like this?**
（若發生這種情況你能退還郵資嗎？）

● **I lent him ￡5 on the condition that he must pay me back today.**
（我借給他 5 英鎊，條件是他今天得還給我。）

● **He will pay back the money in monthly installments.**
（他將按月以分期付款的方式償還。）

重點2 charged to my account

片語 charge one's account 意思是「從某人的帳戶中扣除」。要說明的是，利用銀行帳戶自動扣款的支付方式在我國非常普遍。不同的是，在美國，不管是什麼花費，一般都要收到帳單之後，才會以支票的形式寄至原公司來付款。請看以下例句：

● **Freight for the shipment from Shanghai to Beijing is to be charged to your account.**（從上海到北京的運費由貴方負擔。）

英文E-mail 高頻率使用例句

① **She took the faulty radio back to the shop and demanded a refund.**
她將有瑕疵的收音機拿回商店去要求退款。

② **Needless to say, we shall refund any expenses.**
不用說，我們將會償還您所有的費用。

③ **Please _charge_ [7] the bill to my _account_ [8].**
把帳單記入我的帳上。

④ **Because it was the wrong color, I want to return it.**
因為顏色錯誤，所以我想退貨。

⑤ **My father bought a new suit on his charge account.**
我父親以賒帳的方式買了一套新西裝。

你一定要知道的關鍵單字

1. _refund_ **v.** 退款；退還

2. _skirt_ **n.** 裙子

3. _return_ **v.** 歸還；返還

4. _size_ **n.** 尺碼

5. _include_ **v.** 包含；包括

6. _confirm_ **v.** 確認；證實

7. _charge_ **v.** 索價；收費

8. _account_ **n.** 帳戶

03 | 請求寄送價目表

Dear Customer Service,

I am looking for companies **selling**[1] **camera**[2] **equipment**[3].
I learnt from the **Yellow Pages** that your corporation **engages**[4] in **photographic**[5] equipment, so you have the **exact**[6] items I need. Could you please send me your **price list** of cameras with **diversiform**[7] **Model**[8] Numbers to us? Thank you very much!

An early reply will be greatly obliged.

Yours faithfully,
Media Adv. Co.

譯文

親愛的客服部負責人：

我正在尋找經營攝影器材的公司。
從電話簿上獲悉，貴公司是從事攝影器材生意的公司，所以貴公司正有我們要的東西。您能寄一份各種型號攝影器材的價目表給我們嗎？非常感謝！

如能儘早回覆，則不勝感激。

美狄亞廣告公司

你一定要知道的文法重點

重點1 **Yellow Pages**

Yellow Pages 是指電話簿中刊載公司、廠商電話的黃頁。美國的 telephone book 「電話簿」是以黃色的紙張按工商分類；如果 White Pages 則是白色的紙張，刊載的是私人電話，按個人分類。

- **Let us find their telephone number from the Yellow Pages and make a call.**（我們從黃頁上查電話號碼，並打電話給他們。）

重點2 **price list**

price list 是「價目表」，表達「價目表」還可以用 price schedule 或者 price menu 等。有關「價目表」的表達方式還有：price list for...「……的價目表」；fee policy / pricing policy 或者 fee policy / pricing policy「價格體系」。

- **Can you give me a price list with specification?**
  （你能否給我一份有規格説明的價目單嗎？）

👆 **英文E-mail 高頻率使用例句**

① **He paid only a *quarter*[9] of the list price.**
　他只付了價目表上四分之一的定價。

② **Please enclose your price list and all necessary illustrations.**
　請隨函附上貴方的價格單和一切必要的説明。

③ **I am looking for a translation company.**
　我正在尋找一家翻譯公司。

④ **I saw your advertisement in the Yellow Pages.**
　我在電話簿上看到了貴公司的廣告。

⑤ **I expect your prompt reply.**
　期待您儘快答覆。

⑥ **Could you please send me your price list?**
　您能將您的價目表寄給我嗎？

⑦ **Thank you very much for your swift action!**
　如能快速行動則非常感激。

⑧ **Please send a pricing list of your hats.**
　請寄送一份帽子的價目表。

你一定要知道的關鍵單字
1. *sell* v. 販賣；出售
2. *camera* n. 照相機
3. *equipment* n. 設備
4. *engage* v. 從事
5. *photographic* adj. 攝影的
6. *exact* adj. 精確的
7. *diversiform* adj. 多樣的；各色各樣的
8. *model* n. 模型；型號
9. *quarter* n. 四分之一

04 | 請求宅配到府

Dear Service Department,

I have ordered 3 ***mattresses***[1] on the ***Internet***[2] from your company. And I want to know if you ***provide***[3] home-delivery service. If you can deliver goods to the customers, may I pay ***cash***[4] on delivery or by ***bank***[5] **transfer**?

Please ***notify***[6] me at your ***earliest***[7] ***convenience***[8]. Thanks a lot!

Yours faithfully,
Betty Jones

譯文

親愛的客服部負責人：

我已經在網上訂購貴公司三個床墊。我想問一下貴公司有提供宅配到府服務嗎？如果貴公司可以宅配到府，那麼我可以貨到付款或銀行轉帳嗎？

如果方便的話，請儘快通知我。非常感謝！

貝蒂‧瓊斯 謹上

你一定要知道的文法重點 ⊖ ▢ ✕

重點1 **home-delivery service**

片語 home-delivery service 意思是「宅配到府」，表達「宅配到府」還可以說 deliver goods to the customers, pickup and delivery 等；「上門服務」可以說 door-to-door service。請看下面的句子：

● **To save customers time, they started a delivery service.**
（為了節省顧客時間，他們實行宅配到府。）

● **Our neighborhood service center offers a door-to-door service for those who have special difficulties.**
（本社區服務站針對有特殊需求的客戶提供送貨到府的服務。）

重點2 **bank transfer**

bank transfer 是「銀行轉帳」，為當今網路購物盛行的一種支付貨款的方式。網路購物的其他付款方式還有：cash on delivery（縮寫為 C.O.D）「貨到付款」；payment by post「郵寄付款」等。請看下面的句子：

● **The common international import transaction is via bank transfer.**
（普通的國際進口貿易是透過銀行轉帳的。）

英文E-mail 高頻率使用例句

① **Please deliver the goods at your earliest convenience.**
請儘早送貨。

② **Many stores now deliver goods to your door free of charge.**
現在很多商店提供免費宅配到府。

③ **Could we pay cash on delivery?**
我們能貨到付款嗎？

④ **Door-to-door service is the *consistent*[9] style of our shop.**
到府服務是本店一貫的做事風格。

⑤ **Within the province it provides express door-to-door service.**
在省內提供快速到府服務。

⑥ **Could you please provide home-delivery service?**
您能提供宅配到府的服務嗎？

你一定要知道的關鍵單字

1. *mattress* n. 床墊

2. *Internet* n. 網際網路；國際互聯網

3. *provide* v. 提供

4. *cash* n. 現金

5. *bank* n. 銀行

6. *notify* v. 通知

7. *early* adj. 早的；初期的

8. *convenience* n. 方便

9. *consistent* adj. 一貫的

05 | 請求公司資料

Dear Sir or Madam,

I would like to request ***information***[1] about your company to ***facilitate***[2] my ***research***[3] for a school ***project***[4].
The project ***focuses***[5] on start-up food ***processing***[6] companies and their ***impact***[7] within the industry. I would appreciate any **corporate brochures** or marketing ***materials***[8] with which you could provide me.

Thank you very much for your help!

Yours sincerely,
Monica Ali

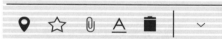

譯文

敬啟者：

我想向貴公司諮詢一些資訊，以幫助我進行一個專案研究。
這個項目主要是針對食品初級加工的公司以及其對該行業的影響。如果您能提供一些可以公布的公司業務簡介或市場銷售資料提供給我的的話，我將不勝感激。

非常感謝您的幫助！

莫妮卡·阿里 謹上

你一定要知道的文法重點

重點1 **facilitate**

facilitate 意思是「促進」、「使便利」、「減輕……的困難」。整句話的意思是「我想向貴公司諮詢一些資訊，以幫助我進行一個專案研究。」其中的 facilitate 還可以換成 help, assist, avail 等。請看下面的句子：

• **Zip codes are used to facilitate mail service.**（郵遞區號方便了郵遞服務。）

• **Could you help me take this suitcase upstairs?**
（你幫我把這箱子搬到樓上好嗎？）

• **He asked us to assist him in carrying out his plan.**
（他請求我們幫他執行他的計畫。）

重點2 **corporate brochures**

片語 corporate brochures 意思是「公司宣傳手冊」。corporate，即形容詞「公司的」、「法人的」；brochure 則為名詞「小冊子」、「宣傳手冊」。每個公司的基本資料通常都會印成小冊子作為宣傳材料，即「公司宣傳手冊」。請看下面的句子：

• **Could you give me some brochures for your clothing?**
（您能給我一些你們服飾的宣傳冊嗎？）

英文E-mail 高頻率使用例句

① **I would like to request a copy of your company *brochure*** [9].
我想要一份貴公司的簡介。

② **I am writing to request information about your company.**
我寫信是想諮詢貴公司的相關資訊。

③ **I am very interested in learning more about your company.**
我很有興趣想更一步瞭解貴公司。

④ **Is it possible to obtain a copy of your annual report?**
您可不可以給我一份貴公司的年度報告？

⑤ **Thank you in advance for your kind attention.**
先感謝您的關注。

⑥ **Could you give me a brochure of your company?**
能給我一份貴公司的宣傳手冊嗎？

你一定要知道的關鍵單字

1. *information* **n.** 訊息
2. *facilitate* **v.** 促進；使便利
3. *research* **n.** 研究
4. *project* **n.** 項目；工程；計畫
5. *focus* **v.** 聚集；集中
6. *process* **v.** 加工；處理
7. *impact* **n.** 影響
8. *material* **n.** 資料
9. *brochure* **n.** 小冊子；宣傳手冊

06 | 請求開立發票

Dear Mr. Ui,

I need you to ***settle***[1] **the invoice** for my two pairs of high-***heel***[2] shoes bought from your store on June 2. I guess you might have forgotten to ***issue***[3] the invoice for me because of ***busy***[4] work.
Please give your ***attention***[5] to this ***problem***[6] at once, as I would not like to see something like this have ***effect***[7] on your ***credit***[8] standing.

Yours faithfully,
Rose Lear

譯文

親愛的烏伊先生：

我要您為我在六月二日在貴店購買的兩雙高跟鞋開具發票。我猜想一定是你太忙碌所以忘記開了。

請立即處理這個問題，因為我不想讓此類事情影響到貴店的信譽。

羅絲・李爾 謹上

你一定要知道的文法重點

重點1 settle the invoice

settle an invoice 意思是「開發票」，invoice 意為「發票」。發票是指在購銷商品、提供或者接受服務以及從事其他經營活動中，開具、收取的收付款憑證。它是消費者的購物憑證，是納稅人經濟活動的重要商事憑證，也是財政、稅收、審計等部門進行財務稅收檢查的重要依據。表達「開發票」還可以用 issue an invoice / make out an invoice / write a receipt 等。

重點2 credit standing

片語 credit standing 意思是「信譽」。類似的表達方法還有：credit worthiness「信貸價值」、「信譽」；goodwill「善意」、「商譽」；credibility「可信用」、「可靠」、「確實性」；prestige「名望」、「聲望」、「威望」；reputation「名譽」、「信譽」等。請看下面的句子：

- **His credit standing is highest in this area.**
  （在這個地區他的信用等級是最高的。）
- **Credibility is hard to get but easy to lose.**
  （信用不易建立，卻極易失去。）

英文E-mail 高頻率使用例句

① **I hope you could give me an invoice for my payment at once.**
我希望您立即為我的付款開具收據。

② **I have called you several times to request the invoice.**
我已經給你打了好幾次電話索要發票。

③ **Please deal with the problem immediately.**
請立即處理這個問題。

④ **We will make out an invoice for selling immovable [9] properties for you.**
我們將為您開具正式的不動產銷售發票。

⑤ **Wait a minute, please. I'll make out an invoice for you.**
請稍等，我會為您開張發票。

⑥ **Thank you for turning your attention to the problem.**
感謝您對此事予以關注。

你一定要知道的關鍵單字

1. *settle* **v.** 處理；確定
2. *heel* **n.** 腳後跟
3. *issue* **v.** 發出；開立；簽發
4. *busy* **adj.** 忙碌的
5. *attention* **n.** 注意力
6. *problem* **n.** 難題
7. *effect* **n.** 影響；效果
8. *credit* **n.** 信用；榮譽
9. *immovable* **adj.** 不動的；固定的

07 | 請求追加投資

Dear Mr. Edward,

I am very glad that **Talent**[1] Investment Company has been **operating**[2] quite well since its **establishment**[3].
However, we are now **confronting**[4] a **fiscal**[5] crisis because of the **global**[6] financial crisis. So I would like to know if it is possible for you to make **additional**[7] investment to help us **bridge over** the current difficulty.

Thank you so much for your careful consideration and we hope for your support!

Yours faithfully,
TIC

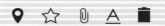

譯文

親愛的愛德華先生：

很高興敝公司（天才投資公司）自成立以來都運作得非常好。
然而，由於全球性的金融危機，我們現在也正面臨著財務危機。所以我想請問您可以再給我們追加一些投資來幫助我們度過難關嗎？

非常感謝您能慎重考慮，並期待著您的支持！

天才投資公司 謹上

你一定要知道的文法重點　－□✕

重點1 **We are now confronting a fiscal crisis because of the global financial crisis.**

這句話的意思是「由於全球性的金融危機，我們現在也正面臨著財務危機。」其中 confront 為謂語動詞，意為「面臨」、「遭遇」，表達「面臨」的片語還有：be faced with / be confronted with / be up against 等。請看下面的句子：

● **The new system will be confronted with great difficulties at the start.**
（這種新的制度一開始將會面臨很大的困難。）

● **You'll be up against it if you don't pass the test.**
（如果你考試不及格的話，你將面臨困難。）

重點2 **bridge over**

片語 bridge over 意思是「度過（難關）」。表達「度過（難關）」還可以用 tide over / pull through / weather the storm 等。請看下面的句子：

● **He did a lot to bridge over his difficulties.**（為度過難關他做了許多努力。）

● **If he could muster up more strength, he might pull through.**
（如果他再加把勁就可以度過難關了。）

● **The next year or two will be very difficult for our firm, but I think we will weather the storm.**
（今後一、兩年我們的公司會很困難，但是我認為我們會度過難關的。）

英文E-mail 高頻率使用例句

① **He made a large investment in the business enterprise.**
他對那個企業作了大量投資。

② **We are confronted with great fiscal trouble now.**
我們正面臨著嚴重的財政困難。

③ **We would like to enlarge the scale of our company.**
我們想擴大公司規模。

④ **Could you invest more money in our corporation?**
您能追加你在我們公司的投資金額嗎？

你一定要知道的關鍵單字

1. *talent* n. 才能；天才；天資

2. *operate* v. 運轉；操作

3. *establishment* v. 建立

4. *confront* v. 面臨

5. *fiscal* adj. 財政的

6. *global* adj. 全球性的；全局的

7. *additional* adj. 額外的；附加的

08 | 請求會面

Dear Mr. Richard,

I am going to visit Los Angeles on Saturday, October 4. By the way, may I have the **opportunity** of paying you a visit with the ***purpose*** [1] to discuss the ***current*** [2] ***financial*** [3] ***crisis*** [4]?
May I ***suggest*** [5] 4:00 p.m. on Sunday, October 5, as a ***convenient*** [6] time for my visit? **If it is not fine with you, perhaps you would be kind enough to let me know a time convenient for you.**

Hoping to meet you soon!

Sincerely yours,
David Rex

譯文

親愛的理查先生：

我將於 10 月 4 日星期六去洛杉磯。我可以有這個榮幸順便去拜訪您，並討論一下當今的金融危機嗎？
如果您 10 月 5 日下午四點方便的話，我可以去拜訪您嗎？如果不行的話，或許還有其他您比較方便的時間，可以告知我嗎？

期待著與您會面！

大衛‧雷克斯 謹上

你一定要知道的文法重點

重點1 **opportunity**

opportunity 是「機會」、「時機」，「機會」還可以用 chance 來表達。但是 opportunity 和 chance 的區別是：opportunity 更側重於非常好、非常難得的機會，即 「良機」，而 chance 僅指一般的「機會」。在此信中，為了請求會面，用 opportunity 則會更有誠意。請對照下面的句子：

• **We have waited for such a good opportunity for so many years!**
（這樣好的機會我們等了好多年了！）

• **Please give me a chance to explain.**（請給我個機會讓我解釋一下。）

重點2 **If it is not fine with you, perhaps you would be kind enough to let me know a time convenient for you.**

這句話的意思是「如果不行的話，或許還有其他您比較方便的時間，可以告知我嗎？」寫信者在此句話之前就約定了見面的時間，但是還是加上了這句話。也就是說如果對方在約定的時間可以見面的話就見，如果不方便的話還可以再約時間，表現出了寫信者既有誠意，又考慮周全，並體貼周到。這正符合了英文書信寫作中的 Consideration（體貼原則。

英文E-mail 高頻率使用例句

① **I would like to visit your office to discuss our *plan* [7].**
我想訪問貴公司來討論我們的計畫。

② **Could you meet with me between April 10 and 14 if possible?**
如果可以的話，能否在 4 月 10 日到 14 日中的一天會面？

③ **Could we make an *appointment* [8] on this Saturday?**
我們這個週六會面好嗎？

④ **May I make an appointment?**
我可以定一個時間見面嗎？

⑤ **When is your next appointment?**
你下一次的預約時間是什麼時候？

⑥ **Can we reschedule our appointment?**
能不能更改我們約定的時間？

你一定要知道的關鍵單字

1. *purpose* **n.** 目的

2. *current* **adj.** 現在的；當前的

3. *financial* **adj.** 金融的；財政的

4. *crisis* **n.** 危機

5. *suggest* **v.** 建議；提出

6. *convenient* **adj.** 方便的

7. *plan* **n.** 計畫

8. *appointment* **n.** 約會；約定

09 請求延期

Dear Mr. Harding,

I am ***terribly***[1] sorry for the ***overdue***[2] balance on our account. It turns out that the ***last***[3] invoice we received from you was ***somehow***[4] ***misplaced***[5].

Would it be possible to ***grant***[6] us a 5-day payment ***extension***[7]? I can ensure that you will receive the **outstanding** balance by next Thursday.

I appreciate your understanding very much.

Yours faithfully,
Catherine Jones

📍 ☆ 📎 Ａ 🗑 | ﹀

譯文　　　　　　　　　　　　　　　　　　　　 ─ □ ✕

親愛的哈丁先生：

非常抱歉我們逾期未能付清帳款。原來是上次您的發票寄來之後不知怎麼找不到了。我想問一下可不可以再延長五天的支付期限呢？我保證下週四之前您可以收到未付帳款。

非常感謝您的諒解。

凱薩琳‧瓊斯 謹上

✉ 你一定要知道的文法重點　⊖ ▢ ✕

重點1 ▶ It turns out that the last invoice we received from you was somehow misplaced.

這句話的意思是「原來是上次您的發票寄來之後不知怎麼找不到了。」這是在解釋請求延遲支付期限的原因。It turns out that...意思是「原來……」；somehow 指「不明原因」、「不知怎麼的」，相當於 for some reason「由於某種原因」。It turns out that... 和 somehow 的使用是寫信者非常婉轉地表達不能按時支付貨款是有客觀原因的，因而使對方比較容易接受。

重點2 ▶ outstanding

outstanding 有「傑出的」、「顯著的」、「未償清的」、「未完成的」，在此語境中則是「未償清的」意思，相當於 unpaid「未付款的」。請對照下面的句子：

● **Einstein was an outstanding scientist.**（愛因斯坦是位傑出的科學家。）
● **The outstanding debts must be paid by the end of the month.**
　（未了的債務須在月底前償還。）
● **There is an unpaid bill on my table.**（我桌上有張未付的帳單。）

👆 英文E-mail 高頻率使用例句

① **I understand that the payment for our last order is due next Monday.**
　我知道我們上次訂單的帳款應於下週一支付。

② **Would it be possible to extend the payment deadline until the end of the month?**
　可不可以將支付期限延長到月底？

③ **We would greatly appreciate it if you could grant us a 7-day payment extension.**
　如果您能將付款期限延遲七天我們將不勝感激。

④ **I was wondering whether it is possible to extend this period by one week.**
　我想知道能不能延遲一周付款。

你一定要知道的關鍵單字

1. *terribly* adv. 非常地

2. *overdue* adj. 過期的；到期未付的

3. *last* adj. 最近的；最後的

4. *somehow* adv. 不知怎麼地；設法

5. *misplace* v. 錯放；放錯地方

6. *grant* v. 授予；同意

7. *extension* n. 延長；擴充；延期

10 | 請求推薦客戶

Dear Mr. Crown,

As you know, DongHuang Corporation is **expanding**[1].
Since you have **expressed**[2] that you are very **satisfied**[3] with our service, I **wonder**[4] if you **could be so kind as to recommend**[5] some **potential**[6] clients to us for **activating**[7] business.

We deeply appreciate any suggestions you may have to offer.

Sincerely yours,
Alex Jones

◉ ☆ ◍ A ▮ | ⌄

譯文

親愛的克朗先生：

正如您所知道的，東皇公司正在蓬勃發展。
既然您對我公司的服務非常滿意，那麼我想知道您能否幫我推薦一些客戶來擴展我們的業務呢？

如果您能提供任何建議，我們將不勝感激。

亞歷山大·瓊斯 謹上

278

你一定要知道的文法重點

重點1 could be so kind as to...

could be so kind as to... 意思是「如果您能……（某人會非常感激）？」是表達請求別人做某事時常會用到的句型。類似委婉的表達方法還有：Would you please...? / Would you be so kind to...?「您能……嗎？」或者用 Could you...? / Could I ask you to...? 請看下面的句子：

- **Would you be so kind as to lend me some money?**（你能借我一點兒錢嗎？）
- **Would you please tell us about the payment terms?**
  （請您告訴我們付款方式好嗎？）

重點2 activating business

片語 activate business 意思是「擴展業務」，類似表達「拓展業務」的片語還有：expand business / develop business / branch out / extend business 等。請看下面的句子：

- **I'd like to find a partner in China to expand my business.**
  （我想在中國找一個合作夥伴拓展業務。）
- **From selling train tickets, the company branched out into package holidays.**（公司業務從發售火車票擴展到套裝度假旅遊。）

英文E-mail 高頻率使用例句

① **Could you be kind enough to introduce some clients for us?**
您能為我們介紹一些客戶嗎？

② **The customer was impressed by our machines' performance.**
客戶對我們的機器良好性能很滿意。

③ **I wonder if you could be so kind as to recommend some customers for us?**
我想知道您能我們推薦一些客戶嗎？

④ **Could I ask you to offer some favorable suggestions?**
我想請問您能否提供一些有利的建議呢？

⑤ **Our company is on its way to prosperity.**
本公司正走向繁榮之路。

你一定要知道的關鍵單字

1. *expand* **v.** 擴張
2. *express* **v.** 表達
3. *satisfy* **v.** 滿足；使滿意
4. *wonder* **v.** 驚奇；想知道；懷疑
5. *recommend* **v.** 推薦
6. *potential* **adj.** 潛在的
7. *activate* **v.** 刺激；使活動

11 | 請求變更日期

Dear Mr. Wills,

I **regret**[1] that I won't be able to make it to **the meeting we set up at your firm**[2] on March 14.
However, I am wondering if I could visit your office on **either**[3] of the **following**[4] two days, March 15 or 16, **since**[5] I would like to meet with you as **soon**[6] as possible.

Please **contact**[7] me at your earliest **convenience**[8].

Yours truly,
George Green

譯文

親愛的威爾斯先生：

我感到非常抱歉，我在三月十四日不能按原定行程訪問貴公司。
但是我想儘快見面，您能在接下來的三月十五日或者三月十六日擇日與我見面嗎？

請儘快與我聯絡。

喬治・格林 謹上

你一定要知道的文法重點

重點1 **the meeting we set up**

the meeting we set up 意思是「計畫好的會面」。這句話還可以這樣表達：the meeting we set / the meeting we arranged / the meeting we scheduled 等。請看下面的句子：

- **I am afraid I can not meet you at the time we scheduled before.**
  （我恐怕在預定時間不能見面了。）

重點2 **as soon as possible**

片語 as soon as possible 意思是「儘快」、「越快越好」，表達寫信者表達同義的片語還有 as quickly as possible。請看下面的句子：

- **I asked her to get in touch with Henry as soon as possible.**
  （我要求她盡快與亨利聯繫。）
- **The assistant wrapped up the clothes for her as quickly as possible.**
  （這個店員以最快的速度為她把衣服包好。）

英文E-mail 高頻率使用例句

① **Could I schedule an appointment with you on May 10?**
  會面的日期定為五月十日可以嗎？

② **I am looking forward to meeting you soon.** 我期待儘快與您會面。

③ **Could you let me know what time is convenient for you?**
  您什麼時候方便能告訴我嗎？

④ **I am very sorry that I have changed the time of the appointment.**
  對於不得不改變約會的時間我感到非常抱歉。

⑤ **Could we *arrange* 9 another time of the appointment?**
  我們再安排個時間見面好嗎？

⑥ **What about meeting at 4:00 p.m. on September 21?**
  我們在九月二十一日下午四點見面如何？

⑦ **Thank you very much for your understanding.**
  非常感謝您的諒解。

你一定要知道的關鍵單字

1. *regret* v. 後悔；遺憾；抱歉
2. *firm* n. 商行；公司
3. *either* prep. 任一
4. *following* adj. 下列的
5. *since* conj. 因為
6. *soon* adv. 不久；很快
7. *contact* v. 接觸；聯繫
8. *convenience* n. 方便
9. *arrange* v. 安排

12 | 請求退貨

Dear Mr. Peter,

I would like to **return**¹ the ten window **curtains**² that arrived today. The **orange**³ color is a bit darker than I **expected**⁴. May I **exchange**⁵ them for **brighter**⁶ ones? I will send them back **if this is all right with you. Please let me know **whether**⁷ you could send me other **samples**⁸.

I am looking forward to hearing from you soon.

Yours faithfully,
Betty Jones

譯文

親愛的彼得先生：

我想退掉今天收到的十個窗簾。
窗簾的橘色比我預期中的要暗一些。我能換成顏色更明亮些的嗎？如果您沒有意見的話，我將把它們寄回給您。請問您可否再寄一些樣品過來呢？

我希望儘快收到您的回覆。

貝蒂・瓊斯 謹上

你一定要知道的文法重點

重點1 **if this is all right with you**

if this is all right with you 意思是「您方便的話」，其中的 all right 可以換成 OK。
這是一種很委婉的表達方式。類似的表達方法還有：If you don't mind「如果您不介意
的話」 / I would like to...「我想……可以嗎？」 / Could you...「……行嗎？」更委
婉的表達方式還有：If it's not too much trouble, I would like to...「如果不是很麻
煩的話，可以……嗎？」

重點2 **Please let me know whether you could send me other samples.**

這句話的意思「請問您可否再寄一些樣品過來呢？」，其中 whether 可以引導名詞子
句，意為「是否」。表達「是否」還可以用 if，所以這句話還可以這樣說：Please let
me know if you could send me other samples. 請看下面的句子：

• **She was in doubt whether she was right.**

（她對於自己是否正確感到相當懷疑。）

• **I will see if he wants to talk to you.**（我去瞭解一下他是否想和你談話。）

🖑 **英文E-mail 高頻率使用例句**

① **I would like to return the goods which arrived today.**

我想要退還今天到達的貨物。

② **I am afraid you have *confused*[9] the size I want with the size he wants.**

我想你把我和他要的尺寸弄混了。

③ **Could I exchange the goods for different ones?**

我能把貨物換成其他的嗎？

④ **The color is wrong.**

顏色不對。

⑤ **Would it be possible to change it to other products?**

我能換成其他的產品嗎？

⑥ **I will send them back if this is all right with you.**

如果您沒有意見的話，我將把它們寄回給您。

你一定要知道的關鍵單字

1. *return* **v.** 返回；退還

2. *curtain* **n.** 窗簾

3. *orange* **adj.** 橘黃色的

4. *expect* **v.** 預期；期望

5. *exchange* **v.** 交換；兌換

6. *bright* **adj.** 明亮的

7. *whether* **conj.** 是否

8. *sample* **n.** 樣品

9. *confuse* **v.** 混淆；使困惑

13 | 請求澄清事實

Dear Mr. Law,

We have got your email in which you **complained**[1] about the quality of food in our supermarket, and we have to say that **your remark**[2] has had a bad **effect**[3] on our **daily**[4] business to a certain degree.

As far as we know, **the reason that your food spoiled**[5] is because **you didn't put them immediately in the fridge**[6]. We do hope you can eliminate any **negative**[7] effects caused by your remark. Thank you for you cooperation.

Yours sincerely,
Tom Reeves

譯文

親愛的洛先生：

收到您發來的郵件，您抱怨我們超市的食品品質不好。我們不得不說，您的言論在一定程度上對我們的日常營業產生了不良影響。

據我們所知，您的食物之所以壞掉了是因為您沒有及時把他們放在冰箱裡。我們懇請您能消除相關負面影響。謝謝您的合作！

湯姆・李維 謹上

你一定要知道的文法重點 ⊖ □ ✕

重點1 **Your remark has had a bad effect on our daily business to a certain degree.**

有時候顧客的言論可以影響周邊購買者的判斷能力。如果出現了產品品質或是食品品質問題，那就要努力去改變。但如果不是自己的這方的錯誤，而是顧客自身由於使用不當或是保存不當出現的狀況，我們也要要求其澄清事實，消除負面影響。have a bad effect on...（對……有不好影響）注意，後面用的是介系詞 on。

重點2 **The reason that your food spoiled is because you didn't put them immediately in the fridge.**

當客戶對我們的服務或是產品出現抱怨情緒的時候，我們一定要耐心地解釋清楚。因此當在解釋的時候，就可以用上這個說法：The reason that...is because...（之所以……，是因為……。）／The reason that your food spoiled is because you didn't put them immediately in the fridge.（您的食物之所以壞掉了是因為您沒有及時把他們放在冰箱裡。）

🖐 英文E-mail 高頻率使用例句

① You should **clarify** [8] the facts related to this problem.
你應當澄清與此問題有關的事實。

② You must set the facts straight so that my company isn't charged unfairly.
你們必須澄清事實，以免我公司受到不公正的指控。

③ You should publicize my company's products rightly.
你應該正確宣傳我公司的產品。

④ You have to actively cooperate with our company.
你要積極配合我公司的工作。

⑤ You must clarify the truth in order to restore reputation.
你必須澄清事實以挽回公司聲譽。

⑦ We think that your remark isn't **reasonable** [9] enough.
我們覺得您的話不是很合理。

你一定要知道的關鍵單字

1. **complain** [v.] 抱怨
2. **remark** [n.] 話語；評論
3. **effect** [n.] 影響；效果
4. **daily** [adj.] 每日的；日常的
5. **spoil** [v.] 寵壞；損壞
6. **fridge** [n.] 冰箱
7. **negative** [adj.] 否定的、消極的
8. **clarify** [v.] 澄清
9. **reasonable** [adj.] 合理的

14 │ 請求協助

Dear Mr. Farrell,

We are going to hold a large meeting in our city *hall*[1] on Tuesday. If possible, we would like to use a *projector*[2] to give a *slide*[3] *show*[4]. We also need several people to pass out the *pamphlets*[5] to the members *present*[6] during the *meeting*[7].

We would very much appreciate it if you would solve these problems for us.

Looking forward to hearing from you.

Yours sincerely,
Terry Affleck

譯文

親愛的法洛先生：

我們將於星期二在市政廳舉辦一個大型會議。
如果可能的話，我們想利用投影機放映幻燈片。此外，我們還需要幾個人在會議期間進行協助，向出席者發送一些小冊子。
如若能解決上述問題，將不勝感激。

期待您的回覆！

泰瑞・艾佛列克 謹上

你一定要知道的文法重點 ⊖ ▢ ✕

重點1 ▶ We are going to hold a large meeting in our city hall on Tuesday.

說明事件的時候，我們務必要把時間地點說清楚（Clearness）。We are going to hold a large meeting in our city hall on Tuesday.（我們將於星期二在市政廳舉辦一個大型會議。）同時，也點明接下來要說的事情是跟這個事情有關。

重點2 ▶ If possible, we would like to use a projector...

一般我們說到希望能用上某物，就會想到 hope 和 use 這兩個詞語。我們會說，we hope to use a projector.（我們希望能用投影機。）我們也可以更加委婉的提出這個要求，If possible, we would like to use a projector.（如果可能的話，我們想使用投影機。）這裡的 if possible 和 we would like to... 都是很委婉的說法。

🖱 英文E-mail 高頻率使用例句

① **We made a request to them for *aid*** [8]. 我們請求他們援助。

② **We are very grateful for your assistance.** 我們十分感謝你的協助。

③ **We have to prepare the necessary equipment for the performance.**
我們要為演出準備設備。

④ **Could you provide us with the lighting equipments?**
您能為我們提供一下照明設備嗎？

⑤ **Who will be responsible for providing us with *facilities*** [9]**?**
誰負責給我們提供設備？

⑥ **Only a few had been asked to arrange the meeting.**
只有少數幾個人被要求佈置展示會場。

⑦ **The members were decorating the meeting place.**
會員們正在佈置著會場。

你一定要知道的關鍵單字

1. *hall* **n.** 廳；堂

2. *projector* **n.** 電影放映機；幻燈機

3. *slide* **n.** 幻燈片

4. *show* **n.** 顯示；展示

5. *pamphlet* **n.** 小冊子

6. *present* **adj.** 出席的；到場的

7. *meeting* **n.** 會議

8. *aid* **n.** 援助

9. *facility* **n.** 設備；設施

15 | 請求資料返還

Dear Mr. Rice,

Could you please ***return***[1] the materials which I ***lent***[2] you last week? As they are very important documents for my recent business, I really need you to give them ***back***[3] as soon as you can.
I have already ***reminded***[4] you about them several times. Please don't let such an ***unpleasant***[5] ***thing***[6] come between us.

Looking forward to hearing from you soon.

Yours sincerely,
Jason Depp

譯文

親愛的萊斯先生：

請問您現在可以歸還我上周借給你的資料了嗎？
由於那些是對我目前生意很重要的資料，我真的很需要您儘快把它們歸還給我。
我已經提醒您好幾次了。希望不要讓這樣一件不愉快的事情影響到我們的關係。

期待您的回覆！

傑森・戴普 謹上

你一定要知道的文法重點　⊖ ▢ ✕

重點1 I have already reminded you about them several times.

一般對別人下最後通牒或是發出強烈要求其歸還物品的時候，在此之前我們還是要儘量給他們一些提醒和催促。直到提醒不奏效，這時，我們才可以義正言辭的要求他們必須歸還，如：I have already reminded you about them several times.（我已經提醒你好幾次了。）remind sb. about / of sth.（提醒某人某事）。

重點2 Please don't let such an unpleasant thing come between us.

有的時候，對方就是對你的歸還請求不予理睬。這時候，你要讓他明白事情的嚴重性：Please don't let such an unpleasant thing come between us.（希望不要讓這樣一件不愉快的事情影響到我們的關係。）這句話點明了這件事情的嚴重後果；同時，也給對方施加了一點壓力，希望他很快歸還所借物品。

👆 英文E-mail 高頻率使用例句

① Would you please return my company's important **documents**[7]?
請您歸還我公司重要文件。

② We hope you will return the company's documents.
我們期待您歸還公司的文件。

③ If you can return the document, we would be **grateful**[8].
如果您能歸還文件，我們將不勝感激。

④ You are our most trusted partner; I believe you will **immediately**[9] return our documents.
您是我們最信賴的夥伴，相信您會立即歸還我們的文件。

⑤ I don't want something like this to get in the way of our relationship.
我不想讓這種事情影響我們的關係。

⑥ Please tell me why you didn't give them back.
請告訴我你沒有歸還它們的原因。

你一定要知道的關鍵單字

1. **return** v. 歸還；送回

2. **lend** v. 借出

3. **back** adv. 向後地

4. **remind** v. 提醒

5. **unpleasant** adj. 使人不愉快的；不合意的

6. **thing** n. 東西；物體；專件

7. **document** n. 文件

8. **grateful** adj. 感激的

9. **immediately** adv. 立即地

16 | 請求製作合約書

Dear Mr. Coddy,

We both have agreed to all the **_terms_**¹, so there shouldn't be any problem with the **_contract_**². We are waiting for you to send us the copy of the contract.

If you can send it to us at **_once_**³, we can **_execute_**⁴ the project next week. **Any _delay_⁵ would _mess_⁶ up the whole plan.**

Please keep us informed if there is any change in the plan.

Looking forward to hearing from you soon.

Yours sincerely,
Willy Simon

譯文

親愛的寇迪先生：

我們雙方都同意了所有的條款。因此，合約應該就沒什麼問題了吧！我們在等著您把合約寄過來。

如果您及時寄過來，我們下周就可以動工了。任何延遲都將會打亂整個計畫。

若計畫有何改變，敬請告知！

期待您的回覆！

威利‧賽門 謹上

290

你一定要知道的文法重點

重點1 **Any delay would mess up the whole plan.**

英語跟中文有一個很大的不同。在中文裡，我們習慣用人作為主語和動作的實施者，而在英文中，以一件事來作主語是很常見的事情。例如：Any delay would mess up the whole plan.（任何延遲都將會打亂整個計畫。）意思很清楚明白，同時，也說出了事情的重要性。

重點2 **Please keep us informed if there is any change in the plan.**

一般我們要求對方告知任何變動或是更改時會說：Please inform us if there is any change in the plan.（如若計畫有何改變，請告知！）也可以用被動式：Please keep us informed if there is any change in the plan.（如若計畫有何改變，敬請告知！）

英文E-mail 高頻率使用例句

① We agree with all of your terms. And we will send our man as soon as possible to sign a contract.
我們同意您的所有條款，我方將儘快派人與你方簽訂合約。

② If you have no **objection**[7] to the plan, we request you to sign a contract.
如果你方對此計畫沒有異議，我方請求簽訂合約。

③ If you sign a contract with us ASAP, we will ship as soon as possible.
你方儘早與我方簽訂合約，我方就可以儘早發貨。

④ If you sign a contract with us, we will give you a special discount.
如果您能與我方簽訂合約，我們將給予你方特別的優惠。

⑤ For the terms of the contract we have **agreed**[8] to, please sign a contract as soon as possible, and we can **guarantee**[9] the timely production.
對於合約條款我們已經達成共識，請儘早簽訂合約，如此我方可以保證及時生產。

你一定要知道的關鍵單字
1. **term** n. 條款
2. **contract** n. 契約、合約
3. **once** n. 一次
4. **execute** v. 實行
5. **delay** n. 耽擱
6. **mess** v. 弄亂
7. **objection** n. 反對
8. **agree** v. 同意
9. **guarantee** v. 保證

17 | 請求返還合約書

Dear Mr. Billy,

Have you **_gone_**¹ over the contract and **_found_**² everything in order?
We have not contacted you until now, as you **_instructed_**³ us to wait
for your **_response_**⁴.
Could you send us a copy of the **_signed_**⁵ contract as soon as possible?
We are eager to start our work soon.

Looking forward to hearing from you soon.

Yours sincerely,
Chris Ellen

譯文

親愛的比利先生：

你們是否已經看過合約並確認沒有問題了呢？您告知我們等您的回覆，
所以我們直到今天才聯繫您。
您可否儘快把已經簽署好的合約寄回？我們很希望能儘早開工。

期待您的回覆！

克里斯・艾倫 謹上

你一定要知道的文法重點

重點1 **Have you gone over the contract and found everything in order?**

把合約寄去給對方之後，我們需要詢問對方是否已經看過合約，簽訂好合約，並要求把簽好的合約影本寄回。Have you gone over the contract and found everything in order?（你們是否已經看過合約並確認沒有問題了呢？）go over（仔細檢查）還可以用另外一個單字來替換，就是 review，表達的意思是「檢查；複審」。

重點2 **We have not contacted you until now, as you instructed us to wait for your response.**

一般貿易往來的時候，對方有時會要求等他回覆後我們再回覆。這時，我們就要適當的尊重對方的要求。You instructed us to wait for your response.（您告知我們等您的回覆。）instruct 一般指的是上級對下屬發出命令或是指示，用在這裡含有尊重對方，遵照對方要求的意思，比較正式。

英文E-mail 高頻率使用例句

① Did you have the chance to **review**[6] the contract?

不知您有沒有機會將合約再看一次？

② I **refrained**[7] from contacting you about this matter until today.

直到今天才就此事聯繫您。

③ We plan to begin the **construction**[8] as early as we can.

我們計畫儘早動工建設。

④ Please sign and return one copy of this contract.

煩請簽署好合約並將其中一份寄回。

⑤ Please send us the contract at your earliest convenience.

請儘早將合約寄回給我們。

⑥ Please return the contract right away.

請儘快把合約寄回。

⑦ We hope there is no delay in the project.

我們不希望工程發生任何延遲。

你一定要知道的關鍵單字

1. **go** v. 去；走
2. **find** v. 找到；發現
3. **instruct** v. 教導；指令
4. **response** n. 回應；答覆
5. **sign** v. 簽名；簽字
6. **review** v. 回顧；檢查
7. **refrain** v. 抑制；克制；戒除
8. **construction** n. 建築；結構

18 | 請求商品目錄

Dear Mr. Walker,

I would like to have your latest catalogue so that I can purchase *mobile*[1] *phone*[2] *accessories*[3].
I will contact you regarding any items I may be interested in after receiving the catalogue. Thank you in advance.

Looking forward to hearing from you soon.

Yours sincerely,
Willy Simon

譯文

親愛的沃克先生：

我想索取你們最新的目錄，採購一些手機配件。
收到之後，如果有感興趣的產品，我將進一步聯繫您。先謝謝了。

期待您的回覆！

威利・賽門 謹上

你一定要知道的文法重點 ⊖ ▢ ✕

重點1 **I would like to have your latest catalogue so that...**

我們說想要做什麼，用 want to do sth.（想……）。如果我們想要更委婉一些則用 would like to do sth.（想……）而若想表達自己做這件事或是要求這件事情的目的所在，則可以用 to / in order to / so that / for the purpose of，其中，用 to 是最簡潔明瞭的一種方式。需要注意的是，這些單字和片語後面接的動詞型態會有所不同。

重點2 **I will contact you regarding any items I may be interested in.**

一般我們聯繫對方，肯定是因為某件事需要跟對方交流。那麼，「關於」某件事情應該如何來表達呢？一般，我們會想到用 about。其實，還有很多表示「有關……」的單字和片語，例如：regarding / concerning / as to / with regard to。

🖑 英文E-mail 高頻率使用例句

① **Could you send us your new *fall*[4] catalogue?**
能否寄給我們您的秋季商品目錄？

② **Could you provide us with a catalogue or something that tells me about your products?** 你能否提供產品目錄或者能介紹貴公司產品的資料？

③ **Your company *reissued*[5] the catalogue with a new price *list*[6].**
你們公司重新印製了帶有新價格表的商品目錄。

④ **Please send us a new catalogue of your *merchandise*[7].**
請寄給我們一份新的商品目錄。

⑤ **I shall be glad if you will send me your catalogue together with a quotation.**
煩請惠寄商品目錄並報價，不勝感謝。

⑥ **Can I have a list of your products?**
能給我一份貴公司的產品目錄嗎？

⑦ **Please send me your *current*[8] catalogue ASAP.**
請將現有目錄盡速寄來。

你一定要知道的關鍵單字

1. *mobile* **n.** 可迅速轉動的；易於移動的

2. *phone* **n.** 電話

3. *accessory* **n.** 附件；零件

4. *fall* **n.** 秋天

5. *reissue* **v.** 再版；再印

6. *list* **n.** 清單；目錄；列表

7. *merchandise* **n.** 商品

8. *current* **adj.** 流通的；目前的

19 | 請求訂購辦公用品

Dear Mr. Wright,

I learned from your advertisement on the Internet that your company **supplies**[1] **digital**[2] projectors.
In order to **facilitate**[3] our sales team in delivering presentations to current and **prospective**[4] clients, **I want to buy a digital projector from your company.** The attached application details the projector's intended use and lists product information, including model, price and technical **specifications**[5]. **Could you deliver what I want to our company before February 28?**

Thank you very much for your **consideration**[6].

Yours sincerely,
Donald Perry

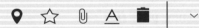

譯文

親愛的賴特先生：

在網路上獲悉貴公司的廣告，得知貴公司提供數位投影機。

為了便於我們銷售人員向客戶（包括現有客戶和潛在客戶）做出更好的講解並演示產品，特向您申請購買一部數位投影機。附件裡有一份申請書，上面已經寫明投影機的具體用途和產品的具體資訊，包括：型號、價格和規格。您能在2月 28 號之前將我需要的產品送至我公司嗎？

非常感謝您的考慮。

唐納德‧佩里 謹上

你一定要知道的文法重點

重點1 **I want to buy a digital projector from your company.**

I would like to apply for the purchase of a digital projector from your company.（我想從貴公司購買一部數位投影機。）這句話本身並非錯誤，但是根據英文書信的 7C 原則之 Conciseness（簡潔原則），此句就顯得有些囉嗦。所以上面的句子我們可以說：I want to buy a digital projector from your company.（我想從貴公司買一部數位投影機。）

重點2 **Could you deliver what I want to our company before February 28?**

Could you deliver what I want to our company before the 28th?（您能否於 28 號之前將我要的產品運至我公司呢？）此句本身並無語法或拼寫錯誤，但是在商務書信中則要遵循英文書信的 7C 原則之 Concreteness（具體原則），此句只說 before the 28th，那麼到底是本月 28 號還是其他月份的 28 號呢？應該將具體日期明確。所以上面的句子我們可以說：Could you deliver what I want to our company before February 28?（您能否於2月 28 號之前將我要的產品運至我公司呢？）

英文E-mail 高頻率使用例句

① **I learned from the commercial on TV that your company offers delivery service.**
我在電視上獲悉貴公司提供送貨服務。

② **I would like to buy a new photocopier for our department.**
我想為本部門購買一台新影印機。

③ **Thank you in advance for your consideration.**
提前感謝您的考慮。

④ **I shall be grateful if you will favor me with an *early*[7] reply.**
若能早日回覆則不勝感謝。

⑤ **Could you provide home delivery service?**
您能提供宅配到府服務嗎？

⑥ **I *heard*[8] that your company offers digital products.**
我聽說貴公司提供數位產品。

你一定要知道的關鍵單字

1. *supply* **v.** 提供

2. *digital* **adj.** 數字式的；數碼的

3. *facilitate* **v.** 使便利

4. *prospective* **adj.** 預期的；未來的；可能的

5. *specification* **n.** 規格；詳述；說明書

6. *consideration* **n.** 體貼；關心

7. *early* **adj.** 早日的；及早的

8. *hear* **v.** 聽到

20 │ 請求購買回應

Dear Mr. Miller,

Thank you for purchasing our products.
To help **improve**[1] our services, **would you be so *kind***[2] as to take a few **minutes**[3] to **answer**[4] the following **questions**[5]? The more **feedback**[6] we get from you, the better for all customers.
Thank you for your assistance.

Looking forward to hearing from you soon.

Yours sincerely,
Adam Brody

譯文

親愛的米勒先生：

感謝您購買我們的產品。
為了改善服務，您可否花幾分鐘時間回答下面幾個問題呢？
從您這得到的回饋越多，越能提升對所有顧客的服務。
謝謝您的幫助。

期待您的回覆！

亞當・布羅迪 謹上

你一定要知道的文法重點

重點1 **Would you be so kind as to take a few minutes to answer the following questions?**

請求顧客做某事，我們可以像上述郵件那樣，使用 Would you be so kind to...（您能不能……？）這種問法雖然顯得有點囉嗦，但是很是禮貌。花費時間做某事，則可以用 take...to do sth. 或者 spend...doing sth. 來表達。

重點2 **The more feedback we get from you, the better for all customers.**

The more..., the better... 這個句型的使用，使整個句子顯得非常乾脆俐落，結構清晰，同時意思簡潔（Clearness）明瞭。The more feedback we get from you, the better for all customers.（從您這得到的回饋越多，越能提升對所有顧客的服務。）又例如：The more you practice, the better you can speak English.（你練習越多，英語講得越好。）

✍ **英文E-mail 高頻率使用例句**

① **We welcome feedback from people who use the goods we produce.**
我們公司歡迎用戶回饋資訊。

② **We need more feedback from the consumer in order to improve our goods.**
我們需要從消費者那裡多得到些回饋資訊以提高產品品質。

③ **There was much feedback from our questionnaire.**
我們問卷調查得到的回饋很多。

④ **We need to collect and file the feedback from customers.**
我們需要收集整理來自客戶的回饋資訊。

⑤ **We will collect feedback from our users, subsequently *organize*[7] and *analyze*[8] the collected data.**
我們將收集用戶的回饋資訊，組織和分析這些資料。

⑥ **Our company *encourages*[9] customer feedback in regard to products and services in the hotel.**
我們鼓勵客戶對飯店的產品和服務提供相關的回饋資訊。

> **你一定要知道的關鍵單字**
>
> 1. *improve* **v.** 改良
> 2. *kind* **adj.** 仁慈的
> 3. *minute* **n.** 分、片刻
> 4. *answer* **v.** 回答、回報
> 5. *question* **n.** 疑問、詢問
> 6. *feedback* **n.** 回饋
> 7. *organize*
>   **v.** 組織；系統化
> 8. *analyze* **v.** 分析；解析
> 9. *encourage* **v.** 鼓勵

 **Urging**

01 催促寄送樣品

Dear Mr. Brown,

Please inform us if the **samples**[1] we requested have **already**[2] been sent.
It has been two weeks since we received your letter **confirming**[3] that the samples will be **delivered**[4] to us, but they have not arrived yet.
I would like to remind[5] you that we are **holding a meeting** next week to select the **items**[6] we will buy in the next year, and your products will be **excluded**[7] from our purchasing list if the samples can't arrive in time. Please be quick!

Sincerely yours,
ABC Company

譯文

親愛的布朗先生：

請告知我們要求寄送的樣品是否已經寄出。
兩個星期前我們收到您的信，確認樣品將會寄給我們，但是我們至今仍未收到。我想提醒您的是，下周我們要舉行會議，選擇明年我們將購買的產品，如果樣品沒有及時送達，您的產品將無法列在我們的採購清單中。請速寄！

ABC 公司 謹上

你一定要知道的文法重點

重點1 **I would like to remind you that...**

此句型是提醒對方某事時經常用到的句型。remind 意思是「提醒」、「使想起」。請看以下例句：

• **I would like to remind you that our office is in want of a new typewriter.**

（我想提醒您一下，我們辦公室急需一部打字機。）

• **I'd like to remind you that the lecture is at 6 o'clock.**

（我想提醒你講座六點鐘開始。）

重點2 **holding a meeting**

hold a meeting 意思是「召開會議」、「開會」。hold 在此語意為「舉行」。表達「舉行」除了可以用 hold，還可以用 give / have / throw 等其他動詞，但是 have / throw 比較不正式，盡量少用於商務書信中。

英文E-mail 高頻率使用例句

① **I would like you to confirm whether the sample has been sent.**

我想確認一下樣品是否已寄出了。

② **Please advise us if the samples we ordered have been shipped.**

請告知我們訂購的樣品是否已經裝運了。

③ **It has been one month since we got the letter from you.**

自從上次收到您的信，已經過了一個月。

④ **Let me know if you have sent the samples to us.**

如果您已經寄送了樣品，請告知我們。

⑤ **I hope we can get the samples as soon as possible.**

我們希望能盡快收到樣品。

⑥ **I would like to remind you that the samples must arrive before April 10.**

我想提醒您，樣品必須在四月十日之前送達。

⑦ **We might end the deal if you can't deliver the samples to us in time.**

如果您不能及時寄送樣品的話，我們可能會結束交易。

⑧ **Please inform us if you have sent the samples we requested.**

請通知我們您是否已經寄送了我們需要的樣品。

你一定要知道的關鍵單字

1. *sample* **n.** 樣品
2. *already* **adv.** 已經
3. *confirm* **v.** 確認；證實
4. *deliver* **v.** 寄送
5. *remind* **v.** 提醒
6. *item* **n.** 項目；物品
7. *exclude* **v.** 不包括；排除；除外

02 催促返還所借資料

Dear Bob,

I want to ask you if you could please **return**[1] the **documents**[2] I lent you last month?
As I **explained**[3] to you earlier, they are very important to me. I really need you to return them as soon as possible.
I have already **reminded**[4] you of this matter for **several**[5] times. Please tell me **frankly**[6], what **on earth** is the **reason**[7] that you can't return them? In fact, I really don't want something like this to **get in the way of** our relationship.

Yours truly,
Fiona

譯文

親愛的鮑勃：

我想請問你，能否把上個月借給您的資料還給我呢？
正如我早先向你解釋的，那些資料對我非常重要。我真的需要你盡快歸還它們。
我已經提醒你好幾次了，能坦白地告訴我到底是什麼原因使你不能返還嗎？我真的不想因為這件事影響到我們之間的關係。

費歐娜 謹上

你一定要知道的文法重點

重點1 **on earth**

on earth 在此語意並不是指「世界上」、「人世間」，而是指「究竟」、「到底」，用於疑問詞後加強語氣。所以尤其適用於表達催促意願的書信中。請看以下例句：

- **What on earth do you mean?**（你到底是什麼意思？）
- **What in the world are you doing here?**（你到底在這裏做什麼啊？）

重點2 **get in the way of**

get in the way of 是「阻止」、「妨礙」的意思，意思等同於 in the way of, in one's way。

請看以下例句：

- **Her social life gets in the way of her study.**
  （她的社交生活妨礙了學業。）
- **Nothing can stand in the way of love.**（什麼也阻擋不了愛情的力量。）
- **He is always in my way.**（他總是礙我的事。）

英文E-mail 高頻率使用例句

① **Could you give the documents back to me?** 您能把文件還給我嗎？

② **You have kept my document for two months.**
　我的文件已經在你那裡放了兩個月了。

③ **Can you tell me why you can't return it?**
　你可以告訴我為什麼不能歸還它嗎？

④ **Let me know when you are planning to give it back.**
　請告訴我妳打算什麼時候歸還。

⑤ **I hope you could return them before this weekend.**
　我希望你能在這個週末之前將它們歸還。

⑥ **Why in the world do you keep it so long?** 到底為什麼用了這麼久？

⑦ **They are really important to me.**
　它們對我真的很重要。

⑧ **Please tell me when you can return it.**
　請告訴我你什麼時候可以歸還。

你一定要知道的關鍵單字

1. **return** v. 歸還；返還

2. **document** n. 文件

3. **explain** v. 解釋

4. **remind** v. 提醒；使想起

5. **several** adj. 幾個；若干

6. **frankly** adv. 坦白地

7. **reason** n. 原因

03 催促寄送商品目錄

Dear Service Department,

I would like to inquire if you have sent us the **Supermarket**[1] **Catalogue**[2].
I requested[3] it three weeks ago. I haven't received it **yet**[4]. Could you tell me what the problem is? If there is no problem at all, please send it to me ASAP. I am afraid that **I will have to consider**[5] other **products**[6] from other supermarkets if you do not **make any prompt response**.

Yours sincerely,
Bree Quain

📍 ☆ 📎 A 🗑 | ⌄

譯文 ⊖ ☐ ✕

親愛的客服部：

我想請問您是否已經把超市商品目錄寄給我了？
我三個星期之前就向您要了，可是現在還沒收到。能告訴我是有什麼問題嗎？如果沒有問題，請盡快寄給我。如果您不立即答覆我的話，我將不得不考慮其他超市的產品了。

布麗・昆恩 謹上

你一定要知道的文法重點

重點1 ▶ **I will have to...**

I will have to... 意思是「我將不得不」、「我將必須」，是個非常直接的表達方法，有種給對方壓力的感覺，有時也有「不情願」的意味。前面的 I am afraid that...「我恐怕……」則使得語氣顯得委婉柔和。請看以下例句：

• **I will have to be thrifty if I am going to get through school.**
（如果我想讀到畢業，就非得節儉不可。）

重點2 ▶ **make any prompt response**

make prompt response 的意思是「立即做出回應」。prompt 作形容詞是「立刻的」、「行動迅速的」，response 則作名詞「回答」、「答覆」，make no response 則為「不回覆」的意思。if you do not make any prompt response 可以理解為 if you do not reply immediately「如果你不立刻答覆」。

英文E-mail 高頻率使用例句

① **The store sent us a new catalogue of its _merchandise_ [7].**
商店寄給我們一份新的商品目錄。

② **I shall be glad if you will send me your catalogue.**
如果貴方惠寄商品目錄，我會非常高興。

③ **We have _forwarded_ [8] you our new catalogue today.**
我們今天已經把我們的新商品目錄寄給你了。

④ **We will mail you our most recent catalogue.**
我們將寄給你我們最新的商品目錄。

⑤ **You can know more about our items through the catalogue.**
你可以透過商品目錄更了解我們的商品。

⑥ **We are sending you a catalogue under a separate cover.**
商品目錄將另外函寄。

⑦ **Please fax me the layout for the new catalogue.**
請將目錄的版面編排圖樣傳真給我。

⑧ **As requested, we are sending you our latest catalogue.**
按照您的要求，茲寄上最新的商品目錄。

你一定要知道的關鍵單字

1. _supermarket_ **n.** 超市
2. _catalogue_ **n.** 商品目錄
3. _request_ **v.** 要求；請求
4. _yet_ **adv.** 還；仍然
5. _consider_ **v.** 考慮；思考
6. _product_ **n.** 產品
7. _merchandise_ **n.** 商品
8. _forward_ **v.** 發送；遞送

04 催促出貨

Dear Mr. Thomas,

Regarding the sales contract NO.3624, covering 400 **dozen**[1] sport suits, we wish to remind you that we have had no news from you about **shipment**[2] of the goods.

As we **mentioned**[3] in our last letter, **we are in urgent**[4] **need of the goods. And if you are not able to supply them in time, we may be compelled**[5] to seek an **alternative**[6] **source**[7] of supply.

We look forward to receiving your shipping notice, by fax, within the next seven days.

Yours faithfully,
Tony Smith

譯文

親愛的湯瑪斯先生：

有關訂貨單號 3624 訂購 400 打運動服事宜，至今尚未收到貴公司的出貨通知。正如我們致貴公司的電子郵件裡所提到的，我們急需此批貨物。如貴公司未能及時供貨，本公司可能被迫尋求其他貨源。

麻煩您請於七天內將出貨通知傳真給我。

東尼‧史密斯 謹上

你一定要知道的文法重點

重點1 We are in urgent need of the goods.

這句話的意思是「我們急需這批貨物」。in urgent need of 是「急需」的意思，表達同義的片語還有 in dire need of。請看以下例句：

● **We are in urgent need of these two grades of goods.**
（我們現在急需這兩種等級的貨。）

● **My brother is in dire need of a good lawyer.** （我弟弟急需一位好律師。）

重點2 be compelled to

片語 be compelled to do sth. 是指「被迫做某事」，與其意思相近的片語還有 be forced to，表明瞭催促對方是不得已而為之，也表明了事情的緊急性，又不顯過於生硬。請看以下例句：

● **He was compelled to bring this action.** （他是不得已才起訴的。）

● **Sometimes we are forced to tell a white lie.**
（有時我們被迫講些善意的謊言。）

英文E-mail 高頻率使用例句

① **In *respect*[8] to our contract No. 246, we wish to bring the fact to your attention.**
有關雙方第 256 號合約，我希望您注意這一事實。

② **We still have received no news from you about the shipment of the goods.** 我們仍然沒有收到半點關於這批貨的裝運消息。

③ **The goods are being demanded by our customers.**
我們的客戶一再催促這批貨物。

④ **The goods should have arrived here three months ago.**
這批貨物本該在三個月前抵達的。

⑤ **Please understand and resolve this serious and urgent matter ASAP.**
望貴公司體諒並盡快解決此迫切而嚴重的問題。

⑥ **We are in dire need of the goods.**
我們急需這批貨物。

⑦ **Your prompt attention and the earliest possible shipment are greatly desired.**
希望您能即時關注這個狀況並儘早付運。

你一定要知道的關鍵單字

1. *dozen* n. 一打；十二個

2. *shipment* n. 裝運

3. *mention* v. 提及

4. *urgent* adj. 急迫的；緊急的

5. *compel* v. 強迫；迫使

6. *alternative* adj. 兩者擇一的；供替代的

7. *source* n. 來源

8. *respect* n. 關於；涉及

05 催促寄送貨品

Dear Mr. Young,

We have been waiting for the goods we **ordered**[1] on February 26, shipment **notification**[2] NO. 5216-03A. You said they would be delivered by the **beginning**[3] of this week, but they still have not arrived yet.

Our business conditions **specify**[4] a **delivery**[5] date of Mar 2. If the delivery is delayed any further, we will have to **reconsider**[6] our plans to **deal with** you in the future.

Please **track**[7] the order immediately. **Thank you very much for your earnest**[8] efforts in taking care of this matter.

Yours truly,
Michael Cole

譯文

親愛的楊先生：

我們一直在等 2 月 26 日所訂購的貨物，裝箱通知單的編號為 5216-03A。您說本周初就會出貨，但是並沒有到貨。

我們的貿易條件清楚地說明發貨日期是 3 月 2 日。如果發貨不斷地延誤，我們將不得不重新考慮和您以後的交易計畫。

請立即追蹤訂單。非常感謝您能認真處理此事。

邁克‧科爾 謹上

你一定要知道的文法重點

重點1 **deal with**

片語 deal with 有「應付」、「處理」、「與……交易」、「和……做買賣」、「論述」的意思，這裡是指「與……交易」、「和……做買賣」，相當於 do business with / trade with。請看以下例句：

• **We have dealt with that firm for many years.**
（我們與那家公司有多年的生意往來。）

• **I never do business with dishonest people.**（我從不跟不誠實的人做生意。）

• **We trade with people from many countries.**
（我們和許多不同國家的人進行貿易往來。）

重點2 **Thank you very much for your earnest efforts in taking care of this matter.**

這句話的意思是「非常感謝您能認真處理此事」。英文書信寫作中有一個原則叫 Courtesy「禮貌原則」。此信中雖然是在催促對方趕快發貨，本身包含著不滿的情緒，但是表達時還是非常地禮貌客氣，以免傷害對方的感情。

英文E-mail 高頻率使用例句

① **We urge you to give your prompt attention to this matter.**
我們強烈要求您對此事給予即時的關注。

② **Please deliver the goods we ordered immediately.**
請立即發送我們訂購的貨物。

③ **I expect that you could *respond*[9] soon.**
期望您快速做出回應。

④ **The goods should have been delivered last week.**
這批貨物本應上周就該發送的。

⑤ **Please make prompt response and solve the problem.**
請迅速回覆並解決此事。

⑥ **Thank you for turning your attention to this matter immediately.**
感謝您立即將注意力轉移到此事上來。

⑦ **The earliest possible delivery is greatly desired.** 希望您能儘早發貨。

你一定要知道的關鍵單字

1. *order* **v.** 訂購

2. *notification* **n.** 通知；通知單

3. *beginning* **n.** 起初；開始

4. *specify* **v.** 明確說明

5. *delivery* **n.** 發送；發送的貨物

6. *reconsider* **v.** 重新考慮

7. *track* **v.** 跟蹤；追蹤

8. *earnest* **adj.** 鄭重其事的；非常認真的

9. *respond* **v.** 回應

06 催促開立發票

Dear Mr. Ian,

I am afraid that we still have not received the ***receipt***[1] for our ***payment***[2] regarding ***invoice***[3] NO.00942926. Three months have passed since we made the payment in May.

This month, we will be **closing our books for the year**. If the receipt is not sent by the ***end***[4] of the month, it will **hold up** our ***accounting***[5] ***procedures***[6].

Please turn you ***attention***[7] to this problem at once, as I would not like to see something like this ***hinder***[8] our business relationship.

Yours faithfully,
Paul

譯文

親愛的伊恩先生：

我們仍然沒有收到發票號碼為 00942926 的付款收據。自從五月份我們付款以來已經過了三個月。

本月我們要進行本年度的結算。如果月底的時候還收不到收據，將會導致我們的決算程序遲滯。請立即處理這個問題，因為我不想讓此類事情阻礙我們的業務關係。

保羅 謹上

你一定要知道的文法重點

重點1 **closing our books for the year**

closing our books for the year 的意思是「把這一年的帳結清」，即「決算」。「決算期」可以寫成 settlement term 或者 settlement period；「決算期末」就是 account end；「決算日」就是 accounting day 或者 closing day；「決算報告」就是 financial statement；「會計年度」就是 fiscal year。

重點2 **hold up**

這個片語有「舉起」、「支撐」、「耽擱」、「妨礙」的意思。這裡是指「耽擱」、「延遲」。表達「耽擱」、「延遲」還可以使用 delay / put off。請看以下例句：

- **I don't want to hold up your time.**（我不想耽誤你的時間。）
- **How long will the flight be delayed?**（班機將誕誤多長的時間？）
- **Why did you put off your visit?**（你為什麼拖延拜訪的日子？）

英文E-mail 高頻率使用例句

① **I hope you could give me the receipt for my payment at once.**
我希望您立即為我的付款開具收據。

② **Please *address* [9] the problem immediately.**
請立即處理這個問題。

③ **I have called you several times to request the receipt.**
我已經打了好幾次電話向你索取收據。

④ **I am afraid I still haven't got the receipt from you.**
我仍然沒有收到您的收據。

⑤ **Please send me the invoice as soon as possible.**
請盡快把收據寄給我。

⑥ **Thank you for paying attention to the problem.**
感謝您對此事予以關注。

⑦ **The earliest possible delivery of the receipt is needed.**
我需要您盡快寄出收據。

⑧ **I really don't want this to affect our relationship.**
我真的不想因這件事而影響我們的關係。

你一定要知道的關鍵單字

1. *receipt* **n.** 收據
2. *payment* **n.** 付款
3. *invoice* **n.** 發票
4. *end* **n.** 末尾；結束
5. *accounting* **n.** 會計
6. *procedure* **n.** 程序；步驟
7. *attention* **n.** 注意
8. *hinder* **v.** 阻礙；打擾
9. *address* **v.** 處理

07 | 催促製作合約書

Dear Mr. Hood,

As we discussed before, we are **ready**[1] to enter into a **contract**[2] with you. We are waiting for you to send us the **copies**[3] of the **agreement**[4]. If you **draft**[5] and send us the documents right away, we can commence **construction**[6] next week. Any further delay in the **conclusion**[7] of a contract will **impede**[8] the construction schedule.

Please inform us in time if there have been some changes of the plan.

Sincerely yours,
David

譯文　　　　　　　　　　　　━ □ ✕

親愛的胡德先生：

根據之前的商議，我們已經準備好和貴公司簽署合約。我們等著您將協議副本寄給我們。
如果您立即草擬檔案並寄給我們，我們就可以在下個星期施工了。如果簽約有任何延誤的話，將會影響到施工進程。

如果原計劃有任何變動，請及時告知我們。

大衛 謹上

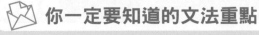 你一定要知道的文法重點

重點1 enter into a contract with

enter into a contract with sb. 即「與某人簽合約」。這裡的 enter into 不是「進入」的意思，而相當於 make，請理解為「製作」、「簽署」。所以這個片語還可以用 make a contract with sb. 來代替。請看以下例句：

• **We are glad to enter into a contract with you for 20-ton wool.**
（我們很高興和你方簽訂一個供應 20 噸羊毛的合約。）

• **I have come to make a contract with you for the business under discussion.**（我是來就正在洽談的這筆生意與你方簽訂合約的。）

重點2 commence

這個詞的意思是「開始」，相當於 start / begin，但是 start 和 begin 都是非常普通的詞，日常生活中經常會用到。commence 在日常的英語中並不常見，但在非常正式的場合則會用到。請看以下例句：

• **After the election, the new government commenced developing the roads.**（選舉過後，新政府開始修建道路。）

• **What time does the play start?**（戲什麼時候開始？）

• **The meeting is about to begin.**（會議即將開始。）

英文E-mail 高頻率使用例句

① **We are ready to make a contract with you.**
我們已經準備好和貴公司簽合約。

② **Please send us the copies of agreement soon.** 請把協議副本速寄至我公司。

③ **Any delay of the contract will impede our procedures.**
合約的延誤將會阻礙我們的進程。

④ **We are waiting for you to enter into the contract.** 我們等著與您簽合約。

⑤ **Please advise ⁹ us of any changes.**
如果有任何變動，請通知我們。

⑥ **Thank you for your prompt attention to the matter.** 感謝您對此事予以即時的關注。

⑦ **An early response will be greatly obliged.** 您的儘早回應，我將不勝感激。

你一定要知道的關鍵單字

1. *ready* adj. 準備好的
2. *contract* n. 合約
3. *copy* n. 副本
4. *agreement* n. 協議
5. *draft* v. 起草；草擬
6. *construction* n. 建築；建造
7. *conclusion* n. 結論；締結
8. *impede* v. 阻礙；妨礙
9. *advise* v. 通知；告知

08 | 催促返還合約書

Dear Mr. Thomas,

I am writing to **enquire**[1] if you have ever had a **chance**[2] to **review**[3] the contract we sent. I **refrained**[4] **from** mentioning this matter to you **until**[5] today, **as you instructed**[6] us to wait for your response. Please **sign**[7] and return one copy of the contract at your earliest convenience, because we really hope to start working on this project as soon as possible.

Thank you for your prompt attention!

Sincerely yours,
Mike

♀ ☆ 🔗 A 🗑 | ⌄

譯文　⊖ □ ⊗

親愛的湯瑪斯先生：

不知道您有沒有檢閱我們寄給您的合約。一直到今天才提及此事，是因為您告知我們等您的回覆。

方便的話，請您盡快簽署並將合約副本寄回好嗎？因為我們真的希望能夠盡快開始這個項目。

感謝您即時的關注！

邁可 謹上

你一定要知道的文法重點

重點1 refrained from

片語 refrain from V-ing 是「抑制」、「忍住」、「控制自己不做某事」的意思。表達「抑制」、「克制」還可以用 restrain 一詞。不過 restrain「克制」側重在「控制使不表露」，適用範圍較小，一般用於對自己的感情情緒。請對照以下例句：

• **I'm just trying to refrain from nodding off at work.**
（我只是試著別在工作時打瞌睡而已。）

• **I cannot restrain my excitement about the news.**
（聽到這個消息，我無法控制我的興奮之情。）

重點2 as you instructed

這個片語的意思是「按照您的指示」。表達「按照某人的指示」還可以說 as per one's instruction 或 by order of...，其中 as per one's instruction 這個表達方法比較正式，所以一般適用於英文書信中。請看以下例句：

• **As per your instruction, we have asked the factory to improve the packing of the products.**（根據您的指示，我們已要求工廠改進該產品的包裝。）

• **The prisoner is removed by order of the court.**（按法院命令轉移囚犯。）

英文E-mail 高頻率使用例句

① **We are ready to sign a contract with you.**
我方已經準備好和貴公司簽署合約。

② **Have you ever reviewed our contract?** 您檢閱了我們的合約書了嗎？

③ **The delay of the contract may put off our *schedule* [8].**
合約的延誤可能會阻礙我們的進程。

④ **Please send us one copy of the contract we sent to you.**
請把我們寄給您的合約副本寄給我們。

⑤ **We are waiting for you to return the contract.**
我們等著您返還合約書。

⑥ **Thank you for your immediate attention to this matter.**
感謝您對此事立刻予以關注。

⑦ **Please return one copy of the contract soon.** 請盡快返還合約書副本。

你一定要知道的關鍵單字

1. *enquire* **v.** 詢問；打聽

2. *chance* **n.** 機會

3. *review* **v.** 審查；複習

4. *refrain* **v.** 抑制；禁止

5. *until* **conj.** 直到……才

6. *instruct* **v.** 指示；指導；命令

7. *sign* **v.** 簽署

8. *schedule* **n.** 計畫；安排

09 催促開立信用狀

Dear Sirs,

This is **with regard to** your order No. AC178 for 200 tons of **cotton**[1],
we **regret**[2] to tell you that up to this date we have received **neither**[3]
the required credit nor any further information from you.
Please note that we agreed that the payment for the above order is to
be paid via sight Letter of Credit, and it must be established within 2
weeks upon the arrival of our Sales Confirmation.
We hereby request you to open **by cable**[4] an **irrevocable**[5] sight Letter
of Credit for the **amount**[6] of NTD one **million**[7] in our favor, with which
we can **execute**[8] the above order according to the original schedule.

Yours truly,
COC Co.

譯文

敬啟者：

此信是有關貴方訂購 200 噸棉花的 AC178 號訂單事宜，我們感
到遺憾至今尚未收到信用狀，也未收到貴方任何消息。
請注意，上述訂單的貨款經雙方同意是以即期信用狀方式支付，
而信用狀必須在收到我們銷貨確認後兩個星期內開出。
我方在此懇請貴方以電報開立金額為一百萬台幣、以我方為受益人的不可撤銷即期信
用狀，使我方得以按原定計劃執行上述訂單。

COC 公司 謹上

你一定要知道的文法重點

重點1 **with regard to**

這個片語的意思是「關於」、「至於」。表達「關於」還可以說：in regard of / in regard
to / regarding / about 等等。請看以下例句：

- **I would like to talk to you with regard to the letter you sent me.**
（我想就你寫給我的信與你談談。）

- **In regard to his work, we have no complaints.**
（關於他的工作，我們沒有什麼可抱怨的。）

重點2 **by cable**

cable 是「電纜」，by cable 就是「透過電報」的意思。在表達透過什麼方式的時候，
一般都會到用到介系詞 by，如：by rail「透過鐵路」、by land「透過公路」、by
pipeline「透過管道」等。請看以下例句：

- **The major modes of transportation for merchandise are by rail, by
land, by pipeline, by water and by air.**
（商品透過鐵路、公路、管道、水路和空運等主要方式運輸。）

英文E-mail 高頻率使用例句

① **The goods for your order No.123 have been ready for shipment for
quite some time.**
貴方第 123 號訂單的貨已準備待運相當長一段時間了。

② **It is *imperative*[9] that you take immediate action to have the
covering credit established as soon as
possible.**
貴方必須立即行動，盡快開出信用狀。

③ **We repeatedly requested you by fax to
expedite the opening of the relative
letter of credit.** 我們已經多次傳真要求貴方儘
速開立相關的信用狀。

④ **We have effected shipment for the
above-mentioned order.**
上述訂單已出貨。

⑤ **We have not yet received the covering
L/C after the lapse of 3 months.**
三個月過去了，我們仍未收到相關的信用狀。

你一定要知道的關鍵單字

1. *cotton* **n.** 棉花

2. *regret* **v.** 遺憾；後悔

3. *neither* **conj.** 兩者都不

4. *cable* **n.** 電纜

5. *irrevocable* **adj.** 不可撤銷的

6. *amount* **n.** 數量；總額

7. *million* **n.** 百萬

8. *execute* **v.** 執行；實行；完成

9. *imperative* **adj.** 必要的

10 催促支付貨款

Dear Mr. Harris,

This is about your **Account**[1] No.7658.
As you are usually very prompt in **settling**[2] your accounts, we
wonder[3] whether there is any **special**[4] reason why we have not
received payment for the above account, already a month **overdue**[5].
We think you might not have received the **statement**[6] of account
we sent you on July 25th showing the **balance**[7] of US$ 60,000 you
owe. We have sent you another copy today and hope it may have your
early attention.

Yours faithfully,
Longmans Co.

譯文

親愛的哈里斯先生：

此信是關於您的第 7658 號帳單。

鑒於貴方總是及時結清貨款，而此次逾期一個月仍未收到貴
方上述帳目的欠款，我們想知道是否有何特殊原因。

我們猜想貴方可能未收到我們 7 月 25 日發出的 60,000 美
元欠款的帳單。現寄出一份，並希望貴方及早處理。

朗曼斯公司 謹上

你一定要知道的文法重點

重點1 settling your accounts

片語 settle account 是「結帳」、「清算」、「支付」的意思。表達「結帳」、「支付」的片語還有：square account。請看以下例句：

● **Could you give us another month to settle the account?**
（你能再寬限我一個月結帳嗎？）

● **We should manage to square accounts with the bank.**
（我們應該設法還清銀行的欠帳。）

重點2 We think you might not have received the statement of account.

這句話的意思是「我們猜想貴方可能未收到帳單」。一般來講，對方未能及時支付貨款的原因可能有很多：一種可能是客觀上確實出現了不可預見的狀況；另外一種可能就是對方惡意拖延付款。不管出於哪種原因，寫信者在催款的時候還是要表現出禮貌客氣。如這句話，寫信者就為對方找了個藉口，即「猜想貴方可能未收到帳單」，從而使對方不至於太難堪，因此反而能夠達到讓對方盡快支付貨款的目的，所以一定要注意說話的藝術。

英文E-mail 高頻率使用例句

① **The following items totaling $4000 are still *open*[8] on your account.**
你的欠款總計為 4000 美元。

② **It has been several weeks since we sent you our first invoice and we have not yet received your payment.**
我們的第一份發票已經寄出有好幾個星期了，但我們尚未收到您的任何款項。

③ **I'm wondering about your plans for paying.**
我想瞭解一下你的付款計畫。

④ **We must now ask you to settle this account within the next few days.**
請你務必在這幾日內結清這筆款項。

⑤ **We hope you could send the payment within the next five days.**
我希望您能在五日內付款。

⑥ **Our next step is to take legal action to collect the money due to us.**
下一步我們只能採取法律行動索取欠款了。

你一定要知道的關鍵單字

1. *account* n. 帳目；帳戶

2. *settle* v. 解決

3. *wonder* v. 想知道；納悶

4. *special* adj. 特別的

5. *overdue* adj. 過期的；未付的

6. *statement* n. 聲明；陳述；報告

7. *balance* n. 差額；結存

8. *open* adj. 懸而未決的

 **Complaint**

01 投訴貨品錯誤

Dear Mr. Bryan,

I **received**¹ a **consignment**² of order No. 201314 from you yesterday, but the **model**³ No. is wrong. I ordered Model SP-520 **instead of** SP-502. I have **attached**⁴ our order No. 201314 **for your reference**. I will **return**⁵ this shipment and the **freight**⁶ is at your cost.

Looking forward to receiving the correct shipment **ASAP**⁷.

Sincerely yours,
Jackie Black

譯文

敬愛的布萊恩先生：

我昨天已經收到您訂單編號 201314 的出貨，但是型號是錯誤的。我所訂購的是型號 SP-520，而不是 SP-502。附上我們的訂單編號 201314 供你參考。我會將這批貨寄回，運費由你們支付。

期待能儘速收到正確的貨物。

杰奇・布萊克 謹上

你一定要知道的文法重點

重點1 A instead of B

A instead of B 的意思是「是 A 而不是 B」。一般是使用這個片語來表示 A 與 B 只能兩個中選擇一個，而且他選擇了 A 而不是 B。請對照以下例句：

● **He wanted to play volleyball instead of going for a walk.**
（他想打排球而不是去散步。）

● **He sent his *neighbor*[8] instead of coming himself.**
（他不親自來，而是叫他的鄰居來。）

重點2 for your reference

reference 一般翻譯為「提及」、「涉及」，而此處的語意比較近似「參考」。這個片語的意思是「供你參考」，亦可以不用 reference，而用 study 代替，但語意稍有不同。請對照以下例句：

● **This contract is only for your reference.**（這份合約僅供您參考。）

● **Attached is the copy of our *purchase*[9] order for your study. Please check.**（附上我們的訂單影本供你檢閱，請查照。）

英文 E-mail 高頻率使用例句

① **Please check the purchase order and send the right goods to me ASAP.** 請查核訂單，並盡快將正確的貨物寄給我。

② **As to the compensation, we would like to know your opinion.**
至於賠償，我們想聽聽你們的意見。

③ **I believe that it is due to a *clerical*[10] error on your side.**
我相信那是你們文書上的疏失（筆誤）所造成的。

④ **Do you want me to send it back to your factory via freight collect?**
你希望我以對方付運費的方式寄回工廠嗎？

⑤ **The freight should be at your cost.**
運費應該由你方支付。

⑥ **We are looking forward to your earliest reply.** 我們期待著您的迅速回覆。

⑦ **Attached is the latest delivery copy for your information.**
附上上一次的交貨影本供你參考。

你一定要知道的關鍵單字

1. *receive* **v.** 收到

2. *consignment* **n.** 運送；委託品

3. *model* **n.** 模型；型號

4. *attach* **v.** 附加

5. *return* **v.** 返回；退回

6. *freight* **n.** 運費

7. *ASAP = as soon as possible*
   ph. 盡快

8. *neighbor* **n.** 鄰居

9. *purchase* **n.** 購買

10. *clerical* **adj.** 書記的；文書上的

02 投訴貨品數量錯誤

Dear Mr. Jacobi,

Your **delivery**[1] of order No. 52099 has just **arrived**[2] at our company a few hours ago. **However,** we found a **shortage**[3] of the quantity because only 400 PCs were received. Please **explain**[4] this situation, and tell us when we can receive the rest of the goods. And the **freight**[5] **caused**[6] will be **on your charge**.

Looking forward to receiving the **remaining**[7] **shipment**[8] ASAP.

Sincerely yours,
Christina Chen

譯文

敬愛的賈克比先生：

你訂單編號 52099 的出貨在幾個小時前已經抵達我們公司，然而我們發現數量短少了，只收到 400 件。請解釋這個狀況，並告訴我們其他的貨物何時可以寄過來。至於因此所產生的運費將由你們支付。

期待能盡速收到其餘的貨物。

克里斯汀娜‧陳 謹上

你一定要知道的文法重點

重點1 **However**

However 一般用於語意有轉折時，例如此句：「你訂單編號 52099 的出貨在幾個小時前已經抵達我們公司，『然而』我們發現數量短少了」。通常翻譯為「然而」、「但是」、「無論」……。請對比下面的句子：

- **I feel a little tired. However, I can hold on.**（我有點累了，但我能堅持下去。）
- **However hot it is, he will not take off his coat.**

（無論多熱，他也不願脫掉外套。）

重點2 **on your charge**

charge 此處翻譯為「索價」、「收費」，on your charge 即表示由你付費。相對地，我們也可以換做 on my charge（由我付費）。請對比下面的句子：

- **The damage of this shipment will be on your charge.**

（這批貨物的毀損由你付費。）

- **Open a bottle of wine for celebrating, and that will be on my charge.**

（開一瓶紅酒慶祝吧！由我付費。）

英文 E-mail 高頻率使用例句

① **The shortage of this shipment caused delayed delivery to our customer.** 這批貨物的短少導致我們延遲送出客人的貨物。

② **Regarding to the shortage, we want to know how your will compensate our loss [9].**

關於貨物短缺，我們想知道你們將如何補償我們的損失。

③ **We will deliver the remaining shipment immediately, and the freight charge will be on our account.**

我們會將短少的貨物馬上寄出，運費由我方支付。

④ **The total [10] amount of shortage is 350 kg.**

總數共計短少了 350 公斤。

⑤ **The shortage of this cargo is caused by our employee's oversight.**

這批貨物的短少起因於我方員工的疏忽。

你一定要知道的關鍵單字
1. **delivery** n. 投遞、交貨
2. **arrive** v. 抵達
3. **shortage** n. 缺少、不足
4. **explain** v. 解釋、說明
5. **freight** n. 運費
6. **cause** v. 使發生、引起
7. **remaining** adj. 剩餘的
8. **shipment** n. 裝載、出貨
9. **loss** n. 損失
10. **total** adj. 全部的

03 | 投訴商品瑕疵

Dear Mr. Bob,

We are glad to **inform**[1] you that your delivery arrived at our company **in good condition** on June 17th. **On the other hand**[2], we also found some **defective**[3] **merchandise**[4]. The **system**[5] of this merchandise will **shut down**[6] **automatically**[7] while **instructing**[8] some commands. Attached are some pictures for your study, and please **transfer**[9] these information to your RMA Dept.

Your **prompt** reply will be highly appreciated.

With Best Regards,
Bill Peterson

譯文

敬愛的鮑伯先生：

我們很高興地通知你的交貨已經狀況良好地於 6 月 17 日抵達我們的公司了。另一方面，我們也發現了這個商品的一些瑕疵。這個商品的系統當下達某些指令時會自動地關機。附上一些圖示供你閱覽，並請將這些資訊轉交給你的維修部門。

期待你們的快速回覆。

比爾‧彼得森 謹上

你一定要知道的文法重點

重點1 **in good condition**

condition 一般翻譯為「形勢」、「狀態」，in good condition 常被商業書信用來形容貨物接收到時的狀況良好。請對比下面的句子：

● **Conditions were favorable for business at that time.**
（那時的形勢有利於經商。）

● **That cargo are received in good condition.**（那批貨物的接收狀況良好。）

重點2 **prompt**

prompt 的意思是「及時的」、「迅速的」、「立即的」。一般我們都會用quickly 來比喻快速的行動、動作，但商業書信上反而較常使用 prompt，意指及時的（通知或讓某人了解某事）。請對比下面的句子：

● **Please come to my office quickly.**（請快點到我的辦公室。）

● **He is prompt in paying his bill.**（他付帳單從不拖延。）

英文E-mail 高頻率使用例句

① **Our _model_ ¹⁰ SP-250 may have one possible defect.**
我們的型號 SP-250 可能有一個缺點。

② **You can find a complete solution on our website first if there is any defect on our products.**
如果我們的產品有任何瑕疵，你可以先在我們的網站上找到全方位的解答。

③ **Please send back all the defective products to our RMA dept.**
請將所有的瑕疵產品寄回我們的維修部門。

④ **Can you accept that we supply the defect parts and you assemble them in your factory if needed?**
你們能否接受我們提供瑕疵的零件，而於貴公司的工廠自行組裝？

⑤ **There are some light spots on the surface of your product IR-150.**
你們的產品 IR-150 的表面上有淡淡的斑點。

你一定要知道的關鍵單字

1. _inform_ **v.** 通知、告知
2. _on the other hand_ **ph.** 另一方面
3. _defective_ **adj.** 瑕疵的
4. _merchandise_ **n.** 商品
5. _system_ **n.** 系統
6. _shut down_ **ph.** 停工、關機
7. _automatically_ **adv.** 自動地
8. _instruct_ **v.** 指示、命令
9. _transfer_ **v.** 轉換、轉交
10. _model_ **n.** 型號

04 | 投訴商品毀損

Dear Mr. Jerry,

I regret to inform you that your **damaged**[1] shipment arrived yesterday. **Several**[2] **corners**[3] of your products are **broken**[4], which should **be caused by careless**[5] delivery. We hope that you have bought **insurance**[6] for this shipment. **Anyway**[7], I will send the damaged parts to you **COD**. Please let Matthew know when they arrive, and he will **take** it **over**[8] from here.

If there are any other questions, please contact Matthew directly.

With Best Regards,
John Lin

譯文

敬愛的傑瑞先生：

我很抱歉地通知你有毀損的貨物已經抵達了。你的產品有好幾個角落都有破損，那應該是肇因於粗心的運送。希望你這批貨有買保險。不管怎樣，我將會把壞掉的部份以貨到付款方式寄回去給你。當它們抵達時請讓馬修知道，而且他會從這裡開始接手。

如果有任何其他的問題，請直接聯絡馬修。

約翰・林 謹上

你一定要知道的文法重點

重點1 be caused by

cause 一般翻譯為「引起」、「致使」，be caused by 常被引申用於形容致使某種結果發生的原因、事件、人、局勢。請對照下面的句子：

● **His disability is caused by a fever.**
（他的殘疾是因發高燒而引起的。）

● **Tornados cause lots of damage every year in United States.**
（龍捲風在美國每年造成許多損害。）

重點2 COD = collect on delivery

COD 的原文如上，是屬於貿易條件中之一，意即是「貨到付款」。一般是用於自己送貨者，或者是國內運輸者。請對比下面的句子：

● **I want to order an urgent order of 30 PCs ER-125, and please send to my office COD.**
（我要下一緊急訂單包含三十件 ER-125，並請送到我的辦公室貨到付款。）

● **If the label won't stick tight or the product can't function well, I will send them back to you COD.**
（如果標籤沒有黏緊，或功能無法運作，我會以貨到付款寄回去給你。）

英文E-mail 高頻率使用例句

① **Our transportation agent just informed us that your container has been destroyed by a fire on June 30th.**
我們的運輸代理商剛通知我們，你的貨櫃在 6 月 30 日被一場大火燒掉了。

② **A few of your glass pots has a small *crack* [9] when they arrived at our company, do you need us to send them back for replacement?**
少數的玻璃罐在抵達我們公司的時候有一個小裂縫，你是否需要我們寄回以換新的？

③ **Your machine has arrived, but it's a mess.**
你的機器已抵達，但卻是一團亂。

你一定要知道的關鍵單字

1. *damaged* adj. 毀損的
2. *several* adj. 幾個的、數個的
3. *corner* n. 角、角落
4. *break* v. 打破、破裂
5. *careless* adj. 粗心的、草率的
6. *insurance* n. 保險
7. *anyway* adv. 無論如何、不管怎樣
8. *take over* ph. 接管
9. *crack* n. 裂縫

05 投訴商品不符合說明

Dear Ms. Jane,

Please be informed that your **software**[1] of IT-250 (**Website**[2] No. IT-01001250) comes with a wrong **statement**[3]. This software has been ordered on June 25th **via**[4] your **online**[5] website, which **stated**[6] that this software can **be applied to** Windows 7. After I **installed**[7] it, **it couldn't work at all**. I **simply**[8] want to know if I need a **replacement**[9]?

Looking forward to hearing from you very soon.

Sincerely Yours,
Jackson Woods

譯文

敬愛的珍恩小姐：

謹通知貴公司的軟體 IT-250（網站編號 IT01001250）的說明是錯誤的。這個軟體是在 6 月 25 日透過貴公司的網站線上訂購的，那註明著這軟體可適用於 Windows 7。在我安裝它之後，它完全無法運作。我只是想知道我是否需要替換掉它？

期待妳的快速回覆！

傑克森‧伍德斯 謹上

你一定要知道的文法重點　

重點1 **be applied to**

apply 一般翻譯為「申請」、「適用」，be applied to 常被引伸用「被應用於」、「向某人申請職位」。請對比下面的句子：

- **I applied to the Consul for Application of Certificate of Origin.**
  （我向領事提出產地證明書的申請。）
- **He doesn't know how steam can be applied to navigation.**
  （他不知道蒸氣如何應用於航行。）

重點2 **It couldn't work at all.**

work 的原意為「工作」，在此指「運作」。請比對下面的句子：

- **The marker doesn't work.**（這支麥克筆不能用。）
- **My MP3 player doesn't work at all.**（我的 MP3 播放器壞掉了。）

英文E-mail 高頻率使用例句

① **I just received your product of SP-125, but its color is blue instead of green.** 我剛收到你的產品 SP-125，但顏色卻是藍色而不是綠色。

② **Your crystals have just arrived at our company, but the purity is completely wrong.** 你的水晶已經抵達我們的公司，但是成色卻完全錯了。

③ **I just installed your software of XR-100, but found that you sent me a wrong version.**
我剛安裝了你的軟體 XR-100，但是發現你寄給我的版本錯了。

④ **Your courier just delivered my order of PO0903001, but the cables should be USB port.**
你的貨運業者剛剛送達我的訂單 PO0903001，但是連接線應該是 USB 插頭的。

⑤ **Your printer just arrived in good condition, but the installation software is wrong.** 你的印表機完好如初地抵達了，但安裝軟體卻錯了。

⑥ **Please inform your R.D. that your router can't be applied to my computer.**
請通知貴公司的研發人員你們的路由器無法與我的電腦相容。

你一定要知道的關鍵單字

1. *software* **n.** 軟體
2. *website* **n.** 網路
3. *statement* **n.** 陳述、說明
4. *via* **prep.** 經由
5. *online* **adj.** 連線上的
6. *state* **v.** 陳述、說明
7. *install* **v.** 安置、安裝
8. *simply* **adv.** 簡單地
9. *replacement* **n.** 替代品、更換

06 投訴與樣品差異明顯

Dear Mr. Jimmy,

I **regret to** inform you that your products of SP-125 just arrived at my **office** [1], and the color is **apparently** [2] not **correct** [3]. Our order of these **products** [4] should be **light** [5] green, instead of **dark** [6] green. Please re-**check** this order and **send** [7] me the right products **immediately** [8].

If there are any other **questions** [9], please feel free to let me know.

Sincerely Yours,
Ramond Wang

譯文

敬愛的傑米先生：

我很抱歉地通知你，你的產品 SP-125 已經抵達我的辦公室，但是顏色很明顯地不對。我們訂的這批貨應該是淡綠色，而不是深綠色。請再次確認訂單，並立刻寄給我正確的產品。
如果還有任何問題，請不要拘束地讓我知道！

雷蒙・王 謹上

你一定要知道的文法重點

重點1 **regret to**

此片語通常指「覺得懊惱地」、「深感遺憾地」，在此有點覺得抱歉的意思。regret這個
字還可以當作名詞使用，例如：

● **She expressed regret over the sad incident.**

（她為了這次悲傷的事件表示哀悼。）

● **Don't you feel any regret over killing your uncle?**

（殺了你叔叔，你不覺得懊悔嗎？）

重點2 **re-check**

check 的原意為「檢查」，而前面加 re- 的字首即有「再次」、「重新」的意思，一般
的動詞前多數都可以加 re-，意思是再做一次這個動作。請對比下面的句子：

● **Please re-do this work, it's completely wrong.**

（請重做這份工作，它徹底地做錯了。）

● **That machine should be re-checked today, because it will be
delivered to our buyer tomorrow.**

（那台機器今天要重新檢查過，明天它就要被送去給買家了。）

英文E-mail 高頻率使用例句

① **Your printer has arrived at my office, but I can't find the cables which
should be included in the package.**

你的印表機已經送達我的辦公室，但我找不到應該
是標準配備的連接線。

② **Some of your diamonds are with
different classes of purity.**

你們的鑽石有些成色是不同等級的。

③ **The delivery of SP-125 has been packed
in well condition, but the sticker is
different[10] from the sample.**

SP-125 的交貨包裝地很好，但是貼紙和你的樣品
不一樣。

④ **Unlike your samples, these mice don't
work with PS4 ports.**

不像你的樣品，這些滑鼠的不是 PS4 插槽。

你一定要知道的關鍵單字
1. *office* **n.** 辦公室
2. *apparently* **adv.** 明顯地、顯然地
3. *correct* **adj.** 正確的
4. *product* **n.** 產品
5. *light* **adj.** 明亮的、淺色的
6. *dark* **adj.** 黑暗的、深色的
7. *send* **v.** 發送、寄
8. *immediately* **adv.** 直接地、馬上
9. *question* **n.** 問題
10. *different* **adj.** 不一樣的

07 | 投訴並取消訂單

Dear Ms. Josephine,

We regret to inform you that we have to **cancel**[1] our order No. PO0907020. This **shipment**[2] was **completely**[3] **wet**[4] when they arrived on May 8th, and their system could **not work at all**. Please understand that I already **did my best** to **avoid**[5] this **outcome**[6].

Thanks in advance.

Sincerely Yours,
Richard Hofmann

譯文

敬愛的約瑟芬小姐：

我們很抱歉地通知妳，我們必須取消訂單 PO0907020。這批貨在 5 月8 日抵達時就已經完全溼透了，而且它們的系統完全不能運作。請諒解我已經盡力來避免這種結果。

在此先謝謝妳！

理查・霍夫曼 謹上

你一定要知道的文法重點

重點1 not... at all

此片語翻譯為「一點也不……」，而此片語於此表示為「一點反應也沒有」、「完全沒有作用」的意思。請對比下面的句子：

- **Thank you very much.**（非常謝謝你！）
- **Not at all! It was the least I can do.**（一點也不！這是我唯一能做的。）

重點2 do one's best

此片語的意思為「已經竭盡全力地做……」，而結果還是沒有成功的意思。表示所有能做的事都做過了，但結果仍是如此，已經無力挽回了。請對比下面的句子：

- **I have done my best to please my mother-in-law, but she is still upset every day.**（我已經竭盡全力來取悅我的婆婆，但她每天還是不快樂。）
- **Please do your best to *prevent*[7] the worst situation.**
  （請盡力以避免最糟的結果。）

英文E-mail 高頻率使用例句

① **We have to cancel the order of the machine MH-100 because of the international *recession*[8].**

由於國際的經濟衰退，我們必須取消機器 MH-100 的訂單。

② **I want to cancel the order of computer BN-2019, because you cannot deliver this shipment as scheduled.**

我想要取消電腦訂單 BN-2019，因為你們無法如期交貨。

③ **If this problem cannot be solved well, I am afraid that we have to cancel this order.**

如果這個問題無法妥善解決，我們恐怕只好取消訂單。

④ **If this shipment has been delivered to Iraq, we have no *choice*[9] but cancel this order.**

如果這批貨被運送到了伊拉克，我們沒有選擇只好取消訂單。

你一定要知道的關鍵單字

1. *cancel* v. 取消
2. *shipment* n. 裝運、裝運物
3. *completely* adv. 完全地、徹底地
4. *wet* adj. 溼的
5. *avoid* v. 避免
6. *outcome* n. 後果
7. *prevent* v. 避免
8. *recession* n. 衰退
9. *choice* n. 選擇

08 投訴請款金額錯誤

Dear Mr. Jonathan,

I was surprised to receive your bill of the last order. According to our **agreement** [1], your **commission** [2] should be 5% **per order**. But the **unit** [3] price of **latest** [4] orders already **included** [5] your commission, and you added the commission again in the total amount. **Therefore** [6], your commission **became** [7] 5.25% on latest orders. Please re-calculate and send another **bill** to us **as soon as you can** [8].

Looking forward to receiving another bill very soon.

Sincerely Yours,
Ryan Mill

譯文

敬愛的強納生先生：

我接到你上一次訂單的帳單時嚇了一跳。如同我們的協議，你的佣金是每個訂單的百分之五。而最近訂單的單價已經包含了你的佣金，你又在計算總價時再加上 5%。因此，你的佣金變成 5.25%。請重新計算，然後再儘快送另一張帳單過來。

期待很快能收到你的帳單！

雷恩‧米爾 謹上

你一定要知道的文法重點 ⊖ ▢ ✕

重點1 **per order**

per 可以翻譯為「經由」、「每一」「按照」等，此句一般在商業書信的翻譯為「每一個訂單」的意思。請對比下面的句子：

- **The *buffet*[9] of this restaurant costs NT$500 per person.**
  （這間餐廳的自助式吃到飽每個人索價五百元。）
- **That hand-made table was delivered per rail.**
  （那張手工製的桌子是經由鐵路運輸。）

重點2 **bill**

bill 這個單字原來的意思為「帳單」，但後來引申為「目錄」、「票據」、「請款單」等。在美國甚至連鈔票都可以稱為 bill。請對比下面的句子：

- **That store *collected*[10] me a bill for USD 25.**
  （那家商店給我一張美金二十五元的帳單。）
- **Please send me a bill of exchange as the payment of that order.**
  （請給我一張匯票當作是那個訂單的付款。）

👆 **英文E-mail 高頻率使用例句**

① **I'm afraid that this order could be canceled because of overextended total amount.** 恐怕這張訂單會因為總金額增加地太多而被取消。

② **If you keep on extending this order, it will be very tough for our business in the future.**
如果你再繼續這樣追加這張訂單，我們未來的生意將會很難做。

③ **This order has been extended for too many times. Please place another order for replacement.**
這張訂單已經展延過太多次了，請重新下一張訂單代替。

④ **I'd like to extend this quantity to 1250 PCs, and also postpone the delivery to one month later.**
我要將數量增加為 1250 件，同時將交期延遲一個月。

你一定要知道的關鍵單字

1. ***agreement*** **n.** 協議
2. ***commission*** **n.** 佣金
3. ***unit*** **n.** 單位、單元
4. ***latest*** **adj.** 最新的、最近的
5. ***include*** **v.** 包括、包含
6. ***therefore*** **adv.** 因此、所以
7. ***become*** **v.** 變成
8. ***as soon as you can*** **ph.** 儘你所可能地快
9. ***buffet*** **n.** 自助餐、吃到飽
10. ***collect*** **v.** 收帳、募捐

09 投訴未開發票

Dear Mr. Justin,

We are **pleased**[1] to inform you that the goods of PO0811023 arrived at Taipei, Taiwan yesterday morning. But there is no formal **Commercial Invoice** attached. I have asked the courier **agent**[2] to look for it **throughout**[3] these **cartons**[4] and nothing was found. Please mail the Invoice immediately for custom **purpose**[5]. We sincerely **hope**[6] that this situation will not **happen**[7] again. It caused us a lot of trouble in **custom clearance**.

Looking forward to receiving your Commercial Invoice immediately.

Sincerely Yours,
Sam Collins

譯文

敬愛的賈斯汀先生：

我們很高興通知你貨物PO0811023昨天早上已經抵達台灣台北，但是卻沒有附上正式的商業發票。我已經叫空運業者把這些箱子都翻了一遍，就是找不到。請馬上寄來可以通關的發票。我們衷心地期待這種狀況不會再發生，因為這樣造成了我們在海關通關時莫大的困擾。

期待立刻能收到你的商業發票！

山姆・科林斯 謹上

你一定要知道的文法重點

重點1 **Commercial Invoice**

Commercial Invoice 在商業英文上翻譯為「商業的發票」，此一單據的用途類似收據，主要用於通關用。請對比下面的句子：

- **Our Commercial Invoice is always *attached*[8] on the envelope that *stuck*[9] on the cartons.**（我們的商業發票通常附在黏在箱子上的信封裡。）
- **Please send me the Commercial Invoice by e-mail first before delivery.**（在裝運前請先將商業發票用電子郵件寄給我。）

重點2 **custom clearance**

custom 這個單字原來的意思為「習俗」、「慣例」等，但此處引申為「通關」。商業貿易上的的通關相當重要，如果貨物無法過得了海關，自然也就無法進入國境，不是被退回就是沒收了。請對比下面的句子：

- **It is necessary for custom clearance to *offer*[10] the Commercial Invoice, Packing List and so on.**（貨物通關必須要商業發票、裝箱單等。）
- **Our custom officer asked for a Certificate of Origin for custom clearance.**（我們的海關官員要求提供原產地証明以便通關用。）

英文E-mail 高頻率使用例句

① **Offering a commercial invoice for custom clearance is common sense.**

通關時要提供商業發票是基本常識。

② **An invoice is needed whenever we buy any merchandise.**

我們買任何東西都需要發票。

③ **Commercial Invoice is an invoice which states the unit price, total amount of the order, terms of trade, delivery and so on.**

商業發票就是一張發票載明著單價、總金額、貿易條件、交期等。

④ **Please inform our courier agent that we will offer the Commercial Invoice to them immediately.**

請通知我們的快遞業者，我們會馬上提供商業發票給他。

你一定要知道的關鍵單字

1. *pleased* adj. 高興的
2. *agent* n. 代理商
3. *throughout* adv. 處處、裡裡外外
4. *carton* n. 紙盒、紙板箱
5. *purpose* n. 目的
6. *hope* v. 期待、預期
7. *happen* v. 發生
8. *attach* v. 附加、附帶
9. *stick* v. 黏住、戳
10. *offer* v. 提供、出示、提議

10 投訴商家取消訂單

Dear Mr. Kenny,

I was **terribly** sorry to know that you want to cancel our order No. PO0907020 this morning. **Several**[1] deliveries of the **components**[2] of the products had been delivered to your company in these months. I already dispatched our engineers to solve the **software**[3] problem in your **factory**[4]. Please tell me **what else** I can do about this **matter**[5].

Looking forward to hearing good news from you.

Sincerely Yours,
Vincent Lin

譯文

敬愛的肯尼先生：

今天早上得知你要取消我們的訂單 PO0907020，我深感抱歉。在這幾個月來這個產品的零組件已經分批寄到你的公司，我也已經調度了幾位工程師到你們工廠去解決軟體問題。請告訴我在這件事上還有什麼可以做的。

期待能收到你的好消息！

文森‧林 謹上

你一定要知道的文法重點

重點1 terribly

terribly 的意思為「可怖地」、「駭人聽聞地」，口語上也可表示「很、非常」的意思，
另外還有他的形容詞為「terrible」，解釋為「可怕的」。請對比下面的句子：

- **I am terribly sorry to hear that your mother just *passed away*[6].**
  （聽到你母親剛逝世真的讓我很遺憾。）
- **That prisoner died in terrible *sufferings*[7].**（那個囚犯死得極端恐怖。）

重點2 what else

else 這個副詞原來的意思為「除此之外」、「另外」、「否則」等，常與「what」、
「whose」、「somebody」、「somewhere」、「nothing」、「anyone」等連
用。請對比下面的句子：

- **If you cannot find my *chopsticks*[8], someone else's will do.**
  （如果你找不到我的筷子，其他人的也可以。）
- **Except staying at home, we won't go anywhere.**
  （除了待在家裡，我們哪兒也不去。）

英文 E-mail 高頻率使用例句

① **Please be informed that we have to cancel this purchase order because of late delivery.**
我們要通知你，因為延遲交貨所以這張訂購單必須取消。

② **If you keep on postponing the delivery of these machines, we will have to cancel this order.**
如果你們持續延遲這些機器的交期，我們只好取消訂單。

③ **The specifications of these mobile phones are totally different from our order, and we are considering canceling this order now.**
這些手機的規格和我們的訂單完全不同，現在我們正考慮取消訂單。

④ **Please do not cancel this purchase order. We will do our best to meet your standard.**
請不要取消訂購單。我們會盡我們所能地符合你的標準。

你一定要知道的關鍵單字

1. *several* adj. 幾個、數個
2. *component* n. 零件、配件
3. *software* n. 軟體
4. *factory* n. 工廠
5. *matter* n. 事情、事件
6. *pass away* ph. 逝世
7. *suffering* n. 痛苦、受難
8. *chopstick* n. 筷子

11 | 投訴違反合約

Dear Mr. Kent,

Attached is our contract of **_Purchasing_**[1] Order PO0801026 for your study. It **_seems_**[2] that your company has not **followed** this **_contract_**[3] for a long time, which has cost us a lot of **_inconvenience_**[4] for several months. Our delivery should be **_once_**[5] a month, and the quantity will be 20 dozens each time. Please do follow this contract, otherwise you will have to **bear** the **_consequences_**[6].

If you have any other questions, please contact me directly.

Sincerely Yours,
William Yang

譯文

敬愛的肯特先生：

附上我們訂購單 PO0801026 的合約供你閱讀，看起來你們公司已經有一段時間沒有照著合約走了，那造成我們好幾個月以來許多的不便。我們的交期應該是一個月一次，數量應該是每次二十打。請遵守這份合約，不然你將承擔後果。

如果有任何問題，請直接聯絡我。

威廉・楊 謹上

你一定要知道的文法重點 ⊖ ☐ ✕

重點1 follow

follow 的原意為「跟隨」，但在此處引申為「聽從」、「領會」、「貫徹」等，請對比下面的句子：

- **Sonny will follow up these RMA products from now on.**
  （桑尼會從現在開始接手這些維修產品。）
- **Millions of families follow this TV soap operas *devotedly*[7].**
  （數以百萬計的家庭非常熱衷於收看這個電視肥皂劇。）

重點2 bear

bear 有「負擔；支持；負荷」的意思，而在這裡是「承擔」的意思。其變化形為：過去式 bore／過去完成式 born (borne)／現在進行式 bearing。請看下列的例句：

- **I have to bear all the expenses.**（我必須承擔所有的費用。）

🖐 英文E-mail 高頻率使用例句

① **According to our contract, your company needed to offer a warranty of these *scanners*[8].**
根據我們的合約，貴公司必須提供這些掃描器的保證書。

② **Regarding the guarantee, our company considers that one year is a proper period.**
關於保證期，我們公司認為一年是適當的期間。

③ **As to the additional conditions of this contract, we appoint your company as our sole agent in France.**
至於合約的附帶條件，我們指定貴公司為我們在法國的獨家代理商。

④ **Our courier agent has been appointed FedEx as our contract.**
我們的快遞業者如合約指定為 FedEx。

⑤ **Please do not violate our contract if possible.**
請盡可能不要違反合約。

⑥ **I had tried my best to keep the contract, but failed.**
我已經竭盡所能地維持合約，但是失敗了。

你一定要知道的關鍵單字

1. *purchasing* **n.** 購買
2. *seem* **v.** 看起來、似乎
3. *contract* **n.** 合約
4. *inconvenience* **n.** 不便、麻煩
5. *once* **adv.** 一次、一回
6. *consequence* **n.** 結果、後果
7. *devotedly* **adv.** 忠實地
8. *scanner* **n.** 掃描器

12 | 投訴延期交貨

Dear Ms. Kitty,

We won't **accept**[1] any delayed shipment **from now on**[2]. Your delivery of Purchasing order PO0901023 was **scheduled**[3] to be handled by UPS by the end of December. You **postponed**[4] this shipment to January 6th, 2021, because of **uncompleted**[5] **accessories**[6]. On January 15th, 2021, this shipment was postponed again for bad **weather**[7]. I don't care what's the excuse of your delaying tactics this time, but it won't be accepted anyway. Please **proceed**[8] this shipment **at once**[9], and let me know when it will arrive at our factory.

If you have any further questions, please do not **hesitate**[10] to contact me.

Sincerely Yours,
Albert Lee

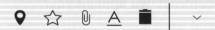

譯文

敬愛的凱蒂小姐：

從現在開始我們不會再接受任何延遲出貨，訂購單 PO0901023 經由 UPS 的出貨原本排定在 12 月底。妳因為配件未完成而將它延遲到 2021 年 1 月 6 日，而 2021 年 1 月 15 日時這批貨又因為天氣不佳而被耽擱了。我不管妳這次又有什麼拖延戰術的藉口，但是無論如何都不會被接受了。請立刻進行出貨，並讓我知道貨品何時會抵達我們的工廠。
如果有任何其他的問題，請立刻聯絡我。

艾伯特‧李 謹上

你一定要知道的文法重點

重點1 excuse

excuse 的原意為「原諒」、「辯解」等，此處引申為「藉口」。請對比下面的句子：

- **Excuse me! Would you please pass the pepper?**
  （抱歉！能否請你將胡椒遞過來？）
- **There is no excuse for this scandalous affair.**
  （這樣的醜聞事件是沒有藉口的。）

重點2 delaying tactics

delay 這個字的意思為「延緩」、「耽擱」等，這裡引申為「拖延」。這個片語的意思為拖延戰術，請對比下面的句子：

- **Don't beat around the bush, otherwise their delaying tactics would work.**（別再旁敲側擊了，否則他們的拖延戰術就要奏效了。）
- **Delaying tactics won't work for an efficient company.**
  （拖延戰術對一個有效率的公司是無效的。）

英文E-mail 高頻率使用例句

① **Please be informed that all of the delivery of sweaters will be postponed for one month due to popularity among the bourgeoisie.**
請知悉由於在中產階級大流行，所有的毛衣交期都將延後一個月。

② **Regarding to the delivery of these orders, please don't postpone for over one week.**
關於這些訂單的交期，請不要拖延超過一周。

③ **As to the additional conditions of this offer, please instruct that delivery cannot be postponed for three days.**
至於這個報價的附帶條件，請註明交期不能拖延過三天。

④ **UPS just informed us that these products will arrive at our company tomorrow.**
快遞業者 UPS 剛剛通知我們，這些產品明天才會到我們的公司。

你一定要知道的關鍵單字

1. **accept** v. 接受
2. **from now on** ph. 從現在開始
3. **schedule** v. 安排、預定
4. **postpone** v. 延遲、延後
5. **uncompleted** adj. 未完成的
6. **accessory** n. 配件
7. **weather** n. 天氣
8. **proceed** v. 著手、進行
9. **at once** ph. 立刻
10. **hesitate** v. 猶豫、躊躇

13 投訴商品不良

Dear Mr. Matthew,

I regret to inform you that the delivery of these products was **classified**[1] as **inferior**[2]. Please take care of this matter very **carefully**[3]. These products arrived at our factory in good condition, but we found that the software was not **stable**[4]. As a **result**[5] of it, we have to ask your company to **compensate**[6]. Maybe you can give us a discount or **something like that** on our next purchasing order.

Please send my **greetings**[7] to your new family member, and contact me **if needed**.

Sincerely Yours,
Albert Lai

譯文

敬愛的馬修先生：

很抱歉地通知你這些出貨的產品被定位為次級品，在處理這件事時請多加注意。這些產品到公司的狀況良好，但我們發現軟體不穩定。因此，我們必須向貴公司求償，也許是類似在下次的訂購單打折之類的。

請代我向你家的新成員問好，如果需要的話請聯絡我。

艾伯特・賴 謹上

你一定要知道的文法重點

重點1 ▶ something like that

something 的意思為「某事」，此句引申為「大概就是像那些」的樣子。在美語為比較口語化的說法，請對比下面的句子：

- **Do you have any *disease* [8] like hydrophobia, AIDS, diabetes or something like that?**
  （你有沒有任何疾病？如狂犬病、愛滋病、糖尿病等類似的病。）

- **Do you have *knives* [9], blades or something like that?**
  （你有沒有刀子或刀片之類的東西？）

重點2 ▶ if needed

need 的翻譯為「需要」、「必要」等。請對照下面的句子：

- **The premium will be paid for insuring property if needed.**
  （如果需要的話，會因保了資產險而支付那筆賠償金。）

- **A friend in need is a friend indeed.**（患難見真情。）

英文 E-mail 高頻率使用例句

① **Please be informed that all the T-Shirts will be returned because of the obviously wrong pattern.**
請知悉所有的短袖運動衫都將因花樣明顯錯誤而被退回。

② **All the binding of these books for PO0902010 are wrong, and they will be returned to your factory.**
訂單 PO0902010 所有的書都裝訂錯誤，它們將會被退回你的工廠。

③ **Your design attracts us very much, but the irregular size of your sport swears are unacceptable.**
貴公司設計的運動衫款式相當吸引人，但是不齊全的尺寸卻是無法接受的。

④ **Some of the wine on this delivery turned into vinegar.**
這次貨運的紅酒有些都變成了醋。

⑤ **Your Pen Drive cannot be detected by our computer.**
你們的行動硬碟無法被我們的電腦偵測到。

你一定要知道的關鍵單字

1. *classify* **v.** 分級
2. *inferior* **adj.** 次級的
3. *carefully* **adv.** 小心謹慎地、仔細地
4. *stable* **adj.** 穩定的
5. *result* **n.** 結果、效果
6. *compensate* **v.** 補償、賠償
7. *greeting* **n.** 問候
8. *disease* **n.** 疾病
9. *knife* **n.** 刀子

14 投訴售後服務不佳

Dear Mr. Martin,

We delivered our products to your **RMA Dept.** [1] **at the end of** March, which should be returned our company in **early** [2] April. But we still have not received them yet. **After all**, we have been your customer for five years, but I don't think your **after-sales service** [3] is satisfactory this time. Please let me know your company's **maintaining** [4] schedule.

Your earliest reply will be **highly** [5] **appreciated** [6].

Sincerely Yours,
Anthony Johnson

譯文

敬愛的馬汀先生：

我們已經在三月底送了一批維修產品到你們的維修部門，那應該四月初就要送達我們公司才對。但是我到現在還沒收到。雖然我們五年來都是貴公司的客戶，但是我覺得你們這次的售後服務實在令人很不滿意。請讓我知道貴公司的維修排程。

期待你最迅速的回覆。

安東尼‧強森 謹上

你一定要知道的文法重點

重點1 at the end of

end 的原意為「終了」、「末端」、「極限」等，at the end of 的意思顧名思義為「在⋯⋯的末期」等，一般是指一段時間、時期即將結束的時候，請看下面的句子：

● **Taking a hot bath in the *bathtub*[7] is the greatest pleasure at the end of a day.**（在一天結束之後，在浴缸裡洗個熱水澡是最大的享受。）

重點2 after all

after all 的翻譯為「由於」、「鑒於」「雖然」、「儘管」、「畢竟」、「終究」等。這個片語當翻譯為「雖然」、「儘管」時有表示結果的意味，當翻譯為「畢竟」、「終究」時則有經過全方位的考慮之後的意思。請看下面的句子：

● **After all, you are still my friends.**
（畢竟你們還是我的朋友。）

英文E-mail 高頻率使用例句

① **Please pay attention to your *attitude*[8], which may cause our huge loss.**
請注意你的態度，那可能會因此給我們帶來極大的損失。

② **These dictionaries have been *bound*[9] upside down, and your factory refuses to re-do them.**
這些字典被裝訂得上下顛倒，而你的工廠拒絕重做。

③ **The shortcut in your mobile phone disabled some functions.**
你手機裡的快捷操作導致某些功能不能使用。

④ **Maintenance is very important when the economy is depressed.**
經濟蕭條時維修（保養）是非常重要的。

⑤ **Your factory suggested a replacement because these switch hubs are too hard to maintain.**
因為無法修理這些網路交換器，你的工廠建議我們換掉。

你一定要知道的關鍵單字

1. ***RMA Dept. = Return Merchandise Authorization Department*** **ph.** 維修部門

2. ***early*** **adj.** 早期的、很早的

3. ***after-sale service*** **ph.** 售後服務

4. ***maintain*** **v.** 維修

5. ***highly*** **adv.** 非常地；高度地

6. ***appreciate*** **v.** 感激

7. ***bathtub*** **n.** 浴缸

8. ***attitude*** **n.** 態度

9. ***bind*** **v.** 裝訂；綑；綁

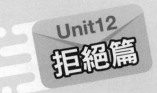 Unit12
拒絕篇

Refusal

01 | 因庫存短缺而退訂

Dear Mr. Reeves,

We thank you for your Order No. 666 for **T-shirts**[1] today, **but regret to disappoint**[2] **you.**
At present, we are out of stock and **we need another two months**[3] **before we can replenish stocks.** So we suggest you obtain them **elsewhere**[4].

Yours sincerely,
Ben Affleck

譯文

親愛的李維先生：

今天收到貴公司 666 號訂購 T 恤的訂單。但可能要使您失望了，十分抱歉。目前，我們沒有 T 恤的存貨，要在兩個月之後才有新貨供應。因此，我們建議您再到別處購買。

班・艾佛列克 謹上

你一定要知道的文法重點

重點1 **... , but regret to disappoint you.**

因為庫存短缺而需要向客戶說明情況的時候,我們一般會想到用 We very much regret that...(很抱歉……)或者是 we are very sorry that...(很抱歉……)。其實,我們還可以用 ... , but regret to disappoint you.(……,但可能要使您失望了,十分抱歉。)

重點2 **We need another two moths before we can replenish stocks.**

一般庫存短缺的時候,我們還需要告知訂貨方什麼時候才會有貨,也好協商一下是取消訂單還是繼續等待。It will be another two moths before we can replenish stocks.(要在兩個月之後才有新貨供應。)It will be...before...(某段時間之後才會……)表示對方需要等待的時間或是指某件事情所需要花費的時間。

英文E-mail 高頻率使用例句

① **We regret to inform you that we can't accept your order.**
很抱歉通知您,我們無法接受您的訂單。

② **We *apologize*⁵ for any inconvenience this may have *caused*⁶.**
對您所造成的任何不便,我們深表歉意。

③ **Shoes of this kind are not available at the moment.**
這種樣式的鞋子目前缺貨。

④ **We don't know when this item will be back in stock.**
我們不知道這項產品何時還會有貨。

⑤ **The jeans of this *style*⁷ are in short supply now.**
這種式樣的牛仔褲正缺貨。

⑥ **Owing to short supply, we cannot make you an offer at present.**
由於缺貨,目前我們不能給您方報價。

⑦ **We have decided not to accept your order because of the current shortage of the goods.** 由於目前此項商品缺貨,所以我們決定不接受您的訂單。

⑧ **There is a serious shortage of this *commodity*⁸ at present.**
這款商品目前嚴重缺貨。

你一定要知道的關鍵單字

1. ***T-shirt*** **n.** T恤

2. ***disappoint*** **v.** 使失望

3. ***month*** **n.** 月

4. ***elsewhere*** **adv.** 在別處

5. ***apologize*** **v.** 道歉;認錯

6. ***cause*** **v.** 引起

7. ***style*** **n.** 風格、時尚

8. ***commodity*** **n.** 商品

02 ｜婉拒報價

Dear Mr. Bloom,

Thank you for your offer.
Unfortunately, we must ***decline*** [1] your offer at this time, as **we can obtain a *price*** [2] **of $50 *per*** [3] **item with another *firm*** [4]. **This is five dollars per item lower than your price.**

Please accept our ***sincere*** [5] regrets.

Yours sincerely,
Will Smith

⌖　☆　🖇　A　🗑　|　⌄

譯文　⊖ ▢ ✕

親愛的布魯姆先生：

謝謝您的報價。
不幸的是，目前我們只能謝絕您的報價。因為，我們可以從另外一家公司以五十美元一件的價格買到產品。這比貴公司每件的價格少了五美元。

請接受我們誠摯的歉意。

威爾・史密斯 謹上

你一定要知道的文法重點

重點1 **We can obtain a price of $50 per item with another firm.**

由於其他廠商給予我們比較低的價格，所以我們可能就要婉拒出價較高的一方了。因此，不管出價方是不是會再降價，我們還是要讓他瞭解目前的情況。We can obtain a price of $50 per item with another firm.（我們可以從另外一家公司以五十美元一件的價格買到產品。）a price of $50 per item 指的就是一件商品需要五十美元的價格。

重點2 **This is five dollars per item lower than your price.**

只有貨比三家，我們才會得到一個對自己比較有利的價格。因此，我們可以把他和別人的價格進行比較一下。如果我們想對商品供應方說，你的價格比別人高了或是別人的價格比你低，我們可以像郵件中所說的那樣來表達：This is five dollars per item lower than your price.（這比你們的每件價格少了五美元。）This is...lower than... 這個句型就是表示前者比後者低或是少。

英文E-mail 高頻率使用例句

① **We have to *turn*[6] down your offer, as other suppliers are under-quoting you.**
我們不得不謝絕你方的報價，因為其他供應商報價比你們低。

② **I think I should turn down your offer.**
我認為我應該拒絕您的報價。

③ **His quotation is much lower than yours.**
他的報價低於你的報價。

④ **We are writing to *reject*[7] your quotation.**
我們寫信拒絕您的報價。

⑤ **Thank you for your offer of service.**
非常感謝您的報價。

⑥ **We already have a partner in the *region*[8].**
我們在本區已經有合作的對象了。

⑦ **He can give us a more favorable price.**
他能提供一個更優惠的價格。

⑧ **We find your quotation higher than those we can get elsewhere.**
我們發現你們的報價比別處的報價要高。

你一定要知道的關鍵單字

1. *decline* **v.** 下降；衰敗；婉拒
2. *price* **n.** 價格；代價
3. *per* **prep.** 每
4. *firm* **n.** 商號；商行；公司
5. *sincere* **adj.** 真摯的；誠摯的
6. *turn* **v.** 旋轉；轉動
7. *reject* **v.** 拒絕
8. *region* **n.** 區域

03 拒絕降價請求

Dear Mr. Reeves,

Thank you for your email of September 28.
Unfortunately, we must say **we can't make a better offer than the one we suggested to you. We feel that the offer is the most favorable one presently.**

We hope you will be able to accept our offer after ***reconsideration*** ¹.

Yours sincerely,
Will Smith

親愛的李維先生：

謝謝您在 9 月 28 日的來信。
不幸的是，我們認為不能再報比那更低的價格了。它已經是目前最優惠的價格了。

希望你們能再重新考慮一下，接受我們的該項報價。

威爾‧史密斯 謹上

你一定要知道的文法重點   ⊖ ◻ ✕

重點1 **We can't make a better offer than the one we suggested to you.**

當對方要求我們再次降價，而我們又不能再降價的時候，我們可以這樣來說，We can't make a better offer.（我們不能再報更低的價格了。）後面還可以更具體詳細的說明情況，We can't make a better offer than the one we suggested to you.（我們認為不能再報比那更低的價格了。）

重點2 **We feel that the offer is the most favorable one presently.**

在說明自己的報價已經是最好或是最優惠的報價時，我們可以這樣來說：We feel that the offer is the most favorable one presently.（這已經是目前最優惠的價格了。）注意單字 favorable 的使用。它是用來表示有利的價格或是條件，既可以放在名詞之前，也可以跟 be 動詞一起使用。

👆 **英文E-mail 高頻率使用例句**

① **We can't *reduce*[2] the price as you *required*[3].**
我們不能滿足您降價的要求了。

② **We have already *marked*[4] all prices down by 10%.**
我們所有商品都已經降價 10% 了。

③ **We cannot do more than a 5% *reduction*[5].**
我們只能降價百分之五，不能再多了。

④ **We have to decline your request for a 10% reduction.**
我們必須拒絕您降價 10% 的要求。

⑤ **The price is our *minimum*[6]; we refuse to lower it any more.**
這是我們的最低價，我們拒絕再降價。

⑥ **We cannot grant the reduction you asked, because the price has already been cut as *far*[7] as possible.**
我們不同意降價要求，因為價格已降至最低點。

⑦ **We usually don't give any discount.**
我們通常是不降價的。

⑧ **Unfortunately, we can't give you the discount you requested for the goods.**
很抱歉，我們不能給您所希望的折扣。

你一定要知道的關鍵單字

1. *reconsideration*
   n. 再考慮；再審查；再議

2. *reduce* **v.** 減輕

3. *require* **v.** 需要

4. *mark* **v.** 在……留下痕跡；標出

5. *reduction* **n.** 減少

6. *minimum* **n.** 最小量

7. *far* **adv.** 遠方；朝遠處

04 | 交易條件無法變更

Dear Mr. Miller,

We are sorry to inform you that we have to decline your request to **alter** [1] our conditions.
If you find that **our terms are not in accord** [2] **with your requirements, we might suggest you try** [3] **seeking other suppliers.**

Yours sincerely,
Chris Evans

譯文

親愛的米勒先生：

非常抱歉地告訴您，我們不得不拒絕您想要修改條件的要求。
如果您覺得我們的條款和您要求的不一致，我們建議您再找找其他的供應商看看。

克里斯・伊凡斯 謹上

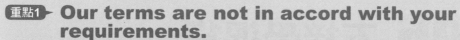

你一定要知道的文法重點

重點1 ▶ **Our terms are not in accord with your requirements.**

有時候客戶不是很滿意我們的交易條件，要求更改交易條件。那麼，對方不滿交易條件的情形該如何來表達呢？我們可以說：Our terms are not in accord with your requirements.「（您覺得）我們的條款和您要求的不一致。」整個英文句子顯得並不是客戶的錯，而好像是在說自己的錯，這會讓客戶覺得你很體貼（Consideration）。

重點2 ▶ **We might suggest you try seeking other suppliers.**

如果我們實在滿足不了客戶的要求，無法變更交易條件，那麼，我們便可以禮貌（Courtesy）而又很體貼（Consideration）地建議客戶尋找其他合適的廠商。We might suggest you try seeking other suppliers.（我們建議您再找找其他的供應商看看。）might 在這個句子中的使用，使得整個句子很禮貌委婉。

英文E-mail 高頻率使用例句

① **We can't *relax*⁴ the *basic*⁵ terms of the transaction.**
我們不能放寬基本的交易條件。

② **Please inform us if you can reconsider these terms.**
請告知我方，貴方是否能再考慮一下這些交易條件。

③ **You said that you would like to *negotiate*⁶ with us on prices, delivery schedule, and purchase terms.**
您說需要與我們再協商一下產品、價格、交易條件等問題。

④ **You told us you should get the best possible *deal*⁷.**
您說您應該獲得更好的交易條件。

⑤ **We have quoted our best terms in the attached price list.** 隨函附上的價格單中，我方已報出最好的交易條件。

⑥ **I've done my best to negotiate the trade terms with the supplier for you.**
我已經盡力為您與供應商協商貿易條件。

⑦ **Our products are very *popular*⁸ in the area.**
我們的產品在這個地方很受歡迎。

你一定要知道的關鍵單字

1. ***alter*** **v.** 更改；改變
2. ***accord*** **n.** 一致；和諧
3. ***try*** **v.** 嘗試
4. ***relax*** **v.** 放鬆
5. ***basic*** **adj.** 基本的
6. ***negotiate*** **v.** 商議；談判
7. ***deal*** **n.** 買賣；交易
8. ***popular*** **adj.** 流行的

05 | 不接受退貨

Dear Mr. Walker,

Thank you for your email of October 4 requesting to return all the 200 items.
We are **unable**[1] to accept the return of goods, as we have informed you to check them before you **unpack**[2] the **case**[3].

Please understand.

Yours sincerely,
Tobey Maguire

譯文

親愛的沃克先生：

謝謝您在 10 月 4 日的來信，信中要求退回所有 200 件商品。
我們無法接受您的退貨請求。因為我們已經告知您確認好資訊之後再拆封。

請諒解！

托比‧馬奎爾 謹上

你一定要知道的文法重點 ⊖ ▢ ✕

重點1 **We are unable to accept the return of goods.**

當我們要向客戶說明我方不接受退貨時，我們可以這樣說：We are unable to accept the return of goods.（我們無法接受您的退貨請求。）我們還可以用 can 來表達：We can't accept the return of goods.（我們不能接受您的退貨請求。）在這裡，後一個句子比前一個句子顯得要生硬，因此，前一個句子比較恰當。

重點2 **We have informed you to check them before you unpack the case.**

退貨條件一般都是固定的，例如，若超出了退貨期限就不予退貨；不當使用造成損壞不能退貨；沒確認好正確資訊就拆封的產品也很難退貨。We have informed you to check them before you unpack the case.（因為我們已經告知您請確認好資訊之後再開箱。）因此，在顧客購買物品的時候，廠家就要事先說明相關事項，以免造成紛爭。

👆 英文E-mail 高頻率使用例句

① **Customers are supposed to check all goods thoroughly before purchase as the shop cannot give *refunds*[4].**
因為本店不接受退貨，所以顧客應澈底檢查所有貨物然後再買。

② **Our company won't take the *china*[5] back if it *breaks*[6].**
瓷器如有破損，公司將不予退貨。

③ **We are sorry that we can't accept your request to return these goods.**
很抱歉，我們不能接受退貨。

④ **Several customers have returned a large quantity of them to us.**
有幾位顧客已大量退貨。

⑤ **We don't take returns on sale items.**
我們不接受特價品的退貨。

⑥ **These products are *refundable*[7] in specific *period*[8].**
這些產品只能在某個限期內退貨。

你一定要知道的關鍵單字

1. *unable* **adj.** 不能的；不會的

2. *unpack*
   v. 打開（包裹等）取出東西

3. *case* **n.** 情形；情況；箱；案例

4. *refund* **n.** 歸還；償還；退款

5. *china* **n.** 瓷器

6. *break* **v.** 打破；弄破；弄壞

7. *refundable* **adj.** 可退還的；可償還的

8. *period* **n.** 時期；期間

06 無法取消訂單

Dear Mr. Carter,

We have got your email of October 5 requesting to cancel the order of No. 8888.
However, we are unable to accept such a **cancellation**[1], as we have **already**[2] had the goods **shipped**[3]. We most sincerely hope you will **afford**[4] us your understanding.

Yours sincerely,
Ronan Keating

📍 ☆ 📎 A 🗑 | ⌄

譯文 ⊖ ▢ ⊗

親愛的卡特先生：

謝謝您在 10 月 5 日的來信，信中要求取消第 8888 號訂貨。
然而，我們無法接受該項訂單取消。因為貨物已經裝船了。我們真誠希望您能諒解。

羅南・基頓 謹上

你一定要知道的文法重點

重點1 **We have already had the goods shipped.**

已經做了某事時，要使用現在完成式。如果我們要告知對方貨物已經裝船了，我們可以這樣說：We have already had the goods shipped.「貨物已經裝船了。」

重點2 **We most sincerely hope you will afford us your understanding.**

不能滿足客戶要求的時候，我們一定要很真誠地請求對方的諒解。我們可以用 most sincerely 放在 hope 之前來加強我們的誠意。另外，...you will afford us your understanding.「敬請諒解」，這個句子是 Thank you for your understanding.「敬請理解」的另一種說法。

英文E-mail 高頻率使用例句

① **The goods were shipped yesterday as you required.**
　貨物已在昨天按你的要求發貨了。

② **To my *deep*[5] regret, we can't cancel the order.**
　非常抱歉，我們無法撤銷訂單。

③ **After receiving your email, we've executed orders promptly.**
　收到您的郵件後，我們就立即執行訂單了.

④ **To cancel the order will *violate*[6] our contract.**
　取消訂單將違反合約規定。

⑤ **You can't cancel our order and place it elsewhere.**
　貴公司不能取消訂單而轉向他處訂購。

⑥ **The items are already on the *production*[7] line.**
　產品已經在生產當中了。

⑦ **We were under contract to deliver the goods last week.**
　依約我們於上周已經出貨。

⑧ **The order cannot be cancelled for the goods are on the *way*[8].**
　訂單無法取消，因為已經在發貨途中了。

你一定要知道的關鍵單字

1. *cancellation* **n.** 取消

2. *already* **adv.** 已經

3. *ship* **v.** 運送；裝船

4. *afford* **v.** 給予；供給；能負擔

5. *deep* **adj.** 深的

6. *violate* **v.** 妨害；違反

7. *production* **n.** 製造

8. *way* **n.** 路；道路

07 | 婉拒提議

Dear Mr. Evans,

Thank you for your offer to **visit**[1] our company next week.
We very much regret, however, that **our project is still in its *infancy***[2].
We will **record**[3] your company **name**[4] and contact you if there is a
need.

Yours sincerely,
Will Smith

譯文

親愛的伊凡斯先生：

謝謝您提議下周來訪問我們。
但是，不好意思，我們的專案現在還處在初期階段。
我們會記錄下貴寶號，如有需要會再聯繫您。

威爾‧史密斯 謹上

你一定要知道的文法重點 ⊖ ⊡ ✕

重點1 **Our project is still in its infancy.**

專案還不成熟，還沒到尋找合作夥伴的時候或是還在策劃階段，而某些客戶又向我們尋求合作的時候，我們就需要說明目前的情況，並婉拒他們了。Our project is still in its infancy.（我們的專案現在還處在初期階段。）對於這句話，我們還可以換個說法來說：Our project is still in its initial stage.（我們的專案現在還處在初期階段。）

重點2 **We will record your company name and contact you if there is a need.**

雖然現在合作不成，但是等到專案成熟的時候，也許雙方還有可能一起合作，所以，在這個時候，我們還是應該細心地記下對方的公司名稱、電話之類的資訊，並且告訴對方有之後如有可能合作，會及時通知他們。We will record your company name and contact you if there is a need.（我們會記錄下貴寶號，如有需要會再聯繫您。）這樣，也可以算是對詢問方一種比較禮貌（Courtesy）的回答吧！

👆 英文E-mail 高頻率使用例句

① **I have to refuse your offer about this *investment*[5].**
　 我不得不拒絕您關於這次投資的提議。

② **Thank you for your offer to visit us on your next *trip*[6].**
　 謝謝您提議在下次的時候來拜訪我們。

③ **We are not in need of an engineer at this time.**
　 我們目前還不需要工程師。

④ **Sorry, I have to decline your *proposal*[7].**
　 很抱歉，我得拒絕您的提議了。

⑤ **The proposal didn't find wide acceptance.**
　 這項提議沒能得到廣泛的贊同。

⑥ **This project is still in the *stage*[8] of planning at present.**
　 目前，該專案還在計劃當中。

⑦ **Please don't feel annoyed at our rejection of your offer.**
　 請不要為我們拒絕您的提議而感到不快。

⑧ **I cannot but decline his offer.**
　 我不得不拒絕他的提議。

你一定要知道的關鍵單字

1. *visit* **v.** 訪問；拜訪

2. *infancy* **n.** 初期；未發達階段

3. *record* **v.** 記錄

4. *name* **n.** 名字；姓名；名稱；
　 名義

5. *investment* **n.** 投資額；投資

6. *trip* **n.** 旅行

7. *proposal* **n.** 提議

8. *stage* **n.** 舞臺；階段

08 | 無法提早交貨

Dear Mr. Reynolds,

Thank you for your E-mail requesting an earlier delivery of the goods. **We have checked our delivery schedule,** but found that **there is no possibility**[1] to **advance**[2] **your delivery.** It usually takes two weeks to **finish**[3] the **whole**[4] **process**[5].

Thank you for your understanding.

Yours sincerely,
Jared Leto

◐ ☆ ◐ Ａ ▮ | ⌄

譯文 ⊖ ☐ ✕

親愛的雷諾茲先生：

謝謝您的來信，信中您要求提前發貨。
我們已查閱了發貨進度，但是沒辦法提前供貨給您，因為通常都需要兩周的時間來完成整個流程。

敬請諒解！

傑洛・萊托 謹上

你一定要知道的文法重點

重點1 We have checked our delivery schedule.

在客戶要求提早交貨的時候，我們一般要查看進度，考慮到整個事情的安排。如不能提早交貨，在回覆客戶時，就要明白告知客戶實在無法提前交貨。We have checked our delivery schedule.「我們已查閱了發貨進度」，從而尋求客戶或是顧客的諒解。

重點2 There is no possibility to advance your delivery.

當我們查看進度表後，發現無法提前交貨時，我們應該回覆：There is no possibility to advance your delivery.（實在沒辦法提前供貨給您。）我們還可以這樣說：It's impossible for us to advance your delivery.（實在沒辦法提前供貨給您。）

英文E-mail 高頻率使用例句

① **We cannot advance the time of delivery.**
我們無法將交貨時間提前。

② **I see no way of moving up your delivery.**
我們沒辦法提前出貨給您。

③ **I have checked our production schedule.**
我已經查看了我們的生產進度。

④ **We can't** *expedite* [6] **production to advance the date of delivery.**
我們無法加速生產，提前交貨。

⑤ **We have done our best to deliver the goods.**
我們已經盡最大努力交貨了。

⑥ **We cannot accept your request for making an earlier** *shipment* [7].
我們無法接受您的要求，提前交貨。

⑦ **We can't advance the delivery date earlier.**
交貨日期不能再提前了。

⑧ **I'm very sorry we can't advance the time of delivery.**
非常抱歉，我們不能提前交貨。

你一定要知道的關鍵單字

1. *possibility* **n.** 可能性

2. *advance* **v.** 提前

3. *finish* **v.** 完成；結束

4. *whole* **adj.** 全部的；整個的

5. *process* **n.** 過程

6. *expedite* **v.** 迅速做好；速辦

7. *shipment* **n.** 裝運

09 | 無法提供協助

Dear Mr. Reynolds,

I am sorry that **I can't *accompany*** [1] you to New York for the ***exhibition*** [2] **this time** because I have an ***urgent*** [3] ***matter*** [4] to ***handle*** [5]. I strongly suggest you go with an English ***interpreter*** [6]. **That would make things much easier in New York.**

If you have any further questions, please feel free to contact me.

Yours sincerely,
Hugh Jackman

譯文

親愛的雷諾茲先生：

很抱歉，這次我不能陪同您一起去紐約參加展覽會了，因為我有急事需要處理。我強烈建議您找一個英語口譯人員陪同您一起去，這樣事情在紐約會好辦許多。

如有任何其他問題，請隨時聯繫我。

休・傑克曼 謹上

你一定要知道的文法重點 ⊖ ⊡ ⊗

重點1 ▶ **I can't accompany you to New York for the exhibition this time.**

當我們和別人約定一起參加商展，而後來由於有急事不得不告知對方自己無法前往時，該怎麼說呢？I can't accompany you to New York for the exhibition this time.「這次我不能陪同您一起去紐約參加展覽會了。」accompany 這個字用在這個地方很恰當，比用 go together with sb. 要簡潔（Conciseness）許多。

重點2 ▶ **That would make things much easier in New York.**

如果對方不懂英文，而你又不能陪同協助他，這時可以建議，他找一個英語口譯人員陪同。提出的建議要能夠解決他的實際問題，也就是能對他的事情有所幫助。That would make things much easier in New York.「這樣事情在紐約會好辦許多。」也可以說：It would be of great help to you.「這將對你有很大幫助。」

👆 英文E-mail 高頻率使用例句

① **We can't give you *assistance* ⁷ for certain reasons.**
因為某些理由，我們無法給您提供協助。

② **We were unable to help you find the information.**
我們無法幫您找資料。

③ **I am afraid I cannot help you there.** 很抱歉，我無法幫你。

④ **I'm sorry that I can't help you.**
很抱歉，我無法幫助你。

⑤ **I'm sorry that I can't be of any assistance to you about that.**
很抱歉，這件事我幫不上忙。

⑥ **I suggest you ask for help from other departments.**
我建議您向其他部門尋求幫助。

⑦ **I am very regretful that I can't help you with this.** 很遺憾，這方面我幫不上忙。

⑧ **Sorry, we can't supply *technical* ⁸ assistance to your company.**
對不起，我們不能給貴公司提供技術協助。

你一定要知道的關鍵單字

1. ***accompany*** **v.** 隨行；陪伴；伴隨

2. ***exhibition*** **n.** 展覽

3. ***urgent*** **adj.** 急迫的；緊急的

4. ***matter*** **n.** 事情；問題

5. ***handle*** **v.** 觸；手執；管理；對付

6. ***interpreter*** **n.** 口譯員；翻譯員

7. ***assistance*** **n.** 協助；援助

8. ***technical*** **adj.** 技術上的；技能的

10 | 無法介紹客戶

Dear Mr. Miller,

I am sorry that **I am unable to *refer*¹ you to potential customers for your products** because I have left the ***chamber*² of *commerce*³** for nearly five years. **You might ask the person in *charge*⁴** now.

If there's anything else that I can help you with, please let me know.

Yours sincerely,
Hugh Jackman

譯文

親愛的米勒先生：

很抱歉，我不能為你們的產品介紹潛在的客戶，因為我已經離開商會將近五年了。你們可以找現任的負責人詢問看看。

如有其他可以幫得上忙的地方，敬請告知。

休‧傑克曼 謹上

你一定要知道的文法重點 ⊖ ▢ ✕

重點1 **I am unable to refer you to potential customers for your products.**

幫別人介紹客戶或是推薦客戶，英文該如何表達呢？除了我們最常用的 introduce sb. to sb.（向……介紹某人），我們還可以用另外一個表達方法，那就是上述郵件中出現的：...refer you to potential customers for your products.（為你們的產品介紹潛在的客戶。）這裡使用了 refer sb. to...，也是「幫某人介紹」、「推薦……」的意思。

重點2 **You might ask the person in charge now.**

如果你已身不在其職了，而還有人請求你的幫助，這時可以很禮貌（Courtesy）地建議對方去找目前的負責人詢問看看。You might ask the person in charge now.（你們可以找現在的負責人詢問看看。）in charge of... 這個片語是「……的負責人」，或是「負責……的人」的意思。

✍ 英文E-mail 高頻率使用例句

① **I couldn't refer you to some *clients*[5].**
我無法為您介紹客戶。

② **You said that you would like me to introduce some customers.**
您說貴公司需要我幫你們介紹一些客戶。

③ **I am afraid I cannot help you with that.**
對不起，那方面我恐怕幫不上忙。

④ **I have no clients to introduce to you.**
我身邊沒有客戶可以介紹給你。

⑤ **I'm sorry I can't be of any assistance to you in this.**
很抱歉，這事我無法幫助您。

⑥ **I suggest you ask the *official*[6] in charge for help.**
我建議您向經辦的官員尋求幫助。

⑦ **I haven't done business for several years.**
我已離開商場多年了。

⑧ **Sorry, I didn't get in touch with any client after my *resignation*[7].**
對不起，我辭職後就沒有再聯繫任何客戶了。

你一定要知道的關鍵單字

1. *refer* **v.** 參考；提及
2. *chamber* **n.** 房間；寢室
3. *commerce* **n.** 商業；貿易
4. *charge* **n.** 費用；職責
5. *client* **n.** 客戶
6. *official* **n.** 官員；公務員
7. *resignation* **n.** 辭職；讓位

11 | 正式邀請函的婉謝回覆

Dear Mr. Miller,

I'm so glad that you ***invited***[1] me to attend the ***ceremony***[2] to be ***held***[3] on Monday, October 13 in Times ***Square***[4].

Unfortunately, I have another meeting to ***attend***[5], so **I have to decline with much regret your kind invitation. And I wish the *event*[6] a success.**

Yours sincerely,
Ewan McGregor

◯　☆　◎　A　▮　|　⌄

譯文　　　　　　　　　　　　　　　⊖ ▢ ⊗

親愛的米勒先生：

很高興您邀請我參加 10 月 13 日在時代廣場舉行的慶祝活動。
不巧的是，我還有另外一個會議要出席，因此，不得不很遺憾地婉謝您的好心邀請。預祝慶祝活動圓滿成功！

伊旺‧麥奎格 謹上

你一定要知道的文法重點　⊖ ▢ ✕

重點1 I have to decline with much regret your kind invitation.

一般我們在表達婉謝別人的邀請這個意思時，會說：I very much regret that I have to decline your invitation.「很抱歉，我要婉謝您的邀請了。」或是：Unfortunately, I have to decline your invitation.「不幸的是，我不得不婉謝您的邀請。」其實，我們還可以換個說法來表達：I have to decline with much regret your kind invitation.（我不得不很遺憾地婉謝您的好心邀請。）

重點2 And I wish the event a success.

雖然拒絕了別人的邀請，不能出席相關活動了，但是，我們還是要說一些祝福的話語，例如，預祝別人的活動圓滿成功。And I wish the event a success.（祝福慶祝活動圓滿成功。）這就顯示了我們對他人的禮貌（Courtesy）和尊重。

👆 英文E-mail 高頻率使用例句

① **There are some reasons causing me to decline the invitation.**
因為一些原因，我婉謝這次邀請。

② **I shall have to refuse your invitation because of a prior *engagement* [7].**
我因有約在先，所以只好婉謝您的邀請。

③ **We must decline the invitation to your party.**
我們不得不婉謝您的聚會邀請。

④ **I've declined the invitation to the *banquet* [8].**
我已婉謝這次宴會的邀請。

⑤ **I have to decline the invitations for I am not feeling well.**
我因為身體不適而婉謝邀請。

⑥ **I already have something else planned and therefore have to decline the invitation.**
我已經計劃好了要去做別的事情，因此不得不婉謝邀請。

⑦ **I am afraid I have to decline your invitation for I have been very busy these days.**
我恐怕得婉謝您的邀請，因為我這一陣子都很忙。

你一定要知道的關鍵單字

1. *invite* **v.** 邀請；招待

2. *ceremony* **n.** 慶典

3. *hold* **v.** 握住；拿著；持有；舉辦

4. *square* **n.** 正方形；廣場

5. *attend* **v.** 參加

6. *event* **n.** 事件

7. *engagement* **n.** 約會

8. *banquet* **n.** 宴會

12 | 無法變更日期

Dear Mr. Grace,

We regret very much that **we are unable to *postpone*** [1] **the *fixed*** [2] ***date*** [3] **of our *appointment*** [4], because we have another client who is quite willing to cooperate with us.

An early reply would be appreciated as we wish to reach a *prompt* [5] **decision.**

Yours sincerely,
Paul Walker

📍　☆　🔗　A　🗑　｜　⌄

譯文　⊖ ⊡ ✕

親愛的格雷斯先生：

很抱歉，我們無法延後訂好日期的預約，因為已經有另外一名客戶很想跟我們合作。

本公司希望能盡快下決定，故請您盡早回覆。

保羅・沃克 謹上

你一定要知道的文法重點 ⊖ ⊡ ✕

重點1 **We are unable to postpone the fixed date of our appointment.**

如果我們無法滿足對方更改日期的要求，我們可以說：We are unable to postpone the fixed date of our appointment.（我們無法延後訂好日期的預約。）postpone 是「延後」、「延期」的意思。the fixed date（約好的日期）也可以改成 the set date 或 the target date。

重點2 **An early reply would be appreciated as we wish to reach a prompt decision.**

郵件中提到有別的客戶很想跟他們合作，所以他們催促收件人盡快回覆消息。我們可以說：An early reply would be appreciated.「請您及早回覆」，而後面的 We wish to reach a prompt decision.「本公司希望能盡快下決定」又說明了寫信人這方不同意更改日期的另外一個原因，同時，這也是在希望徵求對方的理解，而能盡快收到回覆。

英文E-mail 高頻率使用例句

① **We hope everything would be ready by a *target*⁶ date.**
我們希望在一個預定日期之前將一切準備就緒。

② **We can't accept your request to change the set time.**
我們不能接受您更改約定日期的要求。

③ **I'm sorry, but another time would be *inconvenient*⁷ for us.**
很抱歉，但是我們不方便另約時間。

④ **We have told our manager the date of the appointment.**
我們已經告知了經理這個預約時間。

⑤ **Sorry, we can't fix another appointment with you.**
對不起，我們不能再另約時間見面。

⑥ **We hope you can arrive at the appointed time.**
我們希望您能在約定的時間到達。

⑦ **Please *remember*⁸ to appear on the day appointed.**
請記得在約定的日期出現。

你一定要知道的關鍵單字

1. ***postpone*** v. 延期；延後

2. ***fix*** v. 使穩固；修理；安排

3. ***date*** n. 日期；約會

4. ***appointment*** n. 指定；預約；約定；指派；任用

5. ***prompt*** adj. 即時的

6. ***target*** n. 目標；靶子

7. ***inconvenient*** adj. 不方便的；打擾的；令人為難的

8. ***remember*** v. 記得

13 | 拒絕交貨延遲

Dear Mr. Bloom,

I am sorry that we can't accept your request for **_delay_**[1] in delivery. **We are in urgent need of these _building_**[2] materials, or we can't **_complete_**[3] the **_task_**[4]. If you can't deliver them on time, we shall have to cancel the order.

Thank you for your understanding.

Yours sincerely,
Paul Walker

譯文

親愛的布魯姆先生：

很抱歉，我們無法接受你們要求交貨延遲的請求。我們急需這批建築材料，否則我們無法完工。如果你們不能按時交貨，我們只好取消訂單了。

敬請諒解。

保羅・沃克 謹上

你一定要知道的文法重點 ⊖ ▢ ✕

重點1 We are in urgent need of these building materials.

表達「急需」，除了用動詞的 need 或者 want，還可以使用他們的名詞形式，例如：in great need of / in dire need of / in urgent need of。我們可以說：We are in urgent need of these building materials.「我們急需這批建築材料。」也可以說：We are in want of these building materials.

重點2 If you can't deliver them on time, we shall have to cancel the order.

如果我們實在很需要這批貨物，而對方又不能按時交貨的話，我們只能取消訂單，向別的廠商訂購，這時我們就需要向對方表明自己的態度。If you can't deliver them on time, we shall have to cancel the order.「如果你們不能按時交貨，我們只好取消訂單了。」shall have to 比起用 must 和 have to 在語氣上要顯得相對委婉一些。

👆 **英文E-mail 高頻率使用例句**

① **We are informed that you couldn't deliver the goods on time.**
我們被告知你們無法按時交貨。

② **We can't accept your request to postpone the delivery.**
我們不能接受您交貨延遲的要求。

③ **The delay will cause great *inconvenience*[5] to us.**
延遲將會造成我們很大的不便。

④ **We will be *forced*[6] to cancel this order.**
我們將要被迫取消這次訂單。

⑤ **We are so sorry we can't wait any longer.**
對不起，我們不能再等了。

⑥ **If you still *insist*[7] on that, we will have to cancel the order.**
如果您還是堅持的話，我們將不得不取消訂單了。

⑦ **We hope you can understand the current *situation*[8].**
希望你們可以瞭解目前的情況。

你一定要知道的關鍵單字

1. *delay* **n.** 耽擱

2. *building* **n.** 建築物

3. *complete* **v.** 完成

4. *task* **n.** 任務

5. *inconvenience* **n.** 不便；麻煩；打擾

6. *force* **v.** 強迫；施壓

7. *insist* **v.** 堅持、強調

8. *situation* **n.** 情勢

14 | 無法接受臨時取消訂單

Dear Mr. Affleck,

According to our contract, **we can cancel the order only if you inform us three weeks *prior*[1] to the delivery date.** However, you just did this without *notifying*[2] us in advance.
Moreover, **we haven't got a *reasonable*[3] *explanation*[4] from your side yet.** You'll have to give us a *satisfactory*[5] *answer*[6] for the matter mentioned above.

Yours sincerely,
Paul Walker

譯文

親愛的艾佛列克先生：

根據合約規定，我們只能接受提前在發貨日期三周的訂單取消要求。然而，貴公司未提前通知就取消訂單了。
而且，我們至今還未得到一個合理的解釋。請貴公司給我們一個滿意的答覆！

保羅‧沃克 謹上

你一定要知道的文法重點

重點1 **We can cancel the order only if you inform us three weeks prior to the delivery date.**

一般取消貨物是有規定期限的，當對方擅自取消訂單，就是違反了合約約定，這一點是需要向對方說清楚的。We can cancel the order only if you inform us three weeks prior to the delivery date.「我們只能接受提前在發貨日期三周的訂單取消要求。」這裡請注意一下時間的表達方法：three weeks prior to the delivery date「比發貨日期提前三周的時間」。

重點2 **We haven't got a reasonable explanation from your side yet.**

當對方擅自取消訂單，而且未解釋說明任何原因的時候，我們可以這樣告訴對方：We haven't got a reasonable explanation from your part yet.「我們至今尚未得到一個合理的解釋。」這句話就是說，對方到目前為止都還沒有通知訂單取消的正當理由。這裡使用現在完成式，強調訂單取消這件事情對現在所造成的影響。

 英文E-mail 高頻率使用例句

① **We can't cancel an order without receiving a notice.**
未收到通知，我們無法取消訂單。

② **You should be able to give us a satisfactory answer.**
貴公司得給我們一個滿意的答覆。

③ **We must comply with the terms of the contract.** 雙方都必須按照合約條款行事。

④ **We persist in doing business in accordance⁷ with the contract.**
我們公司一向嚴格按照合約行事。

⑤ **We have to hold you to the contract.**
我們不得不要求你們按照合約行事。

⑥ **A cancellation notice must be submitted⁸ in writing form.**
取消通知必須以書面形式遞交。

⑦ **You must give us a legitimate⁹ reason for this.**
你們必須給我們一個合情合理的取消理由。

你一定要知道的關鍵單字

1. **prior** adv. 在前；居先

2. **notify** v. 通知；報告

3. **reasonable** adj. 合理的

4. **explanation** n. 說明；解釋

5. **satisfactory** adj. 令人滿意的

6. **answer** n. 回答；答案

7. **accordance** n. 給予；根據；依照

8. **submit** v. 屈服；提交

9. **legitimate** adj. 合法的

15 | 無法履行合約

Dear Mr. Affleck,

We are so sorry that **we can't *continue*** [1] to fulfill the contract on ***account*** [2] of the quality problem.
Many customers complained that these computers didn't run well after the ***purchase*** [3]. Due to this, we want to ***suspend*** [4] the supply and hope you can give us a ***solution*** [5] to the problem immediately.

Yours sincerely,
Paul Walker

譯文

親愛的艾佛列克先生：

很抱歉，由於品質的問題，我們無法繼續履行合約。
眾多用戶抱怨購買電腦之後，電腦使用情況不佳。鑒於此，
我們想暫停供貨，並希望你們能立即給出一個解決方案。

保羅・沃克 謹上

382

你一定要知道的文法重點

重點1 **We can't continue to fulfill the contract on account of the quality problem.**

由於某些原因，而不能繼續履行合約，我們可以說：We can't continue to fulfill the contract on account of the quality problem.「由於品質的問題，我們無法繼續履行合約。」這裡需要注意的是，我們給出的理由必須合情合理，否則將很難得到對方的理解，還會使問題上升到法律層面。

重點2 **Due to this, we want to suspend the supply and hope you can give us a solution to the problem immediately.**

由於產品出現品質問題而叫停供貨，可以這樣說：Due to this, we want to suspend the supply.「鑒於此，我們想暫停供貨。」句子中的 due to... 有「因為……原因」的意思。同時，還別忘了要求對方給出相關解決方案：We hope you can give us a solution to the problem immediately.「希望你們能立即給出一個解決方案。」

英文E-mail 高頻率使用例句

① **We can't accept the delay in your execution of the contract.**
我們不能接受貴公司在履行合約時發生的延誤。

② **We would like to cancel the order *by virtue of*[6] the inferior quality of the goods.** 因為貨物的低劣品質，我們想取消合約。

③ **A *huge*[7] earthquake happened several days ago, which prevented us from fulfilling the contract.**
幾天前的大地震致使我方無法履行合約。

④ **We can't perform the contract due to force majeure.**
由於不可抗力因素致使我方無法履行合約。

⑤ **Our company was incapable of fulfilling the terms of the contract.**
我們公司已經失去了繼續履行合約的能力。

⑥ **We want to *dissolve*[8] the contract due to all the problems.**
由於眾多問題，我們想跟貴公司解除合約。

你一定要知道的關鍵單字

1. ***continue*** v. 繼續；連續

2. ***account*** n. 帳目；記錄

3. ***purchase*** n. 買；購買

4. ***suspend*** v. 懸掛；暫停

5. ***solution*** n. 溶解；解決；解釋

6. ***by virtue of*** ph. 由於；憑藉

7. ***huge*** adj. 巨大的

8. ***dissolve*** v. （議會等）解散；（婚約等）取消

Apology

01 | 訂貨失誤的道歉

Dear Mr. Simon,

Please **accept**[1] our **sincere**[2] **apology**[3] for the **error**[4] in the shipment of your order NO 7563.
The correct items were shipped to you **freight**[5] **prepaid**[6] on August 10. Please let us know when you **confirm**[7] the receipt.

We will **make sure** that such error will not **happen**[8] again.

Sincerely yours,
LC Corporation

○ ☆ 📎 A 🗑 | ∨

譯文 ⊖ ▢ ✕

親愛的賽門先生：

對於貴公司訂購的貨單號碼為 7563 的貨物在出貨時所產生的錯誤，我們在此向您表示誠摯的歉意。
正確的貨物已於 8 月 10 日寄出，運費我方已經預付了。貴方收到貨物時，請通知我方。

我們保證這樣的錯誤不會再發生。

LC 公司 謹上

你一定要知道的文法重點

重點1 **freight prepaid**

片語 freight prepaid 是「預付運費」的意思。在美國，由收貨人支付運費的情況非常普遍的。另外，商品貨款「貨到付款」被稱為 C.O.D，即 cash on delivery 或 collect on delivery 的縮寫，另外也可以用 payment on delivery 表示。請看以下例句：

● **The bill of parcels should be marked as "freight prepaid".**
（運貨單上應該注明「運費預付」字樣。）

● **Cash on delivery is a rule of Buying and Selling.**
（一手交錢，一手交貨是買賣規則。）

重點2 **make sure**

片語 make sure是「確信」、「確定」、「弄清楚」的意思。文中是指為了不再發生同樣的錯誤而要「做確認」、「慎重注意」的意思。也可以用 make certain / be sure / assure 等來表達相同的意思。請看以下例句：

● **Please make certain of the date of the meeting.**（請把開會的日期弄清楚。）

● **No one can be sure that the weather will be fine.**（誰也不能保證天氣好。）

英文E-mail 高頻率使用例句

① **I am so sorry for *delivering* [9] the wrong goods.**
我感到非常抱歉寄送了錯誤的貨物。

② **I do apologize for the error in the shipment.**
對於出貨時產生的錯誤我感到非常抱歉。

③ **I make an apology for causing so many troubles.**
造成這麼多的麻煩我感到很抱歉。

④ **Please accept my apology for any trouble my mistake has caused you.**
因為我的失誤給您添麻煩了，請接受我的道歉。

⑤ **Please inform us if the goods arrive.**
如果貨物送達了，請通知我們。

⑥ **I can assure you of the quality of our goods.**
我可以保證貨物的品質。

⑦ **I assure you it won't happen again.**
我保證此類事情不會再發生。

你一定要知道的關鍵單字

1. *accept* **v.** 接受
2. *sincere* **adj.** 真誠的
3. *apology* **n.** 道歉
4. *error* **n.** 錯誤
5. *freight* **n.** 運費；貨運
6. *prepaid* **adj.** 預付的；已付的
7. *confirm* **v.** 確認；證實
8. *happen* **v.** 發生
9. *deliver* **v.** 遞送；運送

02 | 瑕疵品的道歉

Dear Mr. Brown,

We are very sorry to hear that you found **defective goods** in our shipment.
We will **certainly**[1] accept the return of these items and send you **replacements**[2] at once. Please accept our pure-hearted apologies for any **inconvenience**[3] this may have **caused**[4] you. I **assure**[5] you that I have **instructed**[6] the quality **control**[7] manager to make certain this does not happen again.

Sincerely yours,
LF Corporation

譯文

親愛的布朗先生：

對於運往貴公司的貨物中出現了瑕疵品，我們感到十分抱歉。
我們當然會接受退貨，新的貨品也會立即寄出。對於可能給您帶來的不便，請接受我們真誠的道歉。我向您保證，今後在品管人員的認真檢查下，不會再發生此類的事情。

LF 公司 謹上

你一定要知道的文法重點

重點1 defective goods

defective goods是「瑕疵品」。「瑕疵品」也可以用 faulty products / faulty materials / factory second 等等來表達。請看以下例句：

* **Factory second items can save you a lot of money if you're on a tight budget.**（如果你的預算很緊，次級品可以幫你省下不少錢。）
* **They will replace the faulty goods or they will get no more orders from us.**（他們得把這批瑕疵品換掉，不然以後別想收到我們的訂單。）

重點2 Please accept our pure-hearted apologies for any inconvenience this may have caused you.

這句話的意思是「對於可能給您帶來的不便，請接受我們真誠的道歉」。注意這裡的「接受」用的是 accept 而不是 receive，因為前者指主觀心理上的「接受」，而後者只是客觀上的「收到」，並不一定是「接受」。pure-hearted是「真誠的」，在此用來表現道歉的誠意。也可以使用 sincere, genuine, heartful 等來表達「真誠的」。請看以下例句：

* **He has a genuine desire to help us.**（他真心誠意地願意幫助我們。）
* **Please send my heartfelt regards to your parents.**
  （請代我向你的父母致上最真誠的問候。）

英文E-mail 高頻率使用例句

① **I am so sorry for delivering the *defective*[8] goods.**
我非常抱歉寄送了有瑕疵的貨物。

② **We will, of course, accept the return of these items.**
我們當然會接受退貨。

③ **I make an apology for all the trouble.**
給您帶來的許多麻煩，我感到很抱歉。

④ **Please accept my apology for any inconvenience my mistake has caused you.**
由於我的失誤給您造成的不便，請接受我的道歉。

⑤ **I do apologize for the error in the color of the products.**
對於貨品顏色上的誤差，我感到很抱歉。

你一定要知道的關鍵單字

1. ***certainly*** adv. 當然地
2. ***replacement*** n. 更換；替代者
3. ***inconvenience*** n. 不便
4. ***cause*** v. 引起；造成
5. ***assure*** v. 保證；擔保；使確認
6. ***instruct*** v. 指示；命令
7. ***control*** v. 控制
8. ***defective*** adj. 有缺陷的；有瑕疵的

03 | 商品毀損的道歉

Dear Ms. Robert,

We're **extremely**[1] sorry to hear that the **ornamental**[2] glass you ordered was broken during the **transportation**[3].
We did instruct the forwarding company to **handle**[4] your products very carefully, but something **obviously**[5] went wrong in the **container**[6].
Please wait while we **negotiate with** the forwarding company about how to settle the matter best.

Truly yours,
Purity Glass Corporation

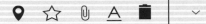

譯文

親愛的羅伯特女士：

得知您訂購的裝飾玻璃在運輸中毀損一事，我們感到非常遺憾。
我們確實有指示運輸公司要多加小心，但是顯然貨品在貨櫃中出現了問題。
對於解決此事的最佳對策，我方正與運輸公司進行交涉中，這段時間煩請您等待我們的回覆。

純淨玻璃公司 謹上

你一定要知道的文法重點

重點1 **We're extremely sorry to hear that...**

We're extremely sorry to hear that... 這個句子的意思是「得知……，我們感到非常遺憾。」副詞 extremely 意為「極」、「非常」，表示程度之深。「聽說／獲悉／知道……，我們感到非常抱歉／遺憾。」也可以說成：We're terribly sorry to hear that... / We're extremely sorry to learn that... / We're extremely sorry to know that... 等等。

重點2 **negotiate with**

片語 negotiate with sb.是「與某人交涉」、「與某人談判」的意思；與此相關的片語 negotiate about sth. 則是「就某事進行交涉」。請對照以下例句：

• **We've decided to negotiate with the employers about our wage claim.**
（我們決定就工資問題與雇主談判。）

• **The two sides are negotiating about Afghanistan.**
（雙方正就阿富汗問題進行談判。）

英文E-mail 高頻率使用例句

① **I am so sorry for *damaging*[7] the goods you ordered.**
我非常抱歉毀損了您訂購的貨物。

② **We will certainly exchange your goods.**
我們當然會為您更換貨品。

③ **I make an apology for causing you unnecessary trouble.**
給您造成不必要的麻煩我感到很抱歉。

④ **Please accept my sincere apology for our carelessness during the shipment.**
我們為運輸中的疏忽向您真誠地道歉。

⑤ **I do apologize for damaging your products during transportation.**
對於在運輸中毀損了您的貨品，我向您道歉。

⑥ **Please accept our pure-hearted apologies for impairing your goods.**
對於此次損壞您的貨物，請接受我真誠的道歉。

你一定要知道的關鍵單字

1. *extremely* **adv.** 極；非常
2. *ornamental* **adj.** 裝飾的
3. *transportation* **n.** 運輸
4. *handle* **v.** 處理
5. *obviously* **adv.** 明顯地；顯而易見地
6. *container* **n.** 容器；貨櫃
7. *damage* **v.** 損壞；毀損

04 | 交貨延遲的道歉

Dear Mr. Steele,

Please accept our **profound**[1] apologies for the **late**[2] delivery of goods to your company.
The **delay**[3] was due to a **mix-up** at our freight company, and we will make sure we work with those who can **ensure**[4] that all delivery **deadlines**[5] are met in the future.
We hope that you will **forgive**[6] us for our **unintentional**[7] mistake and **continue**[8] to purchase items from us.

Truly yours,
PL Co.

譯文

親愛的史帝爾先生：

對於延遲寄送貴公司貨品一事，請接受我們深深的道歉。
此次延遲是由於運輸公司出現了紕漏。今後我們一定會與那些能夠遵照時程的運輸公司來合作。
希望您能原諒我們無心的錯誤，並繼續購買我們的產品。

PL 公司 謹上

你一定要知道的文法重點

重點1 **mix-up**

mix-up是「混亂」、「弄錯」的意思，在本句中可以解釋為「此次延遲是由於運輸公司出現了紕漏。」表達類似的「失誤」、「過失」還可以用 mistake / error / oversight / carelessness 等字眼。請看以下例句：

- **There's been an awful mix-up over the dates!**
  （日期問題混亂得無以復加！）
- **Even an oversight in the design might result in heavy losses.**
  （那怕是設計中的一點點疏忽也可能導致重大的損失。）

重點2 **We hope that you will forgive us for our unintentional mistake and continue to purchase items from us.**

這句話的意思是「希望您能原諒我們無心的過錯，並繼續購買我們的產品」。forgive 意為「原諒」、「諒解」；unintentional 意為「無心的」、「無意的」；purchase items from us 即「從我們這裏購買產品」，也可以理解為「繼續與我們合作」或「繼續支持我們」。所以這個句子也可以這樣表達：We hope that you can understand the whole situation and continue to work with us.

英文E-mail 高頻率使用例句

① **I am so sorry for delaying the goods you ordered.**
　延遲為您送貨我感到非常抱歉。

② **We will certainly cooperate with a reliable freight [9] company.**
　我們日後一定會跟可靠的運輸公司合作。

③ **I apologize for the inconvenience caused by the late delivery of goods.**
　對於延遲交貨給您帶來的不便我感到很抱歉。

④ **Please accept my sincere apology for our carelessness during the shipment.**
　為我們運輸中的疏忽向您致上真誠的道歉。

⑤ **I do apologize for the late delivery of your products.**
　對於延遲運輸您的貨品，我感到非常抱歉。

你一定要知道的關鍵單字

1. **profound** adj. 深深的；深切的
2. **late** adj. 遲到的；晚的
3. **delay** n. 延遲；耽擱
4. **ensure** v. 確定；保證；擔保
5. **deadline** n. 最後期限；截止時間
6. **forgive** v. 原諒；寬恕
7. **unintentional** adj. 無心的；無意的
8. **continue** v. 繼續
9. **freight** n. 運輸

05 | 貨款滯納的道歉

Dear Mr. Barton,

We are sorry for our **tardiness**[1] in the payment of your invoice NO. 57908135.

We were **embarrassed**[2] to discover that your invoice was **misplaced**[3] when we **moved**[4] to another place. I have instructed our **financial**[5] staff to **transfer**[6] the full amount to your account at once. We will make certain all payments are made on time in the **future**[7]. Please accept our **sincere**[8] apologies for any inconvenience this may have caused you.

Truly yours,
SMG Co.

譯文

親愛的巴頓先生：

關於對貴公司發票號碼為 57908135 的付款延遲，我們感到十分抱歉。

讓我們感到非常不好意思的是，由於本公司的搬遷，我們發現貴公司的發票放錯了地方，以至於沒有及時付款。我們已經通知了財務人員立即將全額款項匯入貴公司的帳戶。

我們今後一定確保所有款項按時支付。給您帶來不便，請接受我們誠摯的歉意。

SMG 公司 謹上

你一定要知道的文法重點

重點1 **tardiness**

tardiness 為名詞，意為「緩慢」、「延遲」，它的動詞形式是 tardy「晚的」、「遲的」。對於貨物的延遲還可以用 delay, lateness 等。請看以下例句：

● **Steven was tardy this morning and alleged that his bus was late.**
（史提芬今天早上遲到的説詞是公車誤點了。）

● **What's the cause of the delay?**（是什麼原因導致延誤？）

重點2 **We were embarrassed to discover that your invoice was misplaced when we moved to another place.**

這句話的意思是「讓我們感到非常不好意思的是，由於本公司的搬遷，我們發現貴公司的發票放錯了地方，以至於沒有及時付款」。這個句子還可以這樣表達：We felt most embarrassed to find that your invoice was misplaced when we moved to another place.。

英文E-mail 高頻率使用例句

① **We feel terribly sorry for the late _payment_ [9].**
對於延遲付款我們感到非常抱歉。

② **We're embarrassed to find that your invoice was misplaced.**
非常尷尬的是我們發現貴公司的發票放錯了地方。

③ **I do apologize for the inconvenience caused by the late payment.**
對於延遲付款給您帶來的不便我感到很抱歉。

④ **Please accept my genuine apology for our oversight.**
對於我們的失誤，我向真心誠意地向您道歉。

⑤ **I do apologize for delaying your payment.**
對於延遲付款，我感到非常抱歉。

⑥ **Please accept our pure-hearted apologies for our tardiness in the payment.**
對於此次延遲付款，請接受我誠摯的歉意。

你一定要知道的關鍵單字

1. _tardiness_ **n.** 延遲

2. _embarrassed_ **adj.** 尷尬的；感到為難的

3. _misplace_ **v.** 誤置；放錯

4. _move_ **v.** 搬遷

5. _financial_ **adj.** 金融的；財政的

6. _transfer_ **v.** 轉移

7. _future_ **n.** 將來；未來

8. _sincere_ **adj.** 真誠的

9. _payment_ **n.** 付款；款項

06 發票錯誤的道歉

Dear Mr. Cruise,

I am *extremely*[1] sorry to tell you that, as you *pointed*[2] out, a mistake has been made on the invoice NO. 7561852. I do apologize for any inconvenience it may cause.
We have *remedied*[3] the *situation*[4] by issuing a new invoice (NO. 7561825) to *revise*[5] the *sum*[6] and are sending it by *express*[7] delivery today.

We have taken *measures*[8] to ensure that such error does not happen again.

Sincerely yours,
XC Co.

譯文

親愛的克魯斯先生：

非常抱歉告訴您，正如您指出的，編號為 7561852 的發票上出了錯，我們為此可能給您帶來的不便向您道歉。

我們已經糾正此次錯誤，重開了一張發票（編號為 7561825），修改了金額，今天會用快遞將發票寄出。

我們已經採取了相關措施以確保此類錯誤不會再發生。

XC 公司 謹上

你一定要知道的文法重點

重點1 **pointed out**

片語 point out 意為「指出」、「把注意力引向……」，同樣表達「指出」、「表明」的片語或單字還有 lay one's finger on / show clearly / indicate 等。請看以下例句：

- **I can't quite lay my finger on what's wrong with the engine.**
  （我無法確切地說出引擎的毛病。）
- **He indicated his willingness with a nod of his head.**（他點頭表示願意。）

重點2 **remedied**

remedy 在此作動詞用，意為「糾正」、「補救」。也可以用 correct「改正」、fix「修正」、rectify「矯正」、redress「補救」等來表達此意。請看以下例句：

- **Your faults of pronunciation can be remedied.**
  （你發音上的毛病是可以糾正的。）
- **I wish to correct my earlier misstatement.**（我想更正我先前的不實之詞。）
- **He do all that he possibly can to redress the wrong.**
  （他盡了一切努力補救錯誤。）

英文E-mail 高頻率使用例句

① **We feel terribly sorry for the *invoice*[9] error.**
  對於發票的錯誤我感到非常抱歉。

② **The invoice was indeed issued in error.**
  發票的確開錯了。

③ **Please accept our sincere apology for the inconvenience that may have caused you.**
  對於可能給您帶來的不便，請接受我們真誠的道歉。

④ **We do apologize for issuing the wrong invoice.**
  對於開錯發票，我們向您誠摯地道歉。

⑤ **We will reopen the invoice for you at once.**
  我們會立刻幫您重開發票。

⑥ **We have delivered the right invoice to you by express mail.**
  我們已經將正確的發票用快遞寄給您了。

你一定要知道的關鍵單字

1. *extremely* **adv.** 極；非常
2. *point* **v.** 指出
3. *remedy* **v.** 糾正；補救
4. *situation* **n.** 形勢；局面；狀況
5. *revise* **v.** 改正；修正
6. *sum* **n.** 金額
7. *express* **n.** 快遞
8. *measure* **n.** 措施
9. *invoice* **n.** 發票

07 匯款延遲的道歉

Dear Mr. White,

We are terribly sorry for the late **remittance**[1] this time. **As the wines**[2] **are not yet sold, nor**[3] **are they likely to be for some time,** we could not pay in time. **Anyway,** please accept our **earnest**[4] apology.
We can ensure that you will **receive**[5] the remittance on time in the future.

We **appreciate**[6] your **understanding**[7].

Yours faithfully,
Cecily Jones

譯文

親愛的懷特先生：

有關這次的逾期匯款，我們感到非常抱歉。由於葡萄酒尚未售出，近期也難有改觀，我們無法及時付款。無論如何，請接受我們誠摯的歉意。
我們保證以後一定會準時匯款。

非常感謝您的諒解。

希絲莉·瓊斯 謹上

你一定要知道的文法重點 〔—〕〔□〕〔✕〕

重點1 **As the wines are not yet sold, nor are they likely to be for some time,...**

這句話的意思是「由於葡萄酒尚未售出，近期也難有改觀」。連接詞 as 意為「由於」、「因為」，表原因；nor 意為「也不」、「也沒有」，一般會與 neither 連用，即 neither... nor... 意為「既不……也不……」，但是 nor 也可以單獨使用。請看以下例句：

● **I never like fish, nor eat it.**（我討厭魚，而且從不吃魚。）

重點2 **Anyway, ...**

片語 anyway是「總之」、「不管怎樣」、「無論如何」的意思。寫信者雖然已解釋了延遲匯款的原因，但還是應該道歉。這個片語表示無論是什麼客觀原因造成了匯款延遲，自己畢竟是有過錯的。多加了這個片語可以表現出寫信者道歉的誠意，對方也較易於接受。請看以下句子：

● **Anyway, I have hurt his self-respect.**（總之，我傷害了他的自尊心。）
● **Anyway you look at it, we are on the losing side.**
（不論你怎麼看，我們總是吃虧的一方。）

👆 **英文E-mail 高頻率使用例句**

① **We feel terribly sorry for the late remittance.** 對於匯款延遲我們感到非常抱歉。

② **It's because the goods have not been sold out yet.**
是因為貨物還沒有賣完。

③ **Please accept our sincere *apology*[8] for any trouble it may cause.**
因此可能給您造成的麻煩，請接受我們真誠的道歉。

④ **We are very sorry for remitting the *balance*[9] so late.**
這麼晚才把餘款匯過去，我們感到非常抱歉。

⑤ **We will try our best to avoid late remittance from now on.**
今後我們會盡最大的努力避免匯款延遲。

⑥ **Thank you very much for your understanding.**
非常感謝您的理解。

⑦ **We are sure that such delay won't happen again.**
我們保證這樣的延遲不會再發生。

你一定要知道的關鍵單字

1. *remittance* **n.** 匯款
2. *wine* **n.** 葡萄酒
3. *nor* **conj.** 也不
4. *earnest* **adj.** 誠摯地
5. *receive* **v.** 收到
6. *appreciate* **v.** 感謝；感激
7. *understanding* **n.** 理解
8. *apology* **n.** 歉意
9. *balance* **n.** 餘額

08 | 延遲回覆的道歉

Dear Mr. Keller,

Please **excuse**[1] me for **getting back to you** so late.
I **failed**[2] to **respond**[3] to your E-mails in time on account of **awfully**[4] **busy work.** I am very sorry for that.
I am very happy to accept your **proposal**[5] and look forward to meeting with you when you come to New York and **discussing**[6] about the **related**[7] **details**[8].

Best regards,
Eric Bana

譯文

親愛的凱勒先生：

請原諒我這麼晚才回覆您的郵件。
因為實在太忙了，以至於無法及時回覆您的來信，我對此感到非常抱歉。
我非常樂意接受您的提議，期待您到紐約的時候與您會面，並探討一些有關的細節。

艾瑞克・巴納　謹上

你一定要知道的文法重點　⊖ ▢ ✕

重點1 **getting back to you**

get back to 意為「回覆」。在英文書信寫作中還可以用 respond / reply / write back 來表示「回覆」。請看以下例句：
- **How should we respond to this letter?**（我們要怎麼回覆這封信呢？）
- **I'll write back to him tomorrow.**（我明天會回信給他。）

重點2 **I failed to respond to your E-mails in time on account of awfully busy work.**

這句話的意思是「因為實在太忙了，以至於無法及時回覆您的來信」。片語 fail to do sth. 表示「未能做某事」，相當於 not succeed in doing sth.「未能成功地做某事」。片語 on account of 意為「由於」，表原因，也可以替換為 owing to / because of 等。副詞 awfully 意為「非常地」、「極端地」，用於修飾形容詞 busy，表達繁忙程度非常之嚴重。

英文E-mail 高頻率使用例句

① **I feel terribly sorry for the late reply.**
對於這麼遲才回覆您，我感到非常抱歉。

② **Due to the busy work, I have little time to respond.**
由於工作繁忙，我實在沒時間回覆。

③ **Please pardon me for not getting back to you earlier.**
沒能早點回覆您的信件，敬請原諒。

④ **I am very sorry for replying so late.**
這麼晚才給您回信，我感到非常抱歉。

⑤ **I am pleased to accept your suggestion mentioned in your letter.**
我非常樂意接受您在信中提到的建議。

⑥ **I look forward to meeting with you soon.**
期待盡快與您會面。

⑦ **I have been extremely busy and have fallen behind in my *correspondence*[9].**
我實在太忙了，以至於無法回覆信件。

你一定要知道的關鍵單字

1. *excue* **v.** 原諒
2. *fail* **v.** 失敗；未能
3. *respond* **v.** 反應；答覆
4. *awfully* **adv.** 非常地；極端地
5. *proposal* **n.** 提議
6. *discuss* **v.** 討論；商談
7. *related* **adj.** 有關聯的
8. *detail* **n.** 細節；詳情
9. *correspondence* **n.** 通信；通信聯繫

09 | 忘記取消訂單的道歉

Dear Mr. Coleman,

We are very sorry for the **failure**[1] to **cancel**[2] your order NO. 76541 in time. This was our **oversight**[3] and we will accept the **return**[4] of the goods sent to you.
We have **instructed**[5] the **department**[6] in charge to be more **careful**[7] next time and make sure such error won't happen again.

Please accept our apologies for any **inconvenience** it caused you.

Yours sincerely,
CP Co.

譯文

親愛的柯曼先生：

未能及時取消您的 76541 號訂單，我們感到非常抱歉。由於是我方的疏忽所造成的，所以我們接受貴公司的退貨。
我們已指示經辦部門以後更加小心，並確保這類錯誤不會再發生。

給您帶來許多不便，請接受我們的歉意。

CP 公司 謹上

你一定要知道的文法重點

重點1 *failure*

failure 在這裡是指「疏忽」、「不履行」、「沒做到」。關於「failure」這個字的幾種用法，請看以下例句：

● **Failure to follow customers' instructions can result in losing business.**
（未能遵守客戶的指示可能導致錯失生意。）

● **If you enjoy being lazy, you are doomed to become a failure in this life.**（如果你喜歡懶散度日，你注定這輩子一事無成。）

● **The movie theater was a failure and closed soon.**
（那家電影院營運不佳，不久就關門了。）

重點2 *inconvenience*

inconvenience 意為「不便」、「麻煩」。與它出於同一字根的字還有形容詞 convenient「方便的」、「合適的」；名詞 convenience「方便」、「便利」。與 inconvenience 意思相近的詞還有 trouble，如 Sorry to trouble you「抱歉給您添麻煩了」；Sorry to have troubled you「麻煩您了」。請看以下例句：

● **Please accept our apologies for any inconvenience we have caused.**
（若有不便，敬請原諒。）

● **He apologized to avoid trouble.**（他道歉以避免麻煩。）

英文E-mail 高頻率使用例句

① **I feel terribly sorry for failing to cancel the order in time.**
未能及時取消訂單我感到非常抱歉。

② **It is our fault for not cancelling the order.**
未能取消訂單是我們的過錯。

③ **Please forgive us for not cancelling your order.**
未能幫您取消訂單，敬請原諒。

④ **We are *responsible* [8] for the error.**
這次的失誤是我們的責任。

⑤ **We will take measures to avoid such error.**
我們會採取措施避免這種錯誤再發生。

你一定要知道的關鍵單字
1. *failure* **n.** 失敗；未實現
2. *cancel* **v.** 取消
3. *oversight* **n.** 紕漏；疏忽
4. *return* **n.** 返還
5. *instruct* **v.** 指導；命令
6. *department* **n.** 部門
7. *careful* **adj.** 仔細的；小心的
8. *responsible* **adj.** 需負責任的

10 商品目錄更正的道歉

Dear Customers,

We are greatly sorry to inform you of an error **found**[1] in the **description**[2] of one of the **items**[3] in our **catalogue**[4].

Please note the **correction**[5] below:(Page 51)

Cashmere[6] **Quilt**[7] (code NO. 21-547-7)

This description should read:

Wool Comforter (code NO. 21-547-7)

We apologize for this mistake and hope you will continue to be our **faithful**[8] customers.

Yours sincerely,
Wal-Mart Supermarket

譯文

親愛的顧客：

我們發現商品目錄中有一件商品的描述有誤，對此我們表示深深的歉意。

請注意以下修改部分：

誤：第 51 頁　　喀什米爾羊毛被（編號 21-547-7）

正：第 51 頁　　羊毛被（編號 21-547-7）

對於此次錯誤我們深感抱歉，也希望各位今後能繼續作我們忠實的顧客。

沃爾瑪超市 謹上

你一定要知道的文法重點 ⊖ ▢ ✕

重點1 **Please note the correction below.**

這句話的意思是「請注意以下修改部分」。note 意為「注意」，表達「注意」的單字或片語還有：pay attention to / notice / have an eye on 等。correction 為動詞 correct 的名詞形式，意為「修正」、「改正」。below 為副詞，意為「在下方」，相當於 as follows。這句話之後要把錯誤的資訊寫在前面，然後再寫正確的資訊。

重點2 **We apologize for this mistake and hope you will continue to be our faithful customers.**

這句話的意思是「對於此次錯誤我們深感抱歉，並希望各位今後能繼續作我們忠實的顧客」。片語 apologize for sth. 意為「為……而道歉」、「因……而道歉」，相當於 make an apology for sth.。faithful customers 意為「忠實的顧客」。

🖐 **英文 E-mail 高頻率使用例句**

① **I feel very sorry for the error in the catalogue.**
對於商品目錄中的錯誤我感到很抱歉。

② **A mistake has been found in the description of our product.**
我們的商品描述中發現了一個錯誤。

③ **Please accept our sincere apology.**
請接受我們真誠的道歉。

④ **We are terribly sorry for the error found in the catalogue.**
對於在商品目錄中發現的錯誤，我們感到非常抱歉。

⑤ **We will do our best to *avoid*** [9] **such error.**
我們會盡力避免這樣的錯誤。

⑥ **We have corrected the error at once as soon as we found it.**
我們一發現錯誤就馬上改過來了。

⑦ **We feel very sorry for any inconvenience this may have caused you.**
對於可能給您帶來的不便，我們感到非常抱歉。

你一定要知道的關鍵單字

1. *found* **v.** 發現（find 的過去式和過去分詞）

2. *description* **n.** 描述；說明書

3. *item* **n.** 物品

4. *catalogue* **n.** 目錄

5. *correction* **n.** 改正

6. *cashmere* **n.** 喀什米爾羊毛織品

7. *quilt* **n.** 被子

8. *faithful* **adj.** 忠實的；忠誠的

9. *avoid* **v.** 避免

11 | 延遲出具收據的道歉

Dear Mr. Wills,

I am very sorry for the ***delay***[1] in issuing the ***receipt***[2] for you. As you ***supposed***[3], I was ***overwhelmed***[4] by awfully busy work then so I forgot to issue the receipt.
I have sent you the receipt of your ***purchase***[5] from us by express ***mail***[6] today. I do apologize for any inconvenience the delay may ***lead***[7] to you.

Thank you very much for your understanding.

With best regards,
Friendship Store

譯文

親愛的威爾斯先生：

非常抱歉延遲為您開具收據。正如您猜想的，我當時的確是太忙了，以致於忘了給您開收據。
今天我已經用快遞把您購物的收據寄給您了。對此可能給您帶來的不便，我感到非常地抱歉。

非常感謝您的諒解。

致上最誠摯的祝福，
友誼商店

你一定要知道的文法重點

重點1 overwhelmed

overwhelm 有「戰勝」、「覆蓋」、「征服」、「壓倒」、「使不知所措」的意思,在此語境中則可以理解為「被繁忙的工作所淹沒」、「忙得不可開交」等。可見這種表達是非常有力的,書信中使用了這個詞就會更具有信服力。請看以下例句:

- **He was overwhelmed by the death of his father.**
  (他為父親的去世而悲痛至極。)

重點2 lead to

片語 lead to 在此語境中的意思是「導致」、「引起」。表達同義的單字或片語還有:bring about「造成」、「導致」;result in「導致」;cause「造成」、「引起」等。所以為了避免重複使用,可以適當選擇一些同義的單字或片語來表達。請看以下例句:

- **Such a mistake would perhaps lead to disastrous consequences.**
  (這樣的錯誤可能導致災難性的後果。)
- **Gambling had brought about his ruin.**(賭博終於毀了他。)
- **The reform resulted in tremendous change in our country.**
  (改革使我們國家發生了巨大變化。)

英文E-mail 高頻率使用例句

① **Collect** [8] your receipt, please.
  請拿好您的收據。

② **Please take care of your receipt.**
  請保存好您的收據。

③ **Please accept my sincere** [9] **apology.**
  請接受我真誠的道歉。

④ **I will make sure that such error** [10] **won't happen again.**
  我們保證此類失誤不會再發生。

⑤ **Wait a minute, I'll make out your receipt at once.**
  請稍等,我立刻給您開收據。

⑥ **Thank you very much for your understanding.**
  非常感謝您的諒解。

你一定要知道的關鍵單字

1. **delay** n. 延遲
2. **receipt** n. 收據
3. **suppose** v. 猜想;推測
4. **overwhelm** v. 壓倒;征服;使不知所措
5. **purchase** n. 購買;購買的物品
6. **mail** n. 郵政;郵遞
7. **lead** v. 指引
8. **collect** v. 收集;領取
9. **sincere** adj. 真誠的
10. **error** n. 錯誤;失誤

12 | 商品數量錯誤的道歉

Dear Mr. Harding,

I am writing this letter **specially**[1] to apologize to you for the error in **quantity**[2] of the shoes we sent. We have sent you the rest of the shoes you ordered today.

I have **acknowledged**[3] that my **fault**[4] has brought you great trouble. I hereby **express**[5] my deep regret for this matter.

I **promise**[6] that this mistake will not happen again. And I would **appreciate**[7] it very much if you could give us a chance to show our **sincerity**[8] on this matter.

Sincerely yours,
ED Co.

譯文

親愛的哈丁先生：

此信是為了我們給您發送的鞋子的數量錯誤，而專門向您道歉的。我們已於今天將剩下的鞋子寄送給您了。

得知由於我的錯誤給您帶來了極大的麻煩。在此，我向您表達深深的歉意。

我保證這樣的錯誤不會再發生。如果您還願意給我表達誠意的機會，我將不勝感激。

ED 公司 謹上

你一定要知道的文法重點

重點1 **specially**

specially 有一個容易與它混淆的詞是 especially。especially 意為「尤其」、「特別」，通常用來對前面所述的事件進行進一步的說明或補充；specially 意為「專門地」、「特地」，表示「不是為了別的，而是為了……」，強調唯一目的。請對照以下例句：

- **He likes all subjects, especially English.**（他喜歡所有的學科，尤其是英語。）
- **I specially made this cake for your birthday.**

 （我特別為你的生日做了這個蛋糕。）

重點2 **I promise that this mistake will not happen again.**

這句話的意思是「我保證這樣的錯誤不會再發生」。promise 有動詞「允諾」和名詞「承諾」的意思。在此語境中則當作動詞「允諾」。在本句中 promise 還可以替換成 assure / make sure / be sure / make certain 等。請看以下例句：

- **We are sure that such delay won't happen again.**

 （我們保證這樣的延遲不會再發生。）
- **I make certain that such error won't happen again.**

 （我保證這樣的失誤不會再發生。）

英文E-mail 高頻率使用例句

① **I would like to express my apologies for the error in quantity.**

對於商品數量錯誤，我感到非常地抱歉。

② **We will send you the rest of your goods right away.**

我們會馬上發送剩餘的貨物給您。

③ **Please accept our sincere apology for our carelessness.**

對於我們的疏忽，請接受我們真誠的道歉。

④ **We will make certain that such error won't happen again.**

我們保證此類失誤不會再發生。

⑤ **We would appreciate it if you could give us another *chance*[9].**

如果您能再給我們一次機會，我們將不勝感激。

你一定要知道的關鍵單字

1. *specially* adv. 特別地；專門地

2. *quantity* n. 數量

3. *acknowledge* v. 承認；告知收到

4. *fault* n. 錯誤；過失

5. *express* v. 表達

6. *promise* v. 承諾；允諾

7. *appreciate* v. 感激

8. *sincerity* n. 真誠；誠心誠意

9. *chance* n. 機會

13 | 貨物送達錯誤的道歉

Dear Mr. Ives,

Please accept our ***genuine***[1] apologies for the error in ***delivery***[2]. We feel terribly sorry for delivering your goods to the ***wrong***[3] place.

We have sent your goods to the ***correct***[4] ***address***[5] today. We guess that it must have brought you great trouble because of our fault. **We hereby express our deep apologies for this error.**

I hope you could ***forgive***[6] us for what we did this time and **we can *guarantee***[7] that we will ***avoid***[8] making such a mistake again.

Sincerely yours,
Swift Logistics Company

譯文

親愛的艾夫先生：

對於此次送貨錯誤，請接受我們真誠的道歉。把您的貨物寄送到了錯誤的地點，我們感到非常地抱歉。

今天我們已經把貨物寄送至正確的地址了。我們猜想由於我們的過失一定給您帶來不小的麻煩。在此我們表示深深的歉意。

我希望您能原諒我們這次過錯，我們保證會避免再次發生這類的事情。

斯威夫特物流公司 謹上

你一定要知道的文法重點 ⊖ ▢ ✕

重點1 **We hereby express our deep apologies for this error.**

這句話的意思是「在此我們表示深深的歉意」。hereby 為副詞，意為「在此」、「特此」、「以此方式」，多用在正式的文件或聲明中以示莊重。寫信者在此使用這個詞，則為非常正式的道歉。請看以下例句：

● **We hereby revoke the agreement of January 1st 1982.**
（我們特此宣告 1982 年 1 月 1 日的協議無效。）

● **I hereby extend my hearty apologies to all of them.**
（在這裡向所有人表示誠摯的歉意。）

重點2 **We can guarantee that we will avoid making such a mistake again.**

這句話的意思是「我們保證會避免再次發生這類的事情」。guarantee 有動詞和名詞兩種詞性，在此語境中則當作動詞「保證」。還可以用 assure / be sure / make sure 等來替換 guarantee。

avoid doing sth. 意為「避免做某事」。請看以下例句：

● **I will make guarantee to prove every statement I made.**
（我將保證證實我的每一項聲明。）

● **We must try to avoid repeating these errors.**（我們要避免重犯這些錯誤。）

英文E-mail 高頻率使用例句

① **I would like to express my apologies for the error in delivery.**
對於貨物發送錯誤，我感到非常地抱歉。

② **We will send the goods to the right place at once.** 我們會馬上把貨物送到正確的地方。

③ **Please accept our pure-hearted apology for our fault⁹.**
對於我們的過錯，請接受我們誠懇的道歉。

④ **I will make certain that such error won't happen again.** 我保證此類失誤不會再發生。

⑤ **We will send your goods to the correct address at once.**
我們馬上把貴公司的貨物送至正確的地址。

你一定要知道的關鍵單字

1. *genuine* adj. 真誠的；由衷
2. *delivery* n. 遞送；發送；交貨
3. *wrong* adj. 錯誤的
4. *correct* adj. 正確的
5. *address* n. 地址
6. *forgive* v. 原諒；饒恕
7. *guarantee* v. 保證；擔保
8. *avoid* v. 避免
9. *fault* n. 過錯

14 | 金額不足的道歉

Dear Mr. Richard,

I am so sorry about the ***insufficient***[1] remittance I made. **I am afraid I *neglected*[2] to *include*[3] the *charges*[4] for *installation*[5] in the *total*[6] amount.**

I will send the balance by ***telegraphic***[7] transfer tomorrow, so you will receive it within three to five days.

Thank you very much for ***reminding***[8] me of the error.

Yours faithfully,
Phoenix Co.

譯文

親愛的理查先生：

對於匯款金額的不足，我深感抱歉。我恐怕忘記在總額上加上安裝費了。
差額部分明天我會以電匯的方式寄給您，三到五日應該就可以收到了。

非常感謝您對此錯誤的提醒。

鳳凰公司 謹上

你一定要知道的文法重點

重點1 **I am afraid I neglected to include the charges for installation in the total amount.**

這句話的意思是「我恐怕忘記在總額上加上安裝費了」。neglect 意為「疏忽」、「忽略」，在此句中還可以替換成 forgot。

charges for installation 意為「安裝費」，表達「安裝費」還可以說 installation fee / cost of installation / installation expenses 等。所以這句話還可以這樣說：I am afraid I forgot to include the installation fee in the total amount.

重點2 **reminding me of the error**

片語 remind sb. of sth. 意思是「就某事提醒某人」、「使某人想起某事」。「提醒某人某事」還可以用 remind sb about sth. 請看以下例句：

● **You remind me of an old English lady.**（你讓我想起一位英國老太太。）
● **I came to remind you about the meeting tomorrow.**
　（我來是想提醒您明天的會議。）

英文E-mail 高頻率使用例句

① **I would like to express my apologies for remitting insufficient funds.**
對於匯款金額不足，我感到非常地抱歉。

② **We will send the balance at once.**
我們會馬上把剩餘的貨款寄送給您。

③ **We will send the balance to you immediately.**
我們立刻把剩餘的貨款寄給您。

④ **Please accept our sincere apology for our negligence.**
對於我們的疏忽，請接受我們真誠的道歉。

⑤ **We are sure such an error won't happen again.**
我們保證此類過失不會再發生。

⑥ **Thank you very much for reminding me of the matter.**
非常感謝您對此事的提醒。

⑦ **We *promise* [9] that the mistake will never occur again.**
我們保證這樣的錯誤絕對不會再發生。

你一定要知道的關鍵單字

1. *insufficient* adj. 不足的
2. *neglect* v. 疏忽；忽視
3. *include* v. 包含；包括
4. *charge* n. 費用
5. *installation* n. 安裝
6. *total* adj. 全體的；總的
7. *telegraphic* adj. 電報的；電信的
8. *remind* v. 提醒
9. *promise* v. 保證；承諾

15 意外違反合約的道歉

Dear Mr. Norris,

We apologize for failure to deliver your goods at **scheduled**[1] time in **accordance**[2] with the **contract**[3] we reached.

Unfortunately, owing to **excessive**[4] demand last month, we were unable to fill all orders on time. However, we will **compensate**[5] for all your **economic**[6] **loss**[7] due to the unexpected violation of contract.

Thanks very much for your understanding.

Sincerely yours,
Shunda Company

譯文

親愛的那瑞斯先生：

非常抱歉我們未能在達成的合約中預定的時間交貨。

不幸的是，由於上個月訂單過多，我們沒能按時交付所有的訂單。不過，由於此次意外違反合約，我們會賠償您所有的經濟損失。

非常感謝您的諒解。

順達公司 謹上

你一定要知道的文法重點

重點1 in accordance with

片語 in accordance with 意為「與……一致」、「依照」，一般在日常英語中很少遇到，常用於非常正式的文件、聲明或法律規定中，相當於片語 according to「按照」、「根據」。類似的表達還有：on the basis of「以……為基礎」、「根據」；in line with「跟……一致」、「符合」；based on「以……為基礎」、「根據」等。請看以下例句：

- **Everything has been done in accordance with the rules.**
  （所有這一切均是依據規定執行的。）
- **Our trade is conducted on the basis of equality.**
  （我們是在平等的基礎上進行貿易的。）

重點2 the unexpected violation of contract

the unexpected violation of contract 意思是「此次意外違反合約」。unexpected 為形容詞「出於意料的」、「想不到的」、「意外的」。寫信者用這個詞是想表明其違反合約並非故意，而是有客觀原因的。violation 為動詞 violate 的名詞形式，一般表示違反合約、公約、法律、規則等。常用的片語是 in violation of。請看以下例句：
- **You are in violation of tax regulations.**（您觸犯了稅務法。）

英文E-mail 高頻率使用例句

① **I would like to apologize for the lengthy delay in shipping your order.**
我要為交貨延遲了這麼久的時間而向您道歉。

② **We are doing everything we can to ensure that your order is shipped without further delay.**
我們已經盡最大努力保證您訂購貨物的裝運不會再有任何延誤。

③ **Please accept our sincere apology for our violation[8] of the contract.**
對於我方違反合約，請接受我們真誠的歉意。

④ **We will make certain that you will receive your shipment by next Tuesday at the latest.**
我們保證最遲下週二您就會收到貨物。

你一定要知道的關鍵單字

1. **scheduled** adj. 預定的
2. **accordance** n. 符合；一致
3. **contract** n. 合約
4. **excessive** adj. 過多的
5. **compensate** v. 賠償
6. **economic** adj. 經濟的
7. **loss** n. 損失
8. **violation** n. 違反

Unit14
恭賀篇

Congratulations

01 | 恭賀添丁

Dear Mr. Brown,

Please accept our **wholehearted**[1] congratulations on the **safe**[2] **arrival**[3] of your **baby boy**. We are sure you'll make a wonderful father. We believe that the mother and the baby are both very **healthy**[4]. We can hardly wait to see the baby.
We **pray**[5] that the baby will grow up to be a good citizen of the country and bring **honor**[6] and **glory**[7] to the family and **motherland**[8].

Affectionately yours,
Mr. and Mrs. Tom Clark

譯文

親愛的布朗先生：

恭喜您的孩子平安出生了。請接受我們熱烈的祝賀。我們相信你一定會是個好爸爸。我們相信，母子一定都很健康。我們等不及想看您的寶寶了。
我們祈禱孩子茁壯成長，將來成為國家的好公民，為家庭和祖國爭得光榮和輝煌。

您的好友
湯姆‧克拉克夫婦 謹上

你一定要知道的文法重點

重點1 **baby boy**

一般外國人恭賀對方生小孩時，都會把寶寶的性別寫出來，男生是 baby boy，女生則為 baby girl。

重點2 **We pray that...**

句型 We pray that... 意為「我們祈禱……」，pray 為「祈禱」、「禱告」、「請求」、「祈求」的意思。這個句型表達了寫信者對新生兒衷心地祝福。也可以換成 We wish that... / We hope that... 等。請看下面的句子：

- **I pray that fate may preserve you from all harm.**
  （我祈禱，願命運保佑你一切平安。）
- **We hope that you would be happy with Smith.**
  （我們衷心地祝福你和史密斯幸福美滿。）

👆 **英文E-mail 高頻率使用例句**

① **How wonderful to hear that you had a baby girl!**
  我聽說您有了個寶貝女兒，這真是太好了！

② **We are also very pleased to hear of your great news.**
  聽說您這個好消息我們也非常開心。

③ **I am sure that you will be a good mother.**
  我相信您會是一個好媽媽。

④ **Please take care of yourself after labor.**
  產後請照顧好妳自己。

⑤ **I can hardly wait to see your new baby.**
  我等不及要看您的寶寶了。

⑥ **Please enjoy your every moment with the baby.**
  好好享受跟孩子在一起的每一刻。

⑦ **Please accept our warm congratulations to you on becoming a young mother.**
  請接受我們熱烈的祝賀，祝賀您成為年輕的媽媽。

⑧ **All the best to your little baby.**
  祝福您的小寶寶幸福平安。

你一定要知道的關鍵單字

1. *wholehearted*
   adj. 全心全意的；真摯的
2. *safe* adj. 安全的
3. *arrival* n. 抵達、到達
4. *healthy* adj. 健康的
5. *pray* v. 祈禱；禱告；請求
6. *honor* n. 榮譽；敬意
7. *glory* n. 光榮；壯麗
8. *motherland* n. 祖國

02 | 恭賀生日

Dear Felicity,

You may not like to be **_reminded_**[1] that you are a year older today. **But that is not going to _prevent_[2] me from saying "Happy Birthday" to you!**
If my **_memory_**[3] does not **_fail_**[4] me, it is your 26th birthday today. Please accept my best wishes for this **_occasion_**[5]. I hope that it is going to be a very happy day and that there will be many happy **_returns_**[6].
I'm sending you a **_bouquet_**[7] of flowers and a birthday card, which I hope you will enjoy.

Yours affectionately,
Lisa Green

譯文

親愛的費莉希蒂：

妳也許不願意被人提醒，今天妳又老了一歲。但這也阻止不了我對妳說一聲：「生日快樂！」
如果我沒記錯的話，今天是妳二十六歲的生日。此時此刻，請接受我最誠摯的祝福。我祝妳生日快樂，而且今後年年如此。
我寄了一束鮮花和一張生日賀卡給妳，希望妳會喜歡。

妳的好友
莉莎‧格林 謹上

你一定要知道的文法重點

重點1 ► **But that is not going to prevent me from saying "Happy Birthday" to you!**

這句話的意思是「但這也阻止不了我對妳說一聲：生日快樂！」。這是一種非常俏皮的表達方式，多用於擁有親密友好關係的朋友之間。片語 prevent sb. from doing sth. 意為「阻止某人做某事」，相當於 stop sb. from doing sth.。請看下面的句子：

● **They did not prevent him from expressing his views.**
（他們沒有阻止他發表自己的觀點。）

● **Nothing can stop me from carrying out my plan.**
（沒有什麼能阻止我執行我的計畫。）

重點2 ► **If my memory does not fail me,...**

這句話的意思是「如果我沒記錯的話」，相當於 If I do not remember in error / by error / mistakenly。fail 除了有「失敗」的意思，還有「忘記」、「未能」的意思。如 words fail me 意思是「說不出話來」、「不能用語言表達出來」。請看下面的句子：

● **My books are friends that never fail me .**（我的書是從不讓我失望的朋友。）

✋ **英文E-mail 高頻率使用例句**

① **Happy Birthday to you!**
祝你生日快樂！

② **Please accept ⁸ my sincere blessing on your birthday.**
請接受我真誠的生日祝福。

③ **Congratulations on your 24th birthday.**
祝你二十四歲生日快樂。

④ **I hope you have a wonderful time with your family.**
願您和家人一起度過美好時光。

⑤ **I am sorry I cannot be there with you to celebrate this special day.**
不能和你一起慶祝這個特別的日子，我感到很遺憾。

⑥ **I am sure my thoughts are with you.**
我確信我的心與你同在。

你一定要知道的關鍵單字

1. *remind* **V.** 提醒；使想起

2. *prevent* **V.** 阻止；預防

3. *memory* **n.** 記憶；回憶

4. *fail* **V.** 未能；失敗

5. *occasion* **n.** 時刻；時機；特殊場合

6. *return* **n.** 回報；利潤

7. *bouquet* **n.** 花束

8. *accept* **V.** 接受；承兌

03 | 恭賀金榜題名

Dear Wilson,

I was ***extremely***[1] happy to hear the news of your ***admission***[2] to Yale University last week and I am writing to send my wholehearted congratulations to you.
As an old saying goes, "No ***pain***[3], no ***gain***[4]", your success today is closely ***related***[5] with you ***persistent***[6] hard work during the past three years. I hope you will make greater ***achievement***[7] in the university.

Wishing you success and I hope we can keep in close contact.

Sincerely yours,
Steven

譯文

親愛的威爾森：

聽到你上周被耶魯大學錄取的消息，我非常高興，特別寫信向你致以我衷心的祝賀。
正如諺語所說：「不勞無獲」，你今天的成功是與你過
去三年堅持不懈的努力密切相關的，希望你在大學裡能
取得更大的成就。

祝你成功，並保持密切聯繫。

史蒂芬 謹上

你一定要知道的文法重點

重點1 No pain, no gain

這是一句古語叫做「不勞無獲」，也可以翻譯成「一分耕耘，一分收穫」。No pains, no gains 是一種逆式表達，沒有耕耘就沒有收穫，語氣較重，不同於中文的引導教育。或許用 "Every stroke counts" 含義與「一分耕耘，一分收穫」更為相近，stroke 是農夫擊下的每一鋤。也可以說成：Every drop of sweat counts。

重點2 ...is closely related with...

片語 be closely related with 意思是「與……密切相關」。類似的表達還有：be bound up with「與……有密切關係」；have something to do with「和……有點關係」；be relevant to「與……有關」，它們的區別是相關程度略有差異。請看下面的句子：

• **Economic progress is closely bound up with educational development.**
（經濟的發達與教育的發展密切相關。）

• **He had something to do with the British Embassy.**
（他和英國大使館有些關係。）

英文E-mail 高頻率使用例句

① **Congratulations on your admission to MIT!**
祝賀你考上麻省理工學院！

② **I just heard that you were accepted to the University of Cambridge.**
我剛剛聽說你被劍橋大學錄取了。

③ **I hope you will make greater achievement in the university.**
希望你在大學裡能取得更大的成就。

④ **Please *cherish* [8] every minute in the university.**
要好好珍惜在大學裡的每一分鐘。

⑤ **I am sure you will be outstanding in the college.**
我相信你在大學裡也會非常優秀的。

⑥ **Your success is bound up with your hard work in the past.**
你的成功是與你過去的努力密切相關的。

你一定要知道的關鍵單字
1. ***extremely*** adv. 極其；非常
2. ***admission*** n. 准許進入；承認，供認
3. ***pain*** n. 勞苦，辛勞；痛苦
4. ***gain*** n. 獲益；利潤
5. ***relate*** v. 聯繫
6. ***persistent*** adj. 持續的；堅持不懈的
7. ***achievement*** n. 成就；成績
8. ***cherish*** v. 珍惜、愛護

04 | 恭賀獲獎

Dear Martin,

I couldn't be happier to learn that you have got the **scholarship**¹ to Yale University and **I think no one could have been more deserving**² **than you.** It's great that your dream to study **abroad**³ has finally come true. Congratulations!
Your hard work and your **industriousness**⁴ **combined**⁵ with your gift **indicate**⁶ a **dynamic**⁷ future. I wish you all the best in your study.

Sincerely yours,
Terry

譯文

親愛的馬汀：

聞知你順利獲得耶魯大學的獎學金，我非常高興，我覺得沒有人比你更有資格獲得它了。你出國留學的夢想終於實現了，祝賀你！
你的努力，你的勤奮再加上你的天賦，預示著你會擁有一個充滿活力的未來。預祝你的學習生涯一切順利。

泰瑞 謹上

你一定要知道的文法重點

重點1 I think no one could have been more deserving than you.

這句話的意思是「我覺得沒有人比你更有資格獲得它了。」這實際上是一個省略了 that 的受詞子句，也是一個有關否定轉移的句子。當 think 等動詞後接的受詞子句為含有 not 的否定句時，該否定應移至主句，即否定主句的謂語動詞；當涉及到轉移的只是 not 以外的其他否定詞，如 no / never / hardly / few / little / seldom 等，則不必轉移。類似的可以否定轉移的詞還有 believe / suppose / imagine / expect 等。請看下面的句子：

- **I don't think it will rain tomorrow.**（我覺得明天不會下雨。）
- **I believe my brother has never been late for school.**
  （我相信哥哥上學從來沒遲到過。）

重點2 combined with

片語 combine with 意思是「與……結合」、「兼具」。表達同義的片語還有：be combined with / in combination with 等。請看下面的句子：

- **We think it is important that theory shall be combined with practice.**
  （我們認為理論結合實作是重要的。）
- **He carried on the business in combination with his friends.**
  （他與朋友們合夥做生意。）

英文E-mail 高頻率使用例句

① **I am so happy to hear that you have been awarded a scholarship to Harvard.**
我真高興聽説你獲得了去哈佛大學讀書的獎學金。

② **Congratulations on winning the big prize!** 祝賀你獲得大獎！

③ **You are so lucky.** 你真是個幸運兒。

④ **I'm almost *jealous*[8] of your good fortune.**
我幾乎要開始嫉妒你的好運氣了。

⑤ **He won the Oscar Award for the best actor.** 他獲得奧斯卡最佳男演員獎。

⑥ **The novel earned him a literary award.**
這部長篇小説為他贏得文學獎。

你一定要知道的關鍵單字

1. *scholarship* n. 獎學金
2. *deserve* v. 值得；應受
3. *abroad* adv. 到國外；在國外
4. *industriousness* n. 勤勞；勤奮
5. *combine* v. 聯合；結合
6. *indicate* v. 象徵；表示
7. *dynamic* adj. 有活力的；動態的
8. *jealous* adj. 嫉妒的

05 | 恭賀升遷

Dear Mr. Green,

I am very delighted to have the **confirmation**[1] today of your promotion to the office of the Vice-minister of Foreign Affairs. It is an **outstanding**[2] achievement in a very **competitive**[3] field, and I should like to offer my warmest congratulations.

May I also take this opportunity to thank you for the help which you have always so **readily**[4] given in all **circumstances**[5]. I'm looking forward to working with you in your new **responsibilities**[6] as in your earlier ones for the best interests of our two countries.

My **colleagues**[7] join me in wishing you every happiness and success in the important tasks that lie before you.

Sincerely yours,
Thomas Ray

譯文

親愛的格林先生：

聞知您晉升為外交部副部長，我非常高興。您在這一充滿激烈競爭的領域取得顯著成就，請接受我最熱烈的祝賀。

我也想藉此機會對您曾經給予我的種種照顧表示感謝。我期待著在您就任新職後同您一如既往地進行有利於我們兩國的合作。

我的同事與我一道祝您幸福，並祝您在重要的崗位上事事順利！

湯瑪斯‧瑞 謹上

你一定要知道的文法重點　⊖ ☐ ✕

重點1▶ **May I also take this opportunity to thank you for the help which you have always so readily given in all circumstances.**

這句話的意思是「我也想藉此機會對您曾經給予我的種種照顧表示感謝」。這個句子裡面還包含著一個先行詞為 the help，關係代詞 which 引導的定語從句。May I also take this opportunity... 則是一個非常禮貌客氣的句型，意思是「我能藉此機會……」，比較常用於非常正式的場合。請看下面的句子：

● **May I take this opportunity to welcome all of you and to wish you and the Congress every success.**
（我謹藉此機會歡迎各位代表，並祝大會取得圓滿成功。）

重點2▶ **My colleagues join me in wishing you...**

這句話的意思是「我的同事與我一道祝您……」。在英文書信的祝福語中經常會遇到這樣的句型，因為一個人的祝福似乎不夠，還會有更多親人、朋友、同事等加入送出祝福的行列。片語 join in 意為「參加」、「加入」。請看下面的句子：

● **My wife joins me in congratulating you on your promotion!**
（我的妻子和我一道祝賀你晉升！）

✍ **英文E-mail 高頻率使用例句**

① **Congratulations on your *promotion*[8]!**
祝賀你升職！

② **You definitely deserve it.**
這絕對是你應該得到的。

③ **You are moving up in the world!**
你正在平步青雲啊！

④ **I wish you every success in your new position.** 祝你在新的崗位上大獲全勝。

⑤ **Please accept my warmest congratulations.**
請接受我最熱烈的祝賀。

⑥ **I was extremely pleased to learn of your promotion.** 聽說你高升了，我非常高興。

你一定要知道的關鍵單字

1. *confirmation* **n.** 證實；確認

2. *outstanding* **adj.** 傑出的；
   地位顯著的

3. *competitive* **adj.** 競爭的；
   好競爭的

4. *readily* **adv.** 樂意地；欣然地

5. *circumstance* **n.** 條件；環境

6. *responsibility* **n.** 責任；職責

7. *colleague* **n.** 同事；同僚

8. *promotion* **n.** 晉升；推銷

06 | 恭賀新婚

Dear Catharine,

I am **thrilled** [1] and **delighted** [2] to receive the **announcement** [3] of your **marriage** [4] last night.
My wife joins me hereby in expressing our sincere congratulations and send our best wishes for every happiness that life can **bring** [5].

We wish you a wonderful **honeymoon** [6]!

Affectionately [7] yours,
Thomas Ray

譯文

親愛的凱薩琳：

昨天晚上得知妳結婚的消息我非常高興。
我和我的妻子在此向妳表示最誠摯的祝賀，並祝福你們一生幸福，白頭偕老。

祝你們蜜月旅行快樂！

妳的好友
湯瑪斯・瑞

你一定要知道的文法重點　⊖ ▢ ✕

重點1 **thrilled**

thrill 這個詞有動詞「使興奮」、「使激動」和名詞「強烈的興奮」、「恐懼或快樂感」的意思。在此語境中則作動詞「使興奮」講，be thrilled 則表示「興奮的」，相當於 be excited「興奮的」、「激動的」。屬同一詞根的詞還有形容詞 thrilling 意為「令人興奮的」、「毛骨悚然的」。所以在英文書信寫作中表達「興奮」、「激動」、「高興」的時候，除了用 happy / pleased / glad / delighted 之外，可以用 thrilled 或者 excited。請看下面的句子：

● **He was thrilled at the good news.**（好消息使他興奮極了。）
● **Are you excited about graduating from high school?**
（你從高中畢業會不會感到很興奮呢？）

重點2 **We wish you a wonderful honeymoon!**

這句話的意思是「祝你們蜜月旅行快樂」。honeymoon 意為「蜜月」，實際上是個合成詞，honey 本意為「蜜蜂」，moon 為「月亮」，合在一起翻譯成「蜜月」。類似的合成詞還有 bookmark「書籤」；football「足球」等等。

👆 **英文E-mail 高頻率使用例句**

① **Congratulations on your wedding!**
祝賀你們新婚快樂！

② **You two are meant for each other.**
你們倆是天生的一對。

③ **Please accept my wholehearted congratulations on your marriage!**
請接受我對你們婚姻最衷心的祝福！

④ **I am looking forward to attending your wedding in May.**
期盼著五月份參加您們的婚禮。

⑤ **Please accept my warmest congratulations.**
請接受我最熱烈的祝賀。

⑥ **I wish the two of you a happy and healthy life together.**
祝你們新婚快樂、白頭偕老。

你一定要知道的關鍵單字

1. *thrill* v. 使興奮；使激動

2. *delight* n. 快樂；使人高興的東西或人

3. *announcement* n. 公告；宣告

4. *marriage* n. 結婚；婚禮

5. *bring* v. 帶來；造成

6. *honeymoon* n. 蜜月

7. *affectionately* adv. 熱情地；摯愛地

07 | 恭賀喬遷

Dear Lisa,

It's so great that you **finally**¹ have your own house with a beautiful **view**²! And thanks for telling me your new home **address**³. Congratulations on your **move**⁴ to the new house next week and it would be my great **honor**⁵ to visit your new home **someday**⁶. I have sent a **bouquet**⁷ of flowers to you and hope you will like it. Best wishes to you and all your family members!

Sincerely yours,
Jim

📍 ☆ 📎 A 🗑　| ⌄

譯文　　　　　　　　　　　　　　　　　　　　— ▢ ✕

親愛的莉莎：

妳終於有自己的房子了，而且風景還不錯，真是太好了。謝謝妳告訴我新房子的地址。

恭喜妳下個星期就要喜遷新居了。很榮幸能有機會去妳的新家參觀。

我已經寄給妳了一束鮮花，希望妳會喜歡。祝妳和妳的家人幸福！

吉姆 謹上

你一定要知道的文法重點 ⊖ ▢ ✕

重點1 It's so great that...

It's so great that... 這個句型的意思是「……真是太好了」。在這個句型中 it 為虛主詞。為了防止句子頭重腳輕，通常把虛主詞 it 放在主語位置，而把真正主詞擱置於句末。所以此書信中 It's so great that you finally have your own house 真正的主語事實上是 "you finally have your own house"。請看下面的句子：

● **It is a pity that we won't be able to go to the south to spend our summer vacation.**（不能去南方過暑假真是太可惜了。）

重點2 someday

someday 是有朝一日、將來有一天，常與 one day 交互使用；而 some time 則是改天或某一段時間，小心不要搞混了。

👆 英文E-mail 高頻率使用例句

① **Thank you for telling me your new home address.**
謝謝你告訴我新家的地址。

② **You finally have your own house in Taipei.**
你終於在台北有了自己的房子。

③ **Congratulations on a *well-situated*[8] house.**
恭喜你有了地段這麼好的房子。

④ **We hope to visit your new house someday.**
我們希望有一天去參觀你的新家。

⑤ **Please accept one of my paintings as an ornamental picture for your new house.**
請接受我的一幅畫作為您新家的裝飾畫吧。

⑥ **I am pleased to hear that you bought a house.**
很高興聽說你買了間房子。

⑦ **Your new house is fairly wonderful!**
你的新家簡直太棒了！

⑧ **Please enjoy yourself in your new house.**
在你的新家裡好好享受吧。

你一定要知道的關鍵單字

1. *finally* adv. 終於；最終
2. *view* n. 景色；視野
3. *address* n. 地址；演說
4. *move* n. 移動；搬家
5. *honor* n. 榮譽；敬意
6. *someday* adv. 有一天
7. *bouquet* n. 花束
8. *well-situated* adj. 地點良好的

08 | 恭賀生意興隆

Dear Marco,

I learned from today's newspaper that you have **set up** your own **private**[1] company, which I think **resulted**[2] **from** many years of your hard work and **experience**[3] in **managing**[4] foreign trade.
Please accept my warmest congratulations. I do hope your company enjoys a **smooth**[5] **development**[6] and you yourself will find the happiness and good luck in this new **venture**[7].

Wishing you a flourishing business!

Yours faithfully,
Edmond

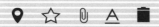

譯文

親愛的馬可：

我從今天的報紙上得知你創立了自己的公司，這是你多年來從事對外貿易的努力和積累的經驗的結果。
請接受我最熱烈的祝賀。我非常希望你的公司能夠順利發展，而且你本人也能在這項新的事業中找到快樂和幸運。

祝你生意興隆！

艾德蒙 謹上

你一定要知道的文法重點 ⊖ ▢ ✕

重點1 **set up**

片語 set up 有「建立」、「創立」、「安排」、「產生」的意思。在此語境中則是「創立」的意思，類似的詞還有：establish「建立」、「成立」或者 found「創辦」、「成立」、「建立」；build「建立」、「建造」等。表達「開公司」還可以用 run a company 或者 open a company 等。請看下面的句子：

- **They founded the company themselves.**（他們自己創辦了這家公司。）
- **I hope that I could open a company like you one day.**
  （希望有一天我能像你一樣開一家公司。）

重點2 **result from**

片語 result from... 意思是「產生於……」、「由……引起」、「由於」、「是……的結果」，是個表原因的片語。表達原因的片語還有：on account of / due to / owing to / because of / by reason of / in respect that 等等。所以在要表達原因的時候可以適當選擇不同的表達方式，以增加句子的多樣性。請看下面的句子：

- **Nothing had resulted from our efforts.**（我們的努力沒有產生什麼結果。）
- **The meeting was cancelled by reason of his illness.**
  （由於他生病，所以會議取消了。）

 **英文E-mail 高頻率使用例句**

① **May you succeed in business!**
　祝您生意興隆！

② **With best wishes for your prosperity.**
　祝貴公司生意興隆。

③ **The shopkeeper had laid his hopes on a revival of trade.**
　店主曾希望生意再度興隆起來。

④ **Smith's new store opened last week and it is going great guns.**
　史密斯的新商店上周開業，生意興隆。

⑤ **I'm sure you can build up a prosperous business.**
　我相信你一定可以建立一個成功的事業。

⑥ **He is running a prosperous business.**
　他經營著興旺的事業。

你一定要知道的關鍵單字

1. *private* **adj.** 私人的；私營的

2. *result* **v.** 導致；產生

3. *experience* **n.** 經驗；經歷

4. *manage* **v.** 經營；管理

5. *smooth* **adj.** 平穩的；順利的

6. *development* **n.** 發展；新發明

7. *venture* **n.** 冒險

09 | 恭賀病癒

Dear David,

To my relief, I heard that you have been discharged from hospital yesterday. I believe it is worth a *celebrating*¹ party to *welcome*² you back.

However, since you just left hospital and **still need time to *recover*³ from the *illness*⁴ *completely*⁵**, please stay at home and have a good *rest*⁶. Take care of yourself and I will come to see you *ASAP*⁷.

I hope you can get well soon.

Sincerely yours,
Peter

🔘 ☆ 📎 Ａ 🗑 ｜ ⌄

譯文　⊖ ◻ ⊗

親愛的大衛：

得知你昨天出院回家了，我終於鬆了口氣。我覺得我們應該開個派對慶祝你的歸來。

然而，既然你剛剛出院，可能還需要一段時間才能完全康復，所以希望你待在家裡好好休息，好好照顧自己，過兩天我會去看你的。

祝你儘快早日完全康復！

彼得 謹上

你一定要知道的文法重點

重點1 To my relief...

片語 to one's relief 是「令某人感到放心的是……」、「使某人鬆了一口氣」、「使某人安心」的意思。relief 為名詞，意為「緩解」、「減輕」、「寬慰」。由於得知對方剛剛康復，寫信者用這個片語則表達出了對於對方病癒的欣慰之情。透過這個片語，就能看出寫信者和收信人間的親密友好關係。

重點2 you still need time to recover from the illness completely.

這句話的意思是「可能還需要一段時間才能完全康復」。這裡面包含一個句型：It need time to do sth. 意為「某人需要時間做某事」。另一種句型如下：

- **It takes an hour for you to go there.**（你到那裡去要花一個小時的時間。）
- **It took six months for her to prepare for the important examination.**
（她花了六個月的時間準備這個重要的考試。）

英文E-mail 高頻率使用例句

① **Congratulations on your fast recovery.** 恭喜你這麼快痊癒了。

② **I heard that you have left hospital yesterday.**
我聽說你昨天已經出院了。

③ **I hope you can get well soon.** 我希望您可以早日康復。

④ **I am so pleased to see that you are on the way to recovery.**
非常高興看到您正在恢復中。

⑤ **Please accept my sincere regards.**
請接受我真誠的問候。

⑥ **I am so glad to hear about your *speedy*** [8] **recovery.**
很高興得知您快速復原了。

⑦ **I am so happy to see that you are energetic again.**
真高興又看到你生龍活虎的樣子。

⑧ **I think we should throw a celebratory party to welcome you back.**
我覺得應該開個派對慶祝你的歸來。

你一定要知道的關鍵單字

1. ***celebrate*** v. 慶祝
2. ***welcome*** v. 歡迎；迎接
3. ***recover*** v. 恢復健康
4. ***illness*** n. 疾病
5. ***completely*** adv. 完整地；完全地
6. ***rest*** n. 休息
7. ***ASAP= as soon as possible*** ph. 儘快地
8. ***speedy*** adj. 快速的

10 | 恭賀夢想成真

Dear Mr. Black,

I'm happy to learn that you have got the ***opportunity***[1] to ***travel***[2] abroad and I'm writing to express my hearty congratulations to you. **As far as I know**, traveling abroad has been one of your ***lifelong***[3] dreams. Finally, you have won the ***chance***[4] by yourself ***through***[5] years of hard work and you absolutely deserve it. Congratulations on the ***realization***[6] of your dream again!

Wishing you a ***fabulous***[7] journey abroad!

Sincerely yours,
Nicholas

譯文

親愛的布萊克先生：

很高興得知你獲得出國旅遊的機會，特寫信向你致以我最誠摯的祝賀。
據我所知，出國旅行一直是你人生的夢想。你終於通過自己的數
年的不懈努力贏得了這個機會，並且你完全應當獲得這次機會。
再次對你夢想成真表示祝賀！

祝你擁有一個完美的旅行！

尼可拉斯 謹上

你一定要知道的文法重點

重點1 **As far as I know...**

片語 as far as I know 是「據我所知」。表達「據我所知」的片語還有：for what I can tell / to the best of my knowledge 等等。請看下面的句子：

- **To the best of my knowledge, this famous singer loves spicy food.**
  （據我所知，這個著名的歌唱家喜歡辛辣的食物。）

- **He might be in the library as far as I know.**（就我所知，他可能在圖書館。）

重點2 **deserve**

deserve 意為「值得」、「應受」、「應得」，它是個中性詞，既可以用於褒義的句子，也可以用於貶義的句子。請對照以下的句子：

- **He deserves a reward for his efforts.**（他積極努力，值得獎賞。）
- **He deserved to be punished.**（他應受懲罰。）
- **First deserve and then desire.**（先做到受之無愧，而後再邀功請賞。）

英文E-mail 高頻率使用例句

① **Congratulations on the realization of your dream.**
祝賀你實現夢想。

② **I am so happy to hear that your dream has come true.**
很高興聽說你的夢想實現了。

③ **You have always dreamed of a rapid rise to fame.**
你一直都夢想一舉成名。

④ **To be an excellent doctor has always been your dream.**
成為一名出色的醫生一直是你的夢想。

⑤ **Please accept my sincere congratulations.**
請接受我真誠的祝賀。

⑥ **You have finally won the chance after years of struggle.**
經過這麼多年的努力奮鬥，你終於贏得了這次機會。

⑦ **I think you totally *deserve*** [8] **it.**
我覺得這完全是你應得的。

你一定要知道的關鍵單字

1. *opportunity* **n.** 機會；時機
2. *travel* **v.** 旅行
3. *lifelong* **adj.** 持續一生的
4. *chance* **n.** 機會
5. *through* **prep.** 由於；因為
6. *realization* **n.** 實現；認識
7. *fabulous* **adj.** 極美好的
8. *deserve* **v.** 值得；應得

Consolations and Condolences

Unit15
慰問弔唁篇

01 | 生病慰問

Dear Mr. Jackson,

I have **_missed_**[1] you so much and you have been on my mind ever since you went to the **_hospital_**[2].
I hope that by the time this note reaches you, you will be **_feeling_**[3] a great deal better. I am sure that now it will not be long before you are entirely and completely yourself again. Everyone at the **_office_**[4] hopes you can be back soon.

Yours sincerely,
John Walker

譯文

親愛的傑克森先生：

自從您住院以後，我就一直想念您。
希望您收到這封信的時候，身體已經好多了。我相信過不了多久，您就會完全康復的。辦公室的同事們都希望您能儘快回來。

約翰・沃克 謹上

你一定要知道的文法重點

重點1 **You have been on my mind ever since you went to the hospital.**

表達對病人的掛念，除了用 miss 這個單字來直接表達之外，還可以這樣說：You have been on my mind ever since you went to the hospital.（自從你住院以後，我就一直掛念著你。）這樣雖然比用一個單字要繁瑣一些，但是卻表達出了一直在記掛著病人的那種心情。

重點2 **It will not be long before you are entirely and completely yourself again.**

同事生病住院了，我們一定會祝福他能早日康復，以便能夠及早出院。這個意思可以用 it will not be long before... 這個句型來表達：It will not be long before you are entirely and completely yourself again.（過不了多久，你就會完全康復的。）

英文E-mail 高頻率使用例句

① **I was very much *upset*[5] about the news of your illness.**
聽到你生病的消息，我很不安。

② **We hope you will come back as soon as possible.**
希望你能儘快回來。

③ **I was so sorry to learn of your *illness*[6].**
聽說你生病了，我深感憂慮。

④ **We all hope you can get well soon.**
我們都希望你能早日康復。

⑤ **Everyone at the office misses you so much.**
公司所有的人都很想念你。

⑥ **We are anxious to know whether you feel any better now.**
我們想知道你是否感覺好一點了。

⑦ **Please don't worry about your work and have a good *rest*[7].**
請不要擔心你的工作，好好休息一下吧！

⑧ **I am very glad to hear you are making such a rapid *recovery*[8].**
我很高興你能夠這麼快就康復了。

你一定要知道的關鍵單字

1. *miss* **v.** 想念；懷念

2. *hospital* **n.** 醫院

3. *feel* **v.** 感覺；覺得

4. *office* **n.** 辦公室

5. *upset* **adj.** 煩亂的；不高興

6. *illness* **n.** 病；疾病

7. *rest* **n.** 睡眠；休息

8. *recovery* **n.** 恢復

02 | 意外事故慰問

Dear Mr. Chen,

I was so sorry to *hear*[1] of the news that you had a car *accident*[2] and was taken to the *local*[3] hospital yesterday.
Luckily, you're not *hurt*[4] very badly. **How are you feeling now?**
Everybody here sends his best wishes to you and wishes you a *quick*[5] recovery.

Yours sincerely,
Simon Smith

📍 ☆ 📎 A 🗑 | ⌄

譯文　⊖ ☐ ✕

親愛的陳先生：

聽說您昨天出車禍並且被送到醫院治療，我感到很遺憾。
幸運的是，您傷的並不是很嚴重。不知您現在狀況如何？大家都祝福您能早日康復。

賽門・史密斯 謹上

你一定要知道的文法重點

重點1 **I was so sorry to hear of the news that you had a car accident.**

聽到對方出車禍的消息後，我們為了表達自己對受傷者的關心，可以這樣說：It's sad to hear of the news that you have a car accident.（聽說你昨天出車禍，我很難過。）這裡的 hear 有聽說的意思。

重點2 **How are you feeling now?**

對方遭遇事故而住院治療時，我們還要記得詢問對方現在的病情如何，也就是指郵件抵達收件人手上這個時候，對方的病況如何。How are you getting on now?（不知你現在狀況如何？）這既是出於禮貌的一種詢問，也包含著我們對受傷者的關懷。

英文E-mail 高頻率使用例句

① **I heard that you were hit by a bus, but not seriously hurt.**
聽說你被公車撞到了，不過好險你傷得不重。

② **I heard that you *encountered*[6] a car accident.**
我聽說你出了車禍。

③ **The *runaway*[7] of the traffic accident is wanted by the police.**
警方正在通緝交通事故的逃逸者。

④ **Your right *knee*[8] was hurt in the traffic accident.**
你的右膝在這次交通事故中受傷了。

⑤ **You were badly injured in the traffic accident.**
在這起交通事故中，你傷得非常嚴重。

⑥ **I was more than upset by the traffic accident.**
我為這次的交通事故而感到難過.

⑦ **Let us hope that it will be for only a very short time.**
希望你在短時間內就能康復。

⑧ **We hope that you will soon be out and about again.**
希望你很快就能下床走動。

你一定要知道的關鍵單字

1. *hear* v. 聽說；得知

2. *accident* n. 事故；偶發事件

3. *local* adj. 當地的

4. *hurt* v. 使受傷；傷害

5. *quick* adj. 快的

6. *encounter* v. 遭遇

7. *runaway* n. 逃跑者

8. *knee* n. 膝部；膝蓋

03 | 遭逢地震慰問

Dear Mr. Jackson,

I was dreadfully sorry to hear of the ***earthquake***[1] which ***destroyed***[2] your ***beautiful***[3] house in New York.
Please accept my deepest ***sympathies***[4] for you and your ***family***[5].
If there is anything I can do to help, please feel free to call me.

Yours sincerely,
Colin Will

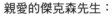

譯文　⊖ ⊡ ⊗

親愛的傑克森先生：

得知您位於紐約的華宅因為地震而損毀，我感到非常難過。
謹此向您和您的家人致上我最誠摯的慰問。如有任何
我可以幫得上忙的地方，請儘管聯繫我。

科林・威爾 謹上

你一定要知道的文法重點

重點1 **Please accept my deepest sympathies for you and your family.**

對方家中遭遇地震導致房屋損毀，我們在向他們表達慰問的時候，應該這樣說：Please accept my deepest sympathies for you and your family.（謹此向你和你的家人致上我最誠摯的慰問。）sympathy 在這裡是同情之意，而前面加上 deepest 就可以更進一步的加強語氣，表現出最誠摯的慰問。

重點2 **If there is anything I can do to help, please feel free to call me.**

向受到類似地震災害的朋友們表達了自己的慰問之後，我們還要儘量給他們提供一些比較實際的幫助。因此我們可以這樣說：If there is anything I can do to help, please feel free to call me.（如有任何我能幫得上忙的地方，請儘管聯繫我。）

英文E-mail 高頻率使用例句

① **A section of the city where you lived was destroyed in the earthquake.** 你所居住的那座城市的一部分在地震中遭到毀滅。

② **This earthquake *shocked*⁶ all of us.**
這次地震使我們感到相當震驚。

③ **The earthquake overturned your houses.**
地震把你的房屋給傾覆了。

④ **An earthquake took place last week.**
上周發生了一場地震。

⑤ **We hope your whole family is well.**
希望你們全家平安。

⑥ **I hope there is no one injured in this earthquake.**
希望在地震中沒有人受傷。

⑦ **I was most relieved to learn that none of you *suffered*⁷ serious injury.**
令我欣慰的是，你們並未受到重大傷害。

⑧ **The earthquake claimed hundreds of lives.** 此次地震已造成幾百人死亡。

你一定要知道的關鍵單字

1. *earthquake* **n.** 地震

2. *destroy* **v.** 損毀、毀壞

3. *beautiful* **adj.** 美麗的；漂亮的

4. *sympathy* **n.** 同情

5. *family* **n.** 家庭

6. *shock* **v.** 使驚嚇

7. *suffer* **v.** 受苦；遭受

04 | 遭逢火災慰問

Dear Mr. Miller,

I heard that a *fire*[1] *broke*[2] out at *midnight*[3] last night and *ruined*[4] your house.
I am anxious to know whether all of your family is all right. I hope no one's injured in it. Please accept my sympathy and do let me know if there is anything I can help you.

Yours sincerely,
Alex Bloom

譯文

親愛的米勒先生：

我得知你們的房子在昨天午夜的一場大火中被燒毀了。
我很想知道你們全家是否都平安。希望沒有人受傷。請接受我的慰問。如果有什麼我可以幫忙的，請告訴我。

艾力克斯‧布魯姆 謹上

你一定要知道的文法重點 ⊖ ☐ ✕

重點1 **I heard that a fire broke out at midnight last night and ruined your house.**

一般當他人遭受災害時，我們都會先提到對方的遭遇，以引出我們的話題。I heard that a fire broke out at midnight last night and ruined your house.（我得知你們的房子在昨天午夜的一場大火中被燒毀了。）這句話基本上把對方遭受火災的大致情況又重新說了一遍，以便引出後面慰問的話題來。

重點2 **I am anxious to know whether all of your family is all right.**

別人家遭受了火災，我們一定會想瞭解對方是不是全家都平安，以及是否需要自己的幫忙等等，因此我們可以說：I am anxious to know whether all of your family is all right.（我很想知道你們全家是否都平安。）I am anxious to know... 是很想知道某事的意思。

👆 英文 E-mail 高頻率使用例句

① **Your house was damaged by the fire.**
你們的房子在火災中被燒毀了。

② **You had to live at a *hotel*⁵ for several weeks.**
你們不得不在一家旅館住上幾個星期。

③ **Maybe you can live with us for a *while*⁶.**
也許你們可以過來跟我們住一段時間。

④ **If you don't mind, I think we can help you find a house.**
你們不介意的話，我們可以幫你們找個房子住。

⑤ **I am writing to tell you how deeply *distressed*⁷ I am.**
我想告訴你們的是，我對此感到很難過。

⑥ **I hope everything will go well soon.**
希望一切能很快好起來。

⑦ **I was most relieved to learn that you are not seriously hurt.**
令我欣慰的是，你受傷並不嚴重。

⑧ **I am anxious to know about the present condition.** 我急於想知道目前的情形。

你一定要知道的關鍵單字
1. *fire* **n.** 火
2. *break* **v.** 突然發生
3. *midnight* **n.** 午夜
4. *ruin* **v.** 毀滅
5. *hotel* **n.** 旅館
6. *while* **n.** 一段時間
7. *distressed* **adj.** 痛苦的；憂傷的

05 遭逢水災慰問

Dear Mr. Cruise,

I am extremely sad to hear that your house was **washed**[1] away in the **flood**[2].
I hope all of you are in **safety**[3] and will have a new house in the near future. And I also hope that your life will return to **normal**[4] soon. If I can be of any help, please let me know.

Yours sincerely,
Aaron Kidd

譯文

親愛的克魯斯先生：

得知你們遭受洪水的災害使得房子被沖走了，我感到很傷心。
希望你們全家現在都很平安，並且於不久後就能有個新的家。同時，我也希望你們的生活能很快恢復正常。如果有什麼我可以幫忙的地方，請告訴我。

艾倫・基德 謹上

你一定要知道的文法重點

重點1 **I am extremely sad to hear that your house was washed away in the flood.**

這句話也說明了對方遭受水災的情況。I am extremely sad to hear that your house was washed away in the flood.（得知你們遭受水災，房子被沖走了，我感到很傷心。）在句子中，wash away 的意思是（被水）沖走。I am extremely sad to hear that... 後面接續的是一個從句，表達的是從句的內容讓我感到很傷心難過的意思。

重點2 **I also hope that your life will return to normal soon.**

遭受災害之後，人們在心理上或多或少會留有災害的陰影，表現出心緒不寧的樣子。那麼，除了慰問對方，我們還要撫慰一下他們受傷的心靈。I also hope that your life will return to normal soon.（我也希望你們的生活能很快恢復正常。）

英文E-mail 高頻率使用例句

① **The damages *created*[5] by the huge floods are exceptionally serious.**
這次大洪水所造成的破壞非比尋常。

② **I hope you can *reconstruct*[6] your home very soon.**
希望你們能很快重建家園。

③ **It's said that nobody got hurt in the *catastrophe*[7].**
據說在這次大災難中，沒有人受傷。

④ **When the river burst its bank, the field is inundated.**
河岸決堤後，田地遭洪水淹沒。

⑤ **A lot of villages were *absorbed*[8] into the flood.**
很多村莊被洪水吞沒。

⑥ **Numerous people were suffering from the flood.**
很多人正被水災所苦。

⑦ **The cost of the flood damage is impossible to quantify.**
這次水災的損失是無可估量的。

你一定要知道的關鍵單字
1. *wash* **v.** 沖；拍打
2. *flood* **n.** 水災
3. *safety* **n.** 安全
4. *normal* **adj.** 標準的；正常的
5. *create* **v.** 引起；產生
6. *reconstruct* **v.** 重建；改組
7. *catastrophe* **n.** 大災難
8. *absorb* **v.** 吸收

06 | 訃文

Dear Madam or Sir,

Chris Evans, one of the computer engineers of our company, died of a **heart**[1] **attack**[2] on November 5, 2021. He was born in New York and just turned sixty when he died.
He was an excellent employee and **contributed**[3] a lot to our company. Let's show our **respect**[4] for the dead and our **condolences**[5] to his family.

Yours sincerely,
Aaron Johnson

譯文

敬啟者：

克里斯・艾文斯是我們公司的電腦工程師之一，於 2021 年 11 月 5 日因心臟病發作去世。他出生於紐約，過世前不久才剛滿 60 歲。
他是一名優秀的員工，為公司做出過不少貢獻。讓我們向他致敬並向他的家人表示我們的慰問。

艾倫・強森 謹上

你一定要知道的文法重點

重點1 **Chris Evans, one of the computer engineers of our company, died of a heart attack on November 5, 2021.**

發佈訃文的時候，要說明去世者的出生地、擔任職位、死亡時間和死亡原因之類的事情。例如郵件中就有這樣的描述：Chris Evans, one of the computer engineers of our company, died of a heart attack on November 5, 2021.（克里斯‧艾文斯是我們公司的電腦工程師之一，於 2021 年 11 月 5 日因心臟病發作去世。）這個句子主要說明了以上情況。

重點2 **Let's show our respect for the dead and our condolence to his family.**

對於去世的人我們要表示敬意，而對於他的那些親人們，我們則要勸說他們節哀順變，不要太悲傷。Let's show our respect for the dead and our condolence to his family.（讓我們向他致敬並向他的家人表示我們的慰問。）

英文 E-mail 高頻率使用例句

① **He died, and was survived by his wife and three children.**
他去世了，拋下了妻子和三個孩子。

② **I heard of his death and felt deep regret.**
我聽到他去世的消息感到萬分悲痛。

③ **He did a great job in our company.** 他曾在公司表現得相當優秀。

④ **We feel so sorry that we lost such a good man.**
我們為失去如此一個好人而感到無比惋惜。

⑤ **We were so _distressed_ [6] to _announce_ [7] the news about his death.**
我們十分悲痛的宣告他去世的消息。

⑥ **He will be remembered by all of us.**
我們永遠都不會忘記他。

⑦ **Let us show our deepest _pity_ [8] to his family.** 讓我們向他的家人表示深切的同情。

⑧ **He departed this life at the age of sixty.**
他於 60 歲時去世。

你一定要知道的關鍵單字

1. _heart_ **n.** 心
2. _attack_ **n.** 攻擊
3. _contribute_ **v.** 捐獻；捐助；貢獻出
4. _respect_ **n.** 尊重
5. _condolence_ **n.** 弔辭；弔唁；慰問
6. _distressed_ **adj.** 痛苦的；憂傷的
7. _announce_ **v.** 宣告
8. _pity_ **n.** 同情

07 | 弔唁同事逝世

Dear Mrs. Roberts,

The news of Mike's **death**[1] **shocked**[2] me. Please accept my deep sympathy.
I have known Mike for many years, and we have **enjoyed**[3] working together all the time. I must say he was an **intelligent**[4], kind-hearted and **just**[5] man. I will miss him a great deal.

Yours sincerely,
Ronan King

譯文

親愛的羅伯茲夫人：

得知邁克去世的消息，我很震驚。請接受我深切的慰問。
我和邁克相識多年，一直愉快地一起工作。我不得不說，他是一個聰明，好心並且正直的人。我將深深地懷念他。

羅南‧金 謹上

你一定要知道的文法重點

重點1 **The news of Mike's death shocked me.**

表示聽到對方去世的消息很是震驚,可以這樣表達:The news of Mike's death shocked me.(得知邁克去世的消息,我很震驚。)

重點1 **I must say he was an intelligent, kind-hearted and just man.**

一般我們會在弔唁函中提及自己對去世的人的一些評價。I must say he was an intelligent, kind-hearted and just man.(我不得不說,他是一個聰明,好心並且正直的人。)不枉自己與其共事的情誼,同時也算向他的家人表達安慰。

英文E-mail 高頻率使用例句

① **My deepest condolences to you. May you have strength to bear this great affliction.**
我致上最深切的慰問,並希望您能節哀自重。

② **The news of his death was a great shock.**
得知他去世的消息,我很震驚。

③ **Please accept my sincere and deep sympathy.**
請接受我真誠並深切的慰問。

④ **We have been *co-workers*⁶ for several years.**
我們是多年的老同事。

⑤ **I have enjoyed working with him.**
我們相處愉快。

⑥ **We got along well with each other in the company.**
我們在公司相處很融洽。

⑦ **I will really miss him very much.**
我會很懷念他。

⑧ **I must say he was one of my best *friends*⁷.**
他可以說是我最好的朋友之一。

你一定要知道的關鍵單字
1. *death* **n.** 死亡
2. *shock* **v.** 震撼;震驚
3. *enjoy* **v.** 享受;欣賞
4. *intelligent* **adj.** 有智慧(才智)的
5. *just* **adj.** 正直的;公平的
6. *co-worker* **n.** 同事
7. *friend* **n.** 朋友

08 弔唁領導人逝世

Dear Mr. Torres,

We are so sad to **read**[1] the announcement of Mr. Walker's death in *Daily News*. I am writing to express our deepest regret.
He was a good **leader**[2] who **led**[3] us from **victory**[4] to victory. He will be long remembered by all of us. Please extend our deepest condolences to his family.

Yours sincerely,
Michael Smith

譯文

親愛的托瑞斯先生：

從《每日新聞》上得知沃克先生的訃文，我們感到很悲痛，因此寫信以表我們深深的惋惜。
他是一名出色的領導人，帶領我們不斷地走向成功。我們將永遠記住他。請向他的家人表示我們最深切的慰問。

麥克·史密斯 謹上

你一定要知道的文法重點

重點1 **We are so sad to read the announcement of Mr. Walker's death in *Daily News*.**

一般人都會在報紙上發佈訃文，我們也就可以從報紙上得知某人去世的消息。We are so sad to read the announcement of Mr. Walker's death in *Daily News*.（從《每日新聞》上得知沃克先生的訃文，我們感到很悲痛。）read the announcement in the... 的意思是在……上看到告示。

重點2 **He was a good leader who led us from victory to victory.**

對於一位領導人的弔唁，我們還要提及他的功績和貢獻，以表示我們對他的由衷感謝和尊敬。He was a good leader who led us from victory to victory.（他是一名出色的領導人，帶領我們不斷地走向成功。）

英文 E-mail 高頻率使用例句

① He ***excelled*** [5] in all his work and made great achievements.
他在所有的工作上都很出色，做出了不朽的成就。

② She contributed her time and energy to work.
她把時間和精力都貢獻給了工作。

③ He has made an important ***contribution*** [6] to the company's success.
他對公司的成功作出了重要的貢獻。

④ He ***spared*** [7] no ***efforts*** [8] to develop our company. 他不遺餘力地促進公司的發展。

⑤ He did his best to promote the development of the company.
他竭盡全力促進公司發展。

⑥ His death was a real grief to us.
他的去世實在令人痛心。

⑦ He was very modest about his great deeds. 他從不誇耀自己的功績。

⑧ Men pass away, but their deeds abide.
人會死去，但他們的功績卻永存。

你一定要知道的關鍵單字

1. ***read*** v. 閱讀（書、報等）；朗讀
2. ***leader*** n. 領袖；領導者
3. ***lead*** v. 領導
4. ***victory*** n. 勝利
5. ***excel*** v. 勝過；突出
6. ***contribution*** n. 貢獻、捐獻
7. ***spare*** v. 節省、騰出
8. ***effort*** n. 努力

09 | 弔唁親人逝世

Dear Topher,

I am most grieved to hear of the loss of your mother, my beloved aunt, and **hasten**[1] to offer my deepest sympathy.
You would find **comfort**[2] in the fact that you lived happily with your mother these years. She was also gratified by your **filial**[3] **piety**[4] and **accomplishments**[5]. I hope that would **ease**[6] your grief.

Please convey my deepest sympathy to all your family.

Yours sincerely,
Randy Sloan

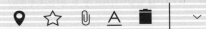

譯文

親愛的托佛：
得知你母親，也就是我親愛的姨媽去世的消息，我深感悲痛，並立刻寫信向你表示我最深切的慰問。
這些年，你和母親生活愉快，你應當為此感到寬慰。而她也曾為你的孝順和成就感到欣慰。希望這些能減輕你的哀痛。

請向你全家轉達我最深切的慰問。

藍迪・史隆 謹上

你一定要知道的文法重點

重點1 **I am most grieved to hear of the loss of your mother, my beloved aunt, and hasten to offer my deepest sympathy.**

當有人的親人不幸去世，我們要表達自己聽到消息時的悲痛可以這樣說：I am most grieved to hear of the loss of your mother（得知你母親，也就是我親愛的姨媽去世的消息，我深感悲痛。）同時，還要表達自己對他們家人的深切慰問，..., and hasten to offer my deepest sympathy.（立刻寫信向你表示我最深切的慰問。）在這裡，最主要的是你要儘量表達出自己對對方心情的理解。

重點2 **You would find comfort in the fact that you lived happily with your mother these years.**

對方已經因為親人去世而悲痛欲絕，這時候，我們要試著去開導對方，讓他節哀順變，不要太悲傷了。You would find comfort in the fact that you lived happily with your mother these years.（這些年，你和母親生活愉快，你應當為此感到寬慰。）這句話就是在試圖說服對方，他母親在的時候，他們生活得很開心，這比什麼都好，從而讓對方放寬心胸，不要太過傷痛。

英文E-mail 高頻率使用例句

① **The news of your father's death was a terrible shock to us.**
你父親去世的噩耗使我們感到非常震驚。

② **I am sorry to hear the news about your *deceased*[7] mother.**
很抱歉，聽說你的母親已經去世了。

③ **I am sorry to hear that your brother has passed away.**
聽到你兄弟去世的消息，我很難過。

④ **I am deeply grieved to hear that your father has passed away.**
聽到你父親去世的消息，我很難過。

⑤ **Everyone who has known him must have felt a great loss.**
他的去世對於認識他的人來說，都是巨大的損失。

⑥ **That should help *soften*[8] your sorrow and grief a little.**
這應該有助於減輕你的悲傷和痛苦。

你一定要知道的關鍵單字

1. *hasten* **v.** 趕忙

2. *comfort* **n.** 安慰；慰問

3. *filial* **adj.** 子女的；孝順的

4. *piety* **n.** 孝順；孝敬

5. *accomplishment* **n.** 達成、成就

6. *ease* **v.** 減輕；緩和

7. *decease* **v.** 亡故

8. *soften* **v.** （使）變輕柔、（使）變溫和

10 | 答覆唁電

Dear Mr. Willman,

Please accept my heart-felt thanks for your sympathy.
There is no greater *solace*[1] than the *knowledge*[2] that our friends are there and feel the same with us.
I will *pull*[3] myself together and take *care*[4] of our family *affairs*[5].

Yours sincerely,
Timmy Cruise

譯文

親愛的威爾曼先生：

衷心感謝您的慰問。
知道我們的朋友正與我們一起哀悼，這對我們來說
是最大的安慰。
我會振作起來，好好處理家裡的事情。

提米・克魯斯 謹上

你一定要知道的文法重點

重點1 There is no greater solace than...

當對方在自己親人去世的時候，發來唁電表示慰問，我們也要回覆對方的關心，向對方表示感謝。There is no greater solace than the knowledge that our friends are there and feel the same with us.（知道我們的朋友正與我們一起哀悼，這對我們來說是最大的安慰。）這裡需要注意一個句型：There is no greater solace than...（沒有比……更大的慰問了。）句子中用的是 no＋比較級＋than。

重點2 I will pull myself together and take care of our family affairs.

當對方發唁電勸慰我們一番之後，我們也要讓對方放心，說一些會讓雙方都很寬慰的話。I will pull myself together and take care of our family affairs.（我會振作起來，好好打理家務。）句子中的 pull oneself together 是振作起來的意思。take care of 是對付、處理的意思。例如「處理事情」就可以說：take care of the matter。

英文E-mail 高頻率使用例句

① My **gratitude**[6] goes to our friends who wrote to show their support.
我感謝所有寫信給我們的朋友，謝謝你們的支持。

② Your kind **expression**[7] of sympathy is deeply appreciated.
謝謝你關切的慰問，萬分感激。

③ I know well what you must be feeling.
你此刻的心情，我能體會。

④ Time will heal all the sorrows.
時間會治癒悲傷。

⑤ Your expression of love and **concern**[8]
was very much appreciated.
十分感謝您的關愛。

⑥ Your friendship and support mean a lot
to us.
您的友誼和支持對我們來說很重要。

⑦ I want to thank you most sincerely for
your kind words of sympathy.
衷心感謝你對我表達的慰問。

你一定要知道的關鍵單字

1. **solace** n. 安慰；慰藉
2. **knowledge** n. 瞭解；理解
3. **pull** v. 拉、拖
4. **care** n. 小心、照料、憂慮
5. **affair** n. 事件
6. **gratitude** n. 感激；感謝
7. **expression** n. 表達
8. **concern** n. 擔心；掛念；關懷

Epidemic

01 因疫情需要請假

Dear David,

I would like to **take a leave for three days** because I am **experiencing COVID-19 *symptoms*** [1].
Feel free to ***contact*** [2] me if you need ***urgent*** [3] help.
Thank you for understanding, and I apologize for the ***inconvenience*** [4].

Sincerely,
Nancy

譯文

親愛的大衛：

因為我出現新冠肺炎的症狀，所以要請三天的假。
如果你需要立即的幫助的話，歡迎聯絡我。
感謝你的理解，也很抱歉對你造成不便。

南西 謹上

你一定要知道的文法重點

重點1 take a leave for three days

take a leave for three days意思是「請了三天假」，three可以換成任一數字。若是再加入sick，寫成take a sick leave就是「請病假」的意思。若需要請不同的假別，有personal leave「事假」、annual leave「特休假」、maternity leave / paternity leave「產假／陪產假」、menstrual leave「生理假」、paid / unpaid leave「有薪假／無薪假」、vaccination leave「疫苗假」。在請假的時候，也可以搭配不一樣的動詞，如request / ask / apply for a leave。另有其他片語也是「請假」的意思，如take a / the day off和be on leave / go on leave。

重點2 experience COVID-19 symptoms

experience COVID-19 symptoms意思是「出現新冠肺炎的症狀」，確定確診的話可說test *positive* [5]「檢測為陽性」，沒有確診的話則可說test *negative* [6]「檢測為陰性」。若沒有出現相關症狀，但需要居家隔離、照顧需要隔離的家人或學校停課的孩子，可以用以下說法：stay-at-home order「居家隔離」、self-quarantine「自主隔離」、self-health monitoring「自主健康管理」、caring for an *individual* [7] who is subject to a stay-at-home order「照料居家隔離者」、caring for a child whose school is closed due to the COVID-19 *pandemic* [8]「照顧因新冠肺炎而無法上學的兒童」。

 英文E-mail 高頻率使用例句

① **How much new confirmed cases of COVID-19 yesterday were there?**
昨天有多少新冠肺炎的確診案例？

② **There is a heavy fine on those who violate the stay-at-home order.**
不遵守居家隔離規定的人會被重重罰款。

③ **You have to do a 14-day self-quarantine because you've been to the store where the confirmed case had been to.**
你必須進行14天的自主隔離，因為你有去過確診案例去過的商店。

④ **Self-health monitoring can keep the pandemic from spreading.**
自主健康管理可以防止疫情擴散。

⑤ **I have tested positive for COVID-19.**
我檢測新冠肺炎，結果呈陽性。

你一定要知道的關鍵單字

1. *symptom* n. 症狀
2. *contact* v. 聯繫，聯絡
3. *urgent* adj. 緊急的，急迫的
4. *inconvenience* n. 不便，麻煩
5. *positive* adj. （醫學檢驗）呈陽性的
6. *negative* adj. （醫學檢驗）呈陰性的
7. *individual* n. 個人，個體
8. *pandemic* n. 大流行病，疫情

02 | 因疫情延遲交貨

Dear Mr. Steele,

Please accept our apologies for the late delivery of goods to your company.
The delay was due to the COVID-19 **outbreak** [1]. We have been trying to **meet the delivery schedule** [2] of the goods.
We would **inform** [3] you the delivery schedule as soon as possible.
We apologize for the inconvenience this causes you. **Thank you for your continued** [4] **support** [5].

Truly yours,
PL Co.

譯文

親愛的史帝爾先生：

對於延遲寄送貴公司貨品一事，請接受我們的道歉。
因為新冠肺炎的爆發導致延遲。我們正努力確保貨品如期抵達。
我們會盡快通知您運送時程。
造成您的不便，非常抱歉。謝謝您一直以來的支持。

PL 公司 謹上

你一定要知道的文法重點

重點1 meet the delivery schedule

meet the delivery schedule意思是「如期完成寄送」，meet的意思不只是「見面；遇見」，作為動詞還有「滿足；達到，完成」的意思，如meet the needs / *requirements* [6]「符合需求／要求」、meet the *conditions* [7]「達成條件」、meet the deadline「如期完成」、meet the target「達成目標」等。

重點2 Thank you for your continued support.

Thank you for your continued support.意思是「謝謝您一直以來的支持。」在商務信件中，可以用在與客戶的通信中，尤其是有長期往來的客戶，在面向客戶的公告中也可以使用。想要表達對客戶的感謝，也可以寫：We appreciate your support throughout the past year.「我們很感謝您過去一整年的全力支持。」，throughout the past year是點出時間點，若想特指在新冠肺炎期間的支持的話，也可以改為during the COVID-19 *epidemic* [8]「在新冠肺炎疫情中」。

 英文E-mail 高頻率使用例句

① **You would be approached via email for the goods delivery schedule.**
您會收到貨品寄送時程的電子郵件。

② **Once again, we apologize for the inconvenience. Please contact us if you have further concerns.**
我們再一次為造成您的不便致上歉意。若您還有其他疑問，請聯絡我們。

③ **The COVID-19 outbreak caused the delay in delivery, for which we extend our sincerest apology.** 新冠肺炎的疫情造成寄送延宕，我們致上誠摯的歉意。

④ **Due to the COVID-19 outbreak, we regret to inform you that the delay in delivery.**
因為新冠肺炎疫情的爆發，我們很抱歉地通知您寄送會有所延誤。

⑤ **We hope that you can understand the whole situation and continue to work with us.**
我們希望您可以理解這個狀況，並繼續與我們合作。

⑥ **We are truly sorry for any inconvenience this delay may bring you.**
對於延遲造成您的不便，我們感到非常抱歉。

⑦ **Please accept our apologies for the delay and inconvenience this has caused you.**
請接受我們對延遲對您造成的不便所致上的歉意。

你一定要知道的關鍵單字

1. *outbreak* [n.] 爆發
2. *schedule* [n.] 時程表
3. *inform* [v.] 通知，告知
4. *continued* [adj.] 連續的，持續的，無間斷的
5. *support* [n.] （在情感或實際方面）支持，幫助
6. *requirement* [n.] 需要；要求；規定
7. *condition* [n.] 條件，條款
8. *epidemic* [n.] （疾病的）流行，傳染

465

03 | 因疫情暫停營業

Dear Customers,

We are afraid to say that some of our stores will be ***temporarily***[1] closed **due to** COVID-19.
We hope that this decision will ***prevent***[2] the ***spread***[3] of COVID-19, and ***ensure***[4] the health and safety of our customers and ***staff***[5].
Thank you for your understanding!

Yours faithfully,
Liberty Co., Ltd.

📍 ☆ 📎 A 🗑 | ⌄

譯文　⊖ ▢ ✕

親愛的顧客：

由於新冠肺炎的流行，我們的部分店面必須停業一段時間。
我們希望這項決定可以避免新冠肺炎的流行，也能保障全體員工與顧客們的健康與安全。
感謝您的理解！

利柏地股份有限公司 謹上

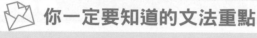 **你一定要知道的文法重點**

重點1 **temporarily**

temporarily意思是「暫時的」。在疫情中,許多商家可能會因客源大減,而不得不暫時歇業,在公告時就需要使用這個單字。若是未來會再重新開張,只是尚且不知道確切時間,也可以搭配until ***further*** ⁶ notice「直至另行通知」,藉此請客戶等待之後的通知。

重點2 **due to**

due to意思是「因為」。在英文中,「因為」可以用不同的說法表達,如because / because of / since / as / owing to等。但必須注意,due to / because of / owing to後面必須接一個名詞或具有名詞性質的片語,而because / since / as後面都只能接完整的句子。請對照以下例句:

- **I asked for a day off due to the bad cold.**(因為我重感冒,所以請了一天假。)
- **I stayed at home because I got a bad cold.**(因為我重感冒,所以我待在家。)

🖐 英文E-mail 高頻率使用例句

① **I'm afraid that you cannot have it done today.**
我想你今天無法完成。

② **We are afraid to say that some of our stores will change our business hours.**
我們的部分店面必須更改營業時間。

③ **The manager decided to cancel the next meeting until further notice.**
經理決定取消下一次的會議,請等待後續通知。

④ **The firm has decided to close down the branch.**
公司已決定要關閉分公司。

⑤ **COVID-19 forced several factories to *halt* ⁷ production.**
新冠肺炎迫使許多工廠停止生產。

⑥ **We apologize for any inconvenience and thank you for your understanding.**
造成您的不便,我們感到相當抱歉,也感謝您的理解。

⑦ **The store will reopen on January 4.**
商店會在1月4日重新開張。

你一定要知道的關鍵單字
1. ***temporarily*** adj. 暫時的;短暫的
2. ***prevent*** v. 預防;阻止
3. ***spread*** v. (使)蔓延
4. ***ensure*** v. 確保;保證
5. ***staff*** n. 全體員工
6. ***further*** adj. 更多的;另外的
7. ***halt*** v. (使)停止,停下

04 | 因疫情分流上班

Dear members,

All attention, please!
The COVID-19 outbreak had a ***disastrous***[1] ***impact***[2] on our company.
We have worked under some ***stressful***[3] conditions. We appreciate your
contribution during this challenging time.
To further keep our entire staff, our families, and our customers safe, we
decide to ***implement***[4] **split operation** and **online meetings** next week.
Thanks in advance for your ***cooperation***[5]!

Sincerely yours,
Personnel Department

譯文

親愛的同事們：

大家注意了！
新冠肺炎的爆發對我們公司有毀滅性的影響。我們一起走過
許多嚴酷的難關。我們很感謝大家在這段艱困時期的貢獻。
為了確保全體員工、員工的家庭，以客戶的安全，我們決定
下個禮拜開始實施分流上班及線上會議。
先謝謝各位的合作！

人事部　謹上

你一定要知道的文法重點

重點1 **implement split operation**

implement split operation意思為「實施分流上班」，也可以說是take turns coming to the office「輪流去辦公室」、work from home「居家上班」，或更加精準一些：come to the office on *alternate*[6] weeks「隔週上班」。疫情下相關的說法還有：*remote*[7] working「遠距上班」、*flexible*[8] (working) hours「彈性工時」等。

重點2 **online meetings**

當實施遠距上班時，線上會議是必不可少的，在線上會議中有幾個一定要知道的句子：

● **Please check your video and audio before we start.**
（開始之前請檢查視訊畫面與聲音。）

● **The connection was lost. Could you say that again please?**
（剛剛斷訊了，可以請你再說一次嗎？）

● **The connection keeps dropping .**（網路連線一直斷掉。）

英文E-mail 高頻率使用例句

① **Could you speak more slowly please?** 可以請你講慢一點嗎？

② **You can work from home during the 14-day self-quarantine.**
你在14天自主隔離期間可以在家上班。

③ **The manager decided that different teams take turns coming to the office.**
經理決定不同組要輪流上班。

④ **The firm has decided to start the remote working.** 公司已決定要開始遠距辦公。

⑤ **They come to the office on alternate weeks due to the COVID-19 outbreak.**
因為新冠肺炎的爆發，他們要隔週上班。

⑥ **We need to work from home during the lockdown[9].**
在封城期間，我們要在家上班。

⑦ **Sorry I didn't hear you. Is your microphone on mute?**
抱歉我沒有聽見你說的話。你的麥克風靜音了嗎？

你一定要知道的關鍵單字

1. *disastrous* adj. 極其糟糕的；極為失敗的；災難性的

2. *impact* n. 巨大影響

3. *stressful* adj. 緊張，焦慮，擔心

4. *implement* v. 實施，貫徹

5. *cooperation* n. 合作，協作；配合

6. *alternate* adj. 輪流的，交替的

7. *remote* adj. 遠端的

8. *flexible* adj. 可變動的；靈活的；可變通的

9. *lockdown* n. （建築或地區）因緊急情況而被封鎖了

05 | 因疫情取消活動

Dear Customers,

Please accept our sincere apologies for the decision to **postpone**[1] the conference until further notice.
The decision to postpone the conference is a difficult decision for us. However, the government has instructed the public to follow the **regulation**[2] on **group gathering** **prohibition**[3].
The safety and health of our **attendees**[4] and staff is our **highest priority**[5]. This is a very **challenging**[6] time for everyone. We sincerely apologize for any inconvenience caused and appreciate your understanding and support.

Yours faithfully,
Liberty Co., Ltd.

譯文

親愛的顧客：

對於必須延後會議直到另行通知一事，請接受我們誠摯的歉意。
延遲會議的決定對我們而言是個艱難的決定。然而，政府指示大眾遵守群聚的規定。
參加者與工作人員的安全與健康是我們最優先的事項。對每個人來說，這都是艱困的時刻。對您造成不便，我們致上誠摯的歉意，也感謝您的理解與支持。

利柏地股份有限公司 謹上

Part 2 / U16 疫情應對篇

 你一定要知道的文法重點

重點1 group gathering

group gathering意思為「群聚」，這在疫情期間是重要的防疫措施之一，疫情相關的英文單字還有：social distancing「社交距離」、lockdown「封鎖」、self-quarantine「自主隔離」、take one's temperature「量體溫」、self-health monitoring「自主健康管理」、disinfect「消毒」、screening「篩檢」等。

重點2 highest priority

highest priority意思為「最優先事項」，當強調這是highest priority時，便是要強調這是最重要的事，可視為最高指導原則。priority指的是「優先事項」，相關的用法有：set / establish priorities「建立優先事項」、give priority to「認為優先，優先考慮；公佈；宣傳」。

✋ 英文E-mail 高頻率使用例句

① **We regret to announce the decision to postpone the conference.**
我們很遺憾地宣布必須延後會議。

② **After close consultation with our members, the company has decided to cancel the conference.**
在與會員們密切討論後，公司決定要取消這次的會議。

③ **We have made the difficult decision to cancel the conference.**
我們做出取消會議這個艱難的決定。

④ **Please following the government's regulation on social distancing.**
請遵守政府對社交距離的規定。

⑤ **The government announced *latest*[7] regulation on group gathering prohibition.**
政府宣佈了禁止群聚的最新規定。

⑥ **The safety of our customers and staff must always come first.**
客戶及員工的安全必須放在第一位。

⑦ **We hope that this decision will ensure the health and safety of our customers and staff.**
我們希望這項決定能夠確保我們的客戶及員工的健康與安全。

你一定要知道的關鍵單字

1. **postpone** v. 延後，延緩，使延期
2. **regulation** n. 規則，條例，法規；控制，管理
3. **prohibition** n. 禁止；禁令
4. **attendee** n. 出席者，參加者
5. **priority** n. 優先考慮的事
6. **challenging** adj. 有難度的；具有挑戰性的；考驗人的
7. **latest** adj. 最新的；最近的；最先進的

471

01 公司部門名稱

Advertising Department	廣告部
Branch Office	分公司
Business Office	營業部
Export Department	出口部
General Accounting Department	財務部
General Affairs Department	總務部
Head Office	總公司
Human Resources Department	人力資源部
Import Department	進口部
International Department	國際部
Management Department	管理部
Market Department	市場部
Personnel Department	人事部
Planning Department	企劃部
Product Development Department	產品開發部
Public Relations Department	公關部
Real Estate Development Department	房產開發部
Research and Development Department	研發部
Sales Department	銷售部
Sales Promotion Department	行銷部
Secretarial Pool	秘書室

02 公司職位名稱

Accounting Assistant	會計助理
Accounting Clerk	記帳員
Accounting Manager	會計部經理
Accounting Staff	會計部職員
Accounting Supervisor	會計主管
Administration Manager	行政經理
Administration Staff	行政人員
Administrative Assistant	行政助理
Administrative Clerk	行政辦事員
Advertising Staff	廣告工作人員
Airlines Sales Representative	航空公司業務
Airlines Staff	航空公司職員
Application Engineer	應用工程師
Assistant Manager	副經理
Bond Analyst	證券分析員
Bond Trader	證券交易員
Business Controller	業務主任
Business Manager	業務經理
Buyer	採購員
Cashier	出納員
Chemical Engineer	化學工程師
Civil Engineer	土木工程師
Clerk / Receptionist	職員／接待員
Clerk Typist & Secretary	文書打字兼秘書

Computer Data Input Operator	電腦資料輸入員
Computer Engineer	電腦工程師
Computer Processing Operator	電腦處理操作員
Computer System Manager	電腦系統部經理
Copywriter	廣告文字撰稿人
Deputy General Manager	副總經理
Economic Research Assistant	經濟研究助理
Editor-in-chief	總編輯
Electrical Engineer	電子工程師
Engineering Technician	工程技術員
English Instructor / Teacher	英語教師
Export Sales Manager	外銷部經理
Financial Controller	財務主任
Financial Reporter	財務報告人
F.X. (Foreign Exchange) Clerk	外匯部職員
F.X. Settlement Clerk	外匯部核算員
Fund Manager	財務經理
General Auditor	審計長
General Manager / President	總經理
General Manager Assistant	總經理助理
General Manager's Secretary	總經理秘書
Hardware Engineer	（電腦）硬體工程師
Import Liaison Staff	進口聯絡員
Import Manager	進口部經理
Insurance Actuary	保險公司理賠員
International Sales Staff	國外業務員
Interpreter	口譯員
Legal Adviser	法律顧問

Line Supervisor	生產線主管
Maintenance Engineer	維修工程師
Management Consultant	管理顧問
Manager	經理
Manager for Public Relations	公關部經理
Manufacturing Engineer	製造工程師
Manufacturing Worker	生產員工
Market Analyst	市場分析員
Market Development Manager	市場開發部經理
Marketing Manager	市場銷售部經理
Marketing Staff	市場銷售員
Marketing Assistant	行銷助理
Marketing Executive	行銷專員
Marketing Representative	行銷代表
Marketing Representative Manager	市場研究部經理
Mechanical Engineer	機械工程師
Mining Engineer	採礦工程師
Naval Architect	造船工程師
Office Assistant	辦公室助理
Office Clerk	職員
Operational Manager	業務經理
Operator	操作員；業務員；駕駛員
Package Designer	包裝設計師
Passenger Reservation Staff	乘客票位預訂員
Personnel Clerk	人事部職員
Personnel Manager	人事部經理
Plant / Factory Manager	廠長
Postal Clerk	郵政人員
Private Secretary	私人秘書

Product Manager	生產部經理
Production Engineer	產品工程師
Programmer	電腦程式設計師
Promotional Manager	推銷部經理
Proof-reader	校對員
Purchasing Agent	採購（進貨）員
Quality Control Engineer	品質管制工程師
Real Estate Staff	房地產職員
Recruitment Coordinator	人力協調委員
Regional Manger	地區經理
Research & Development Engineer	研究開發工程師
Restaurant Manager	餐廳經理
Sales and Planning Staff	銷售計畫員
Sales Assistant	銷售助理
Sales Clerk	店員、售貨員
Sales Coordinator	銷售協調人
Sales Engineer	銷售工程師
Sales Executive	銷售專員
Sales Manager	銷售部經理
Salesperson	銷售員
Seller Representative	銷售代表
Sales Supervisor	銷售主管
Secretarial Assistant	秘書助理
Secretary	秘書
Securities Custody Clerk	保安人員
Security Officer	安全人員
Senior Accountant	高級會計
Senior Consultant / Adviser	高級顧問
Senior Secretary	高級秘書

Service Manager	客服部經理
Simultaneous Interpreter	同聲傳譯員
Software Engineer	（電腦）軟體工程師
Supervisor	主管；監督者
Systems Adviser	系統顧問
Systems Engineer	系統工程師
Systems Operator	系統操作員
Teacher	教師
Technical Editor	技術編輯
Technical Translator	技術翻譯
Technical Worker	技術工人
Telecommunication Executive	電訊（電信）員
Tourist Guide	導遊
Trade Finance Executive	貿易財務主管
Trainee Manager	培訓部經理
Translation Checker	翻譯核對員
Translator	翻譯員
Trust Banking Executive	銀行高級職員
Typist	打字員
Word Processing Operator	文字處理操作員

03 | 學校科系及課程名稱

3-1 學校科系

Accounting Department	會計系
Applied Mathematics Department	應用數學系
Archaeology Department	考古學系
Architecture Department	建築系
Art Department	美術系
Astronomy Department	天文系
Automation Engineering Department	自動化工程系
Banking Department	金融系
Biology Department	生物學系
Botany Department	植物學系
Business Administration Department	工商管理系
Chemistry Department	化學系
Chinese Department	中文系
Civil Engineering Department	土木工程系
Communication Engineering Department	電信工程系
Computer Science Department	電腦科學系
Dance Department	舞蹈系
Diplomacy Department	外交系
Economics Department	經濟系
Education Department	教育系
Electronic Engineering Department	電子工程系
English Department	英語系

Environmental Engineering Department	環境工程系
Food Engineering Department	食品工程系
Food Science Department	食品科學系
Foreign Languages Department	外語系
Human Resources Management Department	人力資源管理系
Industrial Management Department	工業管理系
International politics Department	國際政治系
International Trade Department	國際貿易系
Journalism Department	新聞學系
Law Department	法律系
Library Management Department	圖書管理系
Literature Department	文學系
Mathematics Department	數學系
Mechanical Engineering Department	機械工程系
Medicine Department	醫學系
Music Department	音樂系
Philosophy Department	哲學系
Physical Education Department	體育系
Physics Department	物理系
Tourism Management Department	旅遊管理系

3-2 學校課程

Accounting and Finance	會計財務學
Accounting	會計學
Aesthetics	藝術美學
Applied Mathematics	應用數學
Art Theory	藝術理論
Bioengineering	生物醫學工程
Civil Engineering	土木工程
Computer Application and Maintenance	電腦應用與維修
Constitutional Law and Administrative Law	憲法學與行政法學
Criminal Jurisprudence	刑法學
Dance	舞蹈學
Economics	經濟學
Electronic Commerce	電子商務學
Engineering	工程學
English	英語
Ethics	倫理學
Film	電影學
Finance	金融學
Financial Management	財務管理
Fine Arts	美術
History of Economic Thought	經濟思想史
History of Economics	經濟史
History	歷史學
Industrial Economics	產業經濟學
International Trade	國際貿易學
Jurisprudence	法學理論

Labor Economics	勞動經濟學
Legal History	法律史
Logic	邏輯學
Logistic Management	物流管理
Management Science	管理學
Marketing	市場行銷學
Music	音樂學
Political Economy	政治經濟學
Radio and Television Art	廣播電視藝術學
Science of Economic Law	經濟法學
Science of Law	法學
Science of Procedure Laws	訴訟法學
Science of Religion	宗教學
Software Engineering	軟體工程
Statistics	統計學
Theater and Chinese Traditional Opera	戲劇戲曲學
Western Economics	西方經濟學
World Economics	世界經濟

04 電腦資訊相關字彙

access	取出（資料）、使用
active	啟動
back	上一步
browser	瀏覽器
clear	清除
click	點擊
close	關閉
code	密碼
column	欄
command	命令
copy	複製
OS (Operation System)	作業系統
database	資料庫
restart	重新啟動
cut	裁切
data	數據、資料
delete	刪除
document	文件
double click	按兩次
edit	編輯
E-mail	電子郵件
exception	異常、例外狀況
execute	執行
exit	退出
file	文件
find	查找
finish	結束
folder	文件夾

font	字體	replace	替換
form	格式	restart	重新啟動
full screen	全螢幕	save	存檔
function	函數	scale	比例（尺）
graphics	圖形	select	選擇
homepage	首頁	search engine	搜尋引擎
host	主機	setup	安裝
icon	圖示	short cut	捷徑
image	圖片	size	大小
insert	插入	status bar	狀態列
interface	介面	symbol	符號
Internet	網際網路	table	表
Kbytes	千位元組	text	文本
LAN	區域網路	tool bar	工具列
log off	登出	uninstall	解除安裝
log in	登入	update	更新
manual	指南	user	用戶
menu	主選單	virus	病毒
next	下一步	WAN	廣域網路
online	線上	webpage	網頁
password	密碼	website	網站
paragraph	段落	WWW (World Wide Web)	全球資訊網
paste	黏貼	zoom in	放大
print preview	預覽列印	zoom out	縮小
print	列印		
program	程式		

05 國際貿易相關字彙

A/W = All Water
全水路運輸（主要指由美國西岸中轉至東岸或內陸點的貨物的運輸方式）

ANERA = America North Eastbound Rate Agreement
遠東－北美越太平洋航線東向運費協定

BAF = Bunker Adjustment Factor
燃油附加費

B/L = Bill of Lading
海運提單

C.A.D = Cash Against Documents
憑單付現

CAF = Currency Adjustment Factor
貨幣貶值附加費

CC = Charges Collect = Freight Collect
(= carriage forward = freight collect)
運費到付：表示貨物運送費用未付，應由買方在目的地／港支付

CFR(C&F,CNF) = Cost and Freight
成本加運費／到岸價格（指定目的港）

CFS = Container Freight Station
集裝箱貨運站

CIF = Cost, Insurance & Freight
成本、保險費加運費／到岸價格（指定目的港）

CIP = Carriage and Insurance Paid To
運費、保險費付至目的地

C/O = Certificate of Origin
產地證

C.O.D = Cash On Delivery
交貨付現

CPT = Carriage Paid To
運費付至目的地

Cut Off = Closing Date/Cut Off Date
結關日

C.W.O = Cash With Order
隨訂單付現

CY = Container Yard
集裝箱（貨櫃）堆場

D/A = Documents against Acceptance
承兌交單

DAF = Delivered At Frontier
邊境交貨

D/D = Demand Draft
票匯

D.D.C. = Destination Delivery Charge
目的地運送費用

DDP = Delivered Duty Paid
稅訖交貨條件／完稅後交貨

DDU = Delivered Duty Unpaid
稅前交貨條件／未完稅交貨

DES = Delivered Ex Ship
目的港船上交貨

DEQ = Delivered Ex Quay
目的港碼頭交貨

D/O = Delivery Order
提貨單／小提單；到港通知

DOC = Document Charges
文件費

D/P = Documents against Payment
付款交單

EPS = Equipment Position Surcharges
設備位置附加費

ETA = Estimated Time Of Arrival
預計到達日

ETD = Estimated Time Of Delivery
預計開航日

FOB = Free On Board
船上交貨／離岸價格

GRI = General Rate Increase
一般運費調高

L/C = Letter of Credit = Commercial Letter of Credit
信用狀／信用證

LCL = Less than Container Load
拼箱貨（散貨）

M/T = Mail transfer
信匯

NVOCC = Non-Vesse Operating Common Carrier
無船承運人

O/A = On Account
賒帳／記帳（交易）；暫欠／往來帳戶：放帳給客戶，對方收到貨物後一定期限後
再付款

O/B = On Board Date
裝船日

O/F = Ocean Freight
海運費

ORC = Origin Receive Charges
本地收貨費用

PCS = Port Congestion Surcharge
港口擁擠附加費

P.O.D = Pay on Delivery
貨到付款

**PP = Prepaid = Charges Prepaid = Freight Prepaid (= carriage
   prepaid = carriage paid)**
運費預付：表示貨物運送費用已由賣方在起運地（港）付清

PSS = Peak Season Surcharges
旺季附加費

S/C = Sales Contract、Sales Confirmation
銷售合約、銷售確認書

S/O = Shipping Order
裝貨單／裝船單；出貨單號；裝貨指示書

T/T = Telegraphic Transfer (T.T.)
電匯

商用書信必抄200慣用句

商用書信因為有許多慣用語法，所以和我們平常寫給朋友、家人的信很不一樣！像是要委婉地表達要求、不滿、拒絕；或想要真誠地表示謝意、賀喜或是要道歉，都有一些固定的語法可套用。套上外國人慣用的語法，不但能精準地表達意思，更能讓國外客戶驚呼「你的英文好道地！」以下加碼為大家整理出200句商用書信慣用必抄句，找到你需要的情境，放膽地抄下來用吧！

委婉表達希望對方快點回覆的心情

1. Your prompt reply will be very much appreciated.
如果你盡快回覆，我將感激不盡。
prompt adj. 迅速的、及時的　　appreciate v. 感激

2. I look forward to hearing your opinions on this matter.
我很期待聽到你對這件事的意見。
look forward to ph. 期待　　opinion n. 意見

3. Feel free to communicate with me through e-mail any time.
歡迎隨時用e-mail與我聯絡。
feel free to... ph. 歡迎、請盡量……不要客氣
communicate v. 溝通

4. I'm anxiously awaiting your response.

我很焦急地在等待你的回覆。

anxiously **adv.** 焦急地、緊張地　　await **v.** 等待

5. I'm expecting a swift reply.

我希望你很快回覆。

expect **v.** 預期　　　　　　　　swift **adj.** 快速的

6. I would appreciate it if you could reply as soon as possible.

如果你能盡快回覆，我會很感激。

as soon as possible **ph.** 盡快

7. Please send me any feedback you have.

如果你有任何意見，請寫信給我。

feedback **n.** 反應、回饋

8. I look forward to your response.

我很期待你的回覆。

response **n.** 回答

9. I'm sorry, but this really can't wait.

我很抱歉，但這真的不能等了。

10. It's vital that I hear from you soon.

我必須盡快收到你的回應。

vital **adj.** 必要的

11. If you have any objections, please let me know ASAP.

如果你反對的話，請盡快讓我知道。

objection **n.** 反對、異議

12. I'm looking forward to receiving your acceptance of my offer.

我期待你能接受我提出的條件。

acceptance **n.** 接受   offer **n.** 提供、提議

13. I'll really appreciate it if you can take care of this as soon as possible.

如果你能盡快處理，我會非常感激。

take care of sth. **ph.** 照顧、處理某事

14. Do you mind replying as soon as you can? Time is of the utmost importance.

你介意盡快回應嗎？時間非常緊急。

utmost **adj.** 最大的、最終極的

15. Whenever you get a chance, please inform me on your decision.

請你一有機會就趕快告訴我你的決定。

inform **v.** 通知   decision **n.** 決定

16. Please immediately inform me if you have any concerns.

如果你有什麼疑慮，請盡快通知我。

immediately **adv.** 立即地   concern **n.** 擔心的事、顧慮的事

17. Please don't hesitate to contact me as soon as possible.

請不要猶豫，盡快跟我聯絡。

hesitate **v.** 猶豫   contact **v.** 與某人聯絡

18. Awaiting your quick response.

我等你趕快回覆。

19. I understand that you must be busy, but this is urgent.

我瞭解你一定很忙，但這非常緊急。

urgent (adj.) 緊急的

20. I'm sorry for bugging you for a reply, but we need to get this done as soon as possible.

纏著你要你回應，我很抱歉，但我們真的得盡快完成這件事。

bug (v.) 打擾、煩擾

21. I'm sure you can understand that this is a most urgent matter.

我相信你瞭解這是個非常緊急的事件。

22. I need to hear from you as soon as possible.

我必須盡快得到你的回覆。

23. Please take a few minutes to let me know about your decision.

請花個幾分鐘告訴我你的決定。

24. If we hear from you soon, we can start getting to work right away.

如果你很快回覆我們，我們就能馬上開始工作。

get to work (ph.) 開始工作

25. Please send us an update at your earliest convenience.

您方便的話，請盡早讓我們知道最新的狀況。

update (n.) 更新   convenience (n.) 便利

在說聽起來比較直接的話時，表達抱歉的心情

1. I'm sorry if this sounds harsh.
如果這聽起來很狠心，我很抱歉。
harsh `adj.` 刺耳的、嚴厲的

2. I hope you don't feel offended.
我希望你不覺得被冒犯了。
offended `adj.` 被冒犯到的

3. I apologize, but I have to admit that I'm a bit disappointed.
我很抱歉，但我得承認我有點失望。
apologize `v.` 道歉　　　　　　admit `v.` 承認

4. I have to come out and tell you this. I'm very sorry.
我不得不告訴你這件事。我很抱歉。

5. Please understand that I don't mean to imply any dissatisfaction on my part.
請理解，我並不是要暗示我對你不滿意。
imply `v.` 暗示、暗指　　　dissatisfaction `n.` 不滿
on sb.'s part `ph.` 以某人的立場而言

6. I respectfully disagree with your view.
恕我不同意你的看法。
respectfully `adv.` 恭敬地　　　disagree `v.` 不同意
view `n.` 看法、視角

7. Please don't take offense.
請別生氣。
take offense `ph.` 因為覺得被冒犯而生氣

8. Please forgive me for being frank with you.
請恕我直言。
forgive `v.` 原諒　　　　　　　frank `adj.` 坦白的、直率的

9. I'm sorry, but I have to make it clear that I'm not very satisfied.
我很抱歉，但我得說清楚，我不是很滿意。
make it clear `ph.` 澄清　　　　satisfied `adj.` 滿意的

10. I don't mean to offend you by this observation.
我說出我的看法，並沒有要冒犯你的意思。
offend `v.` 冒犯　　　　observation `n.` 觀察某事後發表的意見

11. I apologize for being straightforward.
我說得這麼直接，我很抱歉。
straightforward `adj.` 直接的

12. I hope this doesn't sound too blunt.
我希望這聽起來不會太直接。
blunt `adj.` 直率的、直言不諱的

13. I regret to tell you that your performance could have been better, but I don't mean this as an insult.
我很抱歉必須告訴你，你可以表現得更好。但我並不是要說你不好喔！
regret `v.` 後悔、感到遺憾　　　　performance `n.` 表現
insult `n.` 羞辱

14. I'm afraid that I have to say that I'm not too happy with this.

我恐怕得說我不是太高興。

I'm afraid that... **ph.** 恐怕……

15. I understand that you have been working very hard, but there are areas in which you can improve.

我瞭解你很努力，但你還是有些地方可以更進步。

area **n.** 區域　　　　　　improve **n.** 進步

16. By no means think that I mean to be rude.

請不要認為我有冒犯的意思。

by no means **ph.** 千萬不要……　　rude **adj.** 粗魯無禮的

17. I'm sorry, but I think it's best that I be frank.

我很抱歉，但我想我還是直接說比較好。

18. Please understand that I still hold you in high regard.

請瞭解，我還是非常尊敬你。

hold sb. in high regard **ph.** 尊敬某人

19. I'm sorry, but I beg to differ.

我很抱歉，但我有不同的意見。

beg to differ **ph.** 有不同的意見

20. I'm really sorry for being blunt, but you don't have the faintest idea about how this is done, and I don't blame you.

恕我直言，但你根本搞不清楚這該怎麼做，而我也不怪你。

faint **adj.** 微小的、模糊的　　blame **v.** 怪罪

21. **This isn't really your fault, but I don't think we should continue with this project.**
這真的不是你的錯，但我覺得我們不該繼續進行這個計畫。
fault **n.** 錯誤、過失 　　　　　　 continue **v.** 繼續

22. **I'm very sorry to say that this wasn't the kind of performance I was expecting from you.**
我很抱歉，但我必須說你這種表現並不是我期待看到的。

23. **I regret to say that you can still improve in many aspects.**
這樣說我很抱歉，但你在很多方面都還能進步。
aspect **n.** 方面、面向

24. **Forgive me for being blunt, but this is for the good of the company.**
恕我直言，但說出來對公司比較有益。
for the good of... **ph.** 為了……好

25. **I hope you don't mind if I'm direct.**
我說得很直接，希望你不要介意。
direct **adj.** 直接的

表達感激的心情

1. **I know I speak for everyone on this when I say I really appreciate your kindness.**
大家都很感激你的體貼。
kindness **v.** 好意、善意

2. Words cannot convey my gratitude.

我的感激之情無法用文字表達。

convey **v.** 表達、傳達   gratitude **n.** 感激

3. We hope to return your favor soon.

我們希望很快能報答你。

favor **n.** 恩惠

4. Thank you for your patience.

感謝你的耐心。

patience **n.** 耐心

5. Thank you for understanding.

感謝你的理解。

6. I'm very much indebted to you.

我欠你太多了。

indebted **adj.** 虧欠的

7. Your help is very much appreciated.

非常感謝你的幫忙。

8. I would repay you if I could.

可以的話，我一定報答你。

repay **v.** 回報

9. I want you to know that I'm really grateful for your help.

我要你知道，我非常感謝你的幫忙。

grateful **adj.** 感激的

10. Thank you so much for your time.
謝謝你撥出時間來。

11. I'm so glad that amazing people like you exist.
世界上有像你這麼棒的人，真是太好了。
amazing `adj.` 非常棒的　　　　exist `v.` 存在

12. I'm really thankful for your assistance.
我很感謝你的幫助。
assistance `n.` 幫助、協助

13. I can't ever thank you enough.
我謝你永遠也謝不完。

14. Thank you for what you did for me.
謝謝你為我做的事。

15. I don't know how to express my gratitude, so here's a little something for you.
我不知道如何表達我的感激，所以這裡有個給你的小禮物。
express `v.` 表達　　　　a little something `ph.` 一點小東西、小心意

16. People like you make my life so much better. Thank you!
像你這樣的人讓我的人生好很多。謝謝你！

17. I could say thank you a thousand times and it wouldn't be enough.
我說謝謝你說一千次都不夠。
thousand `n.` 千

18. Thank you for all that you've done.
謝謝你做的一切。

19. I would never have managed it if not for your help.
如果沒有你幫忙，我根本作不到。
manage (v.) 做到、完成

20. If it weren't for you, I would never have been successful.
要不是有你，我根本不會成功。
successful (adj.) 成功的

21. Thank you for being there for me.
謝謝你總是在那裡陪著我。
be there for sb. (ph.) 陪伴、支持某人

22. Thank you for your kindness.
謝謝你對我這麼好。

23. I'm so lucky to have you.
我有你真是太幸運了。

24. Thank you for what you did for me, and please don't hesitate to let me know if there's anything that I can do for you.
謝謝你為我做的一切，如果有什麼我可以為你做的，也請你不要猶豫，馬上讓我知道。

25. I really appreciate what you did.
我很感激你所做的。

覺得自己要求太多或造成麻煩時，表達不好意思的心情

1. Please accept my apology for any inconvenience this has caused.

對於這件事造成的不便，請接受我的道歉。

apology (n.) 道歉　　　inconvenience (n.) 不便　　　cause (v.) 造成

2. I'm sorry about asking for a favor from you out of the blue.

我很抱歉這麼突然請你幫忙。

out of the blue (ph.) 突然

3. I'm really sorry about asking you to put some time aside for me.

要請你撥點時間給我，我很抱歉。

put some time aside (ph.) 撥一點時間

4. I'm really sorry for bothering you when you're so busy.

我很抱歉在你這麼忙的時候打擾你。

bother (v.) 打擾

5. I really don't want to trouble you, but you're the only one who can help me.

我真的很不想造成你的麻煩，但你是唯一可以幫我的人。

6. Sorry for the trouble, and thank you so much for the help!

造成麻煩我很抱歉，也很謝謝你的幫忙！

7. I apologize for causing so much trouble.

造成這麼多麻煩，我很抱歉。

---

8. I'll be really, really grateful if you can help me, but please don't hesitate to let me know if it's too much trouble.

如果你能幫我，我會很感激，但如果太麻煩了，也請不要猶豫，讓我知道。

---

9. I apologize for making you clean up after the mess I made.

我很抱歉害你幫我收拾善後。

clean up `ph.` 清理   mess `n.` 混亂

---

10. I hope this doesn't cause you too much inconvenience.

我希望這不會造成你很大的不便。

---

11. Please let me know if this is too much trouble for you.

如果這對你來說太麻煩的話，請讓我知道。

---

12. I'll be really grateful for the favor, and will try my best to repay your kindness.

我會很感激你的幫助，也會盡全力報答你。

---

13. I know that you are very busy, and will be very grateful if you can spare some time to help me.

我知道你非常忙，如果你能撥出時間幫助我，我會非常感激。

spare some time `ph.` 撥出一點時間

---

14. I'll be forever grateful if you can help me.

如果你能幫我，我會永遠感激。

15. **I'm so sorry for being a bother, but you're the only person I can turn to.**
我這樣打擾你真的很抱歉，但你是唯一一個我可以相求的人。
turn to sb. `ph.` 轉向某人求助

16. **I know that I might be asking too much, and you have every right to refuse.**
我知道我可能要求太多了，你如果拒絕我也很合理。
ask too much `ph.` 要求太多　　refuse `v.` 拒絕

17. **Is there anything I can do to repay your kindness?**
我有什麼事可以做來回報你嗎？

18. **I know that this is terrible timing, but may I ask a favor of you?**
我知道這個時間點挑得很差，但我可以請你幫忙嗎？
timing `n.` 時間安排

19. **I know that you're really busy, but I would appreciate your thoughts on the subject.**
我知道你很忙，但如果你告訴我你的意見，我會很感激。
subject `n.` 主題

20. **Would you please fill me in if it's not too much trouble?**
如果不會太麻煩，你可以告訴我狀況嗎？
fill sb. in `ph.` 和某人解釋狀況、說明清楚

21. **If it's really inconvenient for you, please tell me so.**
如果對你來說真的很不方便，請告訴我。

22. I'm sorry about asking such a huge favor of you.
請你幫我這麼大的忙，我很抱歉。

---

23. I don't mean to trouble you. Please let me know if it's really too much to ask.
我不想讓你困擾，如果我真的太麻煩你了，請讓我知道。

---

24. I hate to trouble you, but you're the best person for this.
我很不想造成你的麻煩，但你真的是最能幫忙我的人。

---

25. My work is still ridden with flaws, and I would really appreciate it if you could help me make it better.
我的作品還是充滿瑕疵，如果你能幫我把它變得更好，我會非常感激。
ridden adj. 受……所苦的　　flaw n. 瑕疵

表達要通知壞消息，卻難以啟齒的心情

1. Thank you so much for your interest, but there's something I need to tell you.
謝謝你對這件事有興趣，但有件事我得告訴你。

---

2. Please understand that what I'm going to say does not reflect my own feelings.
請理解，我接下來要講的並不代表我個人的立場。
reflect v. 反映

3. I am regretful that I have to bring you this bad news.
帶來這個壞消息，我很抱歉。
regretful adj. 抱歉的、遺憾的

---

4. Unfortunately, things have taken a turn for the worse.
很不幸地，事情越來越糟了。
unfortunately adv. 不幸地
take a turn for the worse ph. 惡化、變得更糟

---

5. Sadly, things don't look too bright at the moment.
很不幸地，狀況現在看起來不怎麼好。
bright adj. 光明的　　　　at the moment ph. 現在

---

6. I am sorry that I have to inform you of some bad news.
通知你一些壞消息，我很抱歉。

---

7. I'm sorry about bringing you this bad news, but I promise to try my hardest to assist you through this crisis.
帶來這個壞消息我很抱歉，但我答應會努力幫助你度過這個危機。
promise v. 答應　　　assist v. 協助　　　crisis n. 危機

---

8. I was informed of some terrible news and have to let you know.
我被通知一些糟糕的消息，必須讓你知道。

---

9. I was informed of some bad news and want to put you on guard.
我被通知一些壞消息，我要讓你先有心理準備。
put sb. on guard ph. 讓某人有心理準備、讓某人不掉以輕心

10. There is something that I have to tell you.

有件事情我要告訴你。

11. It's unfortunate that this has to happen.

很不幸發生了這種事。

12. Please be forewarned that this letter is not going to be pleasant.

請有心理準備，這不會是一封很愉快的信。

forewarn v. 事先提醒   pleasant adj. 愉快的

13. I thought you would probably need to know that things didn't work out too well.

我想你大概必須知道，事情進行得不太順利。

work out ph. 順利發展

14. I'm sorry that I have to notify you of this problem.

很抱歉我必須告知你這個問題。

notify v. 告知

15. You might be already aware that we are facing some problems.

你可能已經察覺到了，我們遇到一些問題。

aware adj. 知道的、察覺的

16. As you may have noticed, things aren't working out so well.

你可能已經注意到了，事情不是太順利。

17. Please understand that my thoughts are with you.

請瞭解，我會一直為你祈福。

18. I'm very sorry, but I have to bring this to your attention.

我非常抱歉，但我得讓你注意到這件事。

bring sth. to sb.'s attention ph. 讓某人注意到某件事

19. Please accept my most heartfelt sympathies.

請接受我真心的同情。

accept v. 接受   heartfelt adj. 發自內心的、真誠的

sympathy n. 同情

20. It's difficult to say anything to make this easier.

我實在很難說出什麼話來讓這個狀況比較不糟糕。

21. I offer my deepest sympathies.

我給你我最深的同情。

22. I understand that this must be a difficult experience for you.

我瞭解這對你來說恐怕很難熬。

23. I'm saddened by what happened.

我對於發生的事非常難過。

sadden v. 使傷心

24. I'm sorry to inform you of this, but I know everything is going to turn out fine.

告知你這件事我很抱歉，但我知道一切都會好轉的。

25. Should you require any guidance, please let me know.

如果你需要指導，請讓我知道。

require v. 需要   guidance n. 指導

想要糾正對方，但不能說得太直接，只好把錯攬到自己身上的狀況

1. **I'm sorry, but I might have misheard it. Could you repeat what you said?**
   我很抱歉，但我可能聽錯了。可以請你重複一次嗎？
   mishear (v.) 聽錯、誤聽　　　　　repeat (v.) 重複

2. **I thought it was the other way around, but I must have been mistaken.**
   我以為是反過來，但我可能搞錯了。
   the other way around (ph.) 相反、反過來　　mistaken (adj.) 搞錯的

3. **I'm very sorry, but I must have forgotten about it.**
   我很抱歉，但我大概是忘記了。

4. **I've never been good at this. Could you explain a bit more in detail?**
   我從來就不擅長這個。你可以再說得詳細點嗎？
   in detail (ph.) 詳細的

5. **We appear to have different views on this. May I ask you to explain your reasoning further to me? I might need to rethink.**
   看來我們對這事有不同的看法。我可以請你更進一步跟我解釋你的想法嗎？我可能得重新思考。
   reasoning (n.) 推論、理由　　　　further (adv.) 更進一步地
   rethink (v.) 重新考慮

6. **I'm so sorry, but it must have slipped my mind. Please remind me of what you said.**

我很抱歉,但我大概是一時忘了。請再提醒我你講了什麼。

slip sb.'s mind ph. 被某人遺忘   remind v. 提醒

7. **I might have made an error in my calculations. Please let me know what you think.**

我可能算錯了,請告訴我你的想法。

error n. 錯誤、失誤   calculation n. 計算

8. **I apologize if our miscommunication was due to any error on my part.**

如果是因為我這裡的失誤害我們溝通不良,我道歉。

miscommunication n. 溝通不良   due to ph. 因為

9. **It must have been a mistake on my part. Let me recheck.**

一定是我搞錯了,請讓我再檢查一次。

recheck v. 再檢查一次

10. **I'm sorry, it must be my fault for not double-checking with you.**

我很抱歉,一定是我沒跟你再確認造成的。

double-check v. 多檢查、確認一次

11. **I'm sorry for not notifying you of this issue sooner.**

我很抱歉沒有提早通知你這件事。

issue n. 議題、事件

12. **I'm very sorry. That was not what I meant to imply.**

我很抱歉,那不是我想表達的。

13. **It must be due to my carelessness that this has happened.**

會發生這件事一定是因為我不夠小心的關係。

carelessness (n.) 不小心

---

14. **I get the impression that you don't really value our relationship, and I would like to apologize for any problems on my part.**

我感覺你不是很重視我們的關係，而我要為任何我這邊的問題道歉。

get the impression that (ph.) 隱約感覺到……　　value (v.) 看重

---

15. **I get the feeling that you're dissatisfied. I really value our partnership, and will try hard to improve and meet your expectations.**

我覺得你好像不太滿意。我很重視我們的合作關係，會努力試著進步、達成你的期待。

dissatisfied (adj.) 不滿意的

partnership (n.) 合作關係、伙伴關係

meet sb.'s expectations (ph.) 達成某人的期望

---

16. **I sense that you don't see your experience with us as positive. Please let me know if there's anything we can improve on.**

我感覺你認為和我們合作的經驗很不愉快。請讓我知道我們有哪裡可以改進的。

sense (v.) 感覺　　　　　　　　positive (adj.) 積極的、正面的

---

17. **I apologize for being unclear and causing this misunderstanding.**

我沒講清楚，造成這場誤會，我很抱歉。

unclear (adj.) 不清楚的　　　　misunderstanding (n.) 誤會

18. **I'm sorry about the miscommunication. It is no fault of yours.**

我很抱歉我們溝通不良。這不是你的錯。

---

19. **I'm very sorry for rushing you. It is my fault for letting you know so late in the first place.**

我很抱歉要催你。是我的錯，一開始這麼晚讓你知道這件事。

rush v. 催促

---

20. **Please accept my apology for the inconvenience I caused you. I will make sure this doesn't happen again.**

有關我造成的不便，請接受我的道歉。我會保證這不會再發生。

---

21. **Please be assured that this is not your fault.**

請安心，這不是你的錯。

assure v. 保證、使放心

---

22. **I'm sorry for the confusion. I will be pleased to supply any information you need.**

我很抱歉造成困擾。我很樂意提供任何你需要的資訊。

confusion n. 困惑　　　　　supply v. 提供

---

23. **I apologize for not being in contact with you sooner.**

沒有早點和你聯絡我很抱歉。

be in contact with ph. 與……聯絡

---

24. **I apologize in advance for any inconvenience this might cause.**

如果這可能造成任何不便，我先道歉。

in advance ph. 事先

25. Thank you for bringing this to my attention. We'll deal with this immediately.

謝謝你告知我這件事。我們會立刻對付它。

deal with sth. `ph.` 處理某事

表達恭喜祝賀的心情

1. My warmest congratulations!

衷心地恭喜你！

warm `adj.` 溫暖的　　　　　　　congratulations `n.` 恭喜

2. Please accept my sincere congratulations.

請接受我誠摯的恭喜。

sincere `adj.` 誠摯的

3. I wish you the best of luck in the future too.

我祝福你未來也一樣好運連連。

in the future `ph.` 未來

4. Congrats on your great accomplishment!

恭喜你有這麼大的成就！

congrats `n.` 恭喜，congratulations 的簡略說法
accomplishment `n.` 成就

5. Don't you know that this is an incredible achievement? Give yourself a pat on the back!

你不知道這是個很棒的成就嗎？好好獎賞自己吧！

incredible `adj.` 好到難以置信的

give sb. a pat on the back `ph.` 好好獎賞、鼓勵某人

超
值
加
碼

6. I wish you happiness in the years to come.

我祝你未來幾年都開開心心。

happiness **n.** 快樂   the years to come **ph.** 未來幾年

7. I wish you a lifetime of happiness!

我祝你開開心心一輩子！

lifetime **n.** 人生

8. Congratulations on the big announcement!

恭喜你宣布了這個大消息！

announcement **n.** 宣布、宣告

9. I'm so honored to know someone as successful as you.

我很榮幸認識像你這麼成功的人。

honored **adj.** 榮幸的

10. We need to throw a party for this.

我們得為這個開一場派對。

throw a party **ph.** 開派對

11. I'm sure that this will be very memorable for you.

我相信這對你來說會是永生難忘的。

memorable **adj.** 難忘的

12. I'm so happy to hear of your achievement.

聽到你的成就，我好開心。

achievement **n.** 成就

13. I'm looking forward to talking to you about this great news.

我很期待和你討論這個大消息。

14. I'm so happy for you.
我好為你開心。

15. I'm so glad for you, you don't even know!
我有多為你高興，你都不知道！

16. Congratulations on the amazing news.
恭喜你宣布了這個很棒的消息。

17. I'm so excited for you!
真為你感到興奮！

18. My warmest congratulations on your success.
我誠摯地恭喜你成功。

19. This will be really rewarding for you.
這對你來說會很值得。

20. This counts as a special occasion.
這算是一個特別的場合。

count as ph. 算是　　　　　　occasion n. 場合、事件

21. This is such exciting news for all of us.
這對大家來說都是很興奮的消息。

22. I hope to follow your example.
我希望能向你看齊。

follow sb.'s example ph. 向某人看齊

23. I hope to achieve success like you in the future.
我希望以後也能像你一樣成功。

24. My heartiest congratulations.

我衷心恭喜你！

hearty `adj.` 誠心的、熱誠的

---

25. I wish you continued success and happiness.

我祝你以後也繼續成功、快樂。

continued `adj.` 未完的、持續的

表達對未來的期待與祝福

1. We wish you all the best.

我們祝您一切順利。

---

2. I hope everything goes according to plan.

希望一切都順利進行。

according `adj.` 相符的、相應的

---

3. I look forward to maintaining our relationship for years to come.

我期待未來幾年我們也能維持這樣好的關係。

maintain `v.` 維持   relationship `n.` 關係

---

4. Please take care of yourself and your family.

請照顧自己和你的家人。

---

5. Hope everything goes smoothly!

希望一切順利！

---

6. We look forward to working with you.

我們很期待和你們合作。

7. I'm sure we'll make a great team together.
我確定我們一定會合作愉快。

8. I hope the days ahead of you are full of fun and laughter.
我希望你未來的生活充滿了歡樂與笑聲。

9. I hope you have a great year.
我希望你今年都過得很好。

10. I hope we can remain friends forever.
我希望我們可以一直是朋友。

11. I foresee that we will be very successful in the future.
我預期我們以後會很成功。
foresee v. 預見

12. Good luck on all your endeavors in the future!
祝你未來做一切的事都很順利！
endeavor n. 努力嘗試

13. I hope we can always keep in touch.
希望我們可以一直保持聯絡。
keep in touch ph. 保持聯絡

14. No matter what happens, I hope we can always remain in touch.
無論發生了什麼事，我希望我們都能保持聯絡。

15. I wish you the greatest success.
我希望你很成功。

16. Best wishes to you!
祝福你！

17. I hope we can meet soon!
希望我們可以趕快見面！

18. I wish you the best of luck.
祝你好運！

19. I look forward to meeting you!
我很期待見到你！

20. I'll keep my fingers crossed for you.
我會為你祈福的。
keep sb.'s fingers crossed `ph.` 祈福

21. I know you have a bright future ahead of you.
我相信你的未來一定一片光明。

22. I know that you will be a valuable asset to us.
我相信你會對我們非常有幫助。
valuable `adj.` 價值高的、珍貴的　asset `n.` 寶貴的人才、資產

23. I'm confident that you will be a valuable contributor to our team.
我相信你會對我們的團隊非常有貢獻。
contributor `n.` 貢獻者

24. I believe that we will work very well together.
我相信我們會合作順利。

25. Thank you for your good wishes, and the same to you!
謝謝你的祝福，也祝福你！

辦公室常用商務縮寫

在撰寫email時，可以善用常見縮寫，除了讓信件的篇幅更簡潔俐落，還能凸顯信件重點。以下是商務上常見縮寫整理，一起來看看吧！

辦公常用語

在和同事或主管通信時，是不是常會因為看不懂縮寫而一頭霧水呢？現在就利用以下表格快速查找常用縮寫的意思！

縮寫	完整寫法	中文翻譯
B2B	business to business	企業對企業
B2C	business to consumer	企業對消費者
BID	break it down	列出明細
COD	cash on delivery	貨到付款
COB	close of business	下班時
CSR	corporate social responsibility	企業社會責任
DOC	document charges	文件費
EOB	end of business	下班時
EOD	end of day	當日結束前
ETA	estimated time of arrival	預計到達時間
ETD	estimated time of delivery	預計出貨時間
FAQ	frequently asked questions	常見問題
FYI	for your information	以上資訊供你參考
FYR	for your reference	以上資訊供你參考
IP	intellectual property	智慧財產權
KPI	key performance indicators	關鍵績效指標

N/A	not applicable	不適用
NDA	Non-disclosure agreement	保密協議
NRN	no reply necessary/needed	不須回覆
OOO	out of office	不在辦公室
TA	target audience	目標客群
TBD	to be determined	待決定
WFH	work from home	在家上班、遠距辦公
YTD	year to date	從今年初至今

部門與職稱

公司內部的不同部門與職稱縮寫在撰寫email時，可千萬別寫錯，尤其是高階主管的職稱！

縮寫	完整寫法	中文翻譯
AGM	Assistant General Manager	協理
CEO	Chief Executive Officer	執行長
CFO	Chief Financial Officer	財務長
CIO	Chief Information Officer	資訊長
CMO	Chief Marketing Officer	行銷長
COO	Chief Operating Officer	營運長
CTO	Chief Technology Officer	技術長
GM	General Manager	總經理
HR	Human Resource	人力資源
PM	Project Manager	專案經理
PR	Public Relation	公關
R&D	Research and Development	研發
VGM	Vice General Manager	副總經理
VP	Vice President	副總裁

國際貿易交易條件

初踏入國際貿易領域，總是弄不清楚各種交易條件縮寫嗎？不同交易條件下風險移轉的時間點與費用負擔皆不同，千萬別把這些縮寫的涵義混淆！以下為2020年國際商會（ICC）修訂版11項國際貿易交易條件一覽。

縮寫	完整寫法	中文翻譯
EXW	Ex Works	工廠交貨
FCA	Free Carrier	貨交給承運人
CPT	Carriage Paid to	運費付至目的地
CIP	Carriage and Insurance Paid to	運費、保險費付至目的地
DPU	Delivered at Place Unloaded	卸貨點交貨
DAP	Delivered at Place	目的地交貨
DDP	Delivered Duty Paid	完稅後交貨
FAS	Free Alongside Ship	船邊交貨
FOB	Free On Board	船上交貨
CFR	Cost and Freight	成本加運費
CIF	Cost, Insurance and Freight	到岸價格（成本、保險費加運費）

NOTE

NOTE

原來如此 系列 E264

英文E-mail，抄這本就夠了
《全新暢銷增訂版》

一本保證寫英文E-mail不用腦，1分鐘就抄完一封信

作　　　者	張慈庭英語研發團隊
顧　　　問	曾文旭
社　　　長	王毓芳
編輯統籌	耿文國、黃璽宇
主　　　編	吳靜宜
執行主編	潘妍潔
執行編輯	吳芸蓁、吳欣蓉
美術編輯	王桂芳、張嘉容
法律顧問	北辰著作權事務所　蕭雄淋律師、幸秋妙律師

增訂二版	2022年12月二版一刷 2023年二版五刷
出　　　版	捷徑文化出版事業有限公司
電　　　話	（02）2752-5618
傳　　　真	（02）2752-5619

定　　　價	新台幣499元／港幣166元
產品內容	1書

總 經 銷	采舍國際有限公司
地　　　址	235新北市中和區中山路二段366巷10號3樓
電　　　話	（02）8245-8786
傳　　　真	（02）8245-8718

港澳地區經銷商	和平圖書有限公司
地　　　址	香港柴灣嘉業街12號百樂門大廈17樓
電　　　話	（852）2804-6687
傳　　　真	（852）2804-6409

本書圖片由Freepik提供

捷徑Book站

國家圖書館出版品預行編目資料

英文E-mail，抄這本就夠了《全新暢銷增訂版》一本
保證不用腦，1分鐘就抄完一封信／張慈庭英語研發團
隊著. -- 增訂二版. -- 臺北市：捷徑文化出版事業有限
公司, 2022.12
　　面；　公分. -- (原來如此；E264)
ISBN 978-626-7116-22-7(平裝)

1.CST: 商業書信 2.CST: 商業英文 3.CST: 商業應用文
4.CST: 電子郵件

493.6　　　　　　　　　　　　　　　111018120